前沿科技伦理与法律问题研究

新兴科技伦理与治理专辑

丛书编委会

顾　　问　包信和（中国科学院院士）

　　　　　　潘建伟（中国科学院院士）

　　　　　　陈　霖（中国科学院院士）

　　　　　　何鸣鸿（中国自然辩证法研究会理事长）

　　　　　　陈　凡（中国自然辩证法研究会副理事长）

　　　　　　Carl Mitcham（美国哲学与技术学会首任主席）

主　　编　饶子和

执行主编　徐　飞　陈小平

编　　委　（按姓名拼音排序）

　　　　　　成素梅　丛杭青　段伟文　黄欣荣　孔　燕　雷瑞鹏

　　　　　　李　伦　李　侠　李真真　李正风　刘　立　刘永谋

　　　　　　吕凌峰　孙广中　王　前　王高峰　王国豫　王金柱

　　　　　　闫宏秀　张贵红　周　程

一流规划教材
研究生系列教材

"十四五"国家重点出版物
出版规划项目

[前沿科技伦理与法律问题研究]
新兴科技伦理与治理专辑

中国科学技术大学2021研究生教育创新计划
教材出版项目（2021ycjc25） 资助出版

THE ETHICS OF
SCIENCE AND
TECHNOLOGY

科技伦理

张贵红 / 主编

中国科学技术大学出版社

内 容 简 介

科技伦理,即科技伦理学,属于科技哲学、伦理学与具体科学技术研究相交叉的领域,同时也与经济、管理、政治等社会科学领域密切相关,是多学科交叉综合的新兴学科。本书以习近平新时代中国特色社会主义思想为指导,以立德树人为根本任务,以提高人才培养水平与质量为目标,通过聚焦探讨新兴科技领域中的相关伦理问题,力图构建中国特色的科技伦理体系。

本书可作为高年级本科生、研究生教材,也可作为科技伦理研究者参考书。

图书在版编目(CIP)数据

科技伦理/张贵红主编. —合肥:中国科学技术大学出版社,2023.10
(前沿科技伦理与法律问题研究:新兴科技伦理与治理专辑)
"十四五"国家重点出版物出版规划项目
ISBN 978-7-312-05696-3

Ⅰ.科… Ⅱ.张… Ⅲ.技术伦理学—研究 Ⅳ.B82-057

中国国家版本馆CIP数据核字(2023)第090399号

科技伦理

KEJI LUNLI

出版	中国科学技术大学出版社
	安徽省合肥市金寨路96号,230026
	http://press.ustc.edu.cn
	https://zgkxjsdxcbs.tmall.com
印刷	安徽国文彩印有限公司
发行	中国科学技术大学出版社
开本	787 mm×1092 mm 1/16
印张	14.75
字数	313千
版次	2023年10月第1版
印次	2023年10月第1次印刷
定价	48.00元

科技伦理 编委会

主　编　张贵红

编写人员　邓克涛　左晓洁　金　晨
　　　　　　刘腾旭　曾伟民　张　婉
　　　　　　吴一迪　刘泽衡　张贵红

前　言

科技伦理,即科技伦理学,属于科技哲学、伦理学与具体科学技术研究相交叉的领域,同时也与经济、管理、政治等社会科学领域密切相关,是多学科交叉综合的新兴学科。科技伦理不仅包括具体科技应用的伦理问题,还包括一般的科研伦理,以及其中所涉及的一般哲学与伦理学问题,这也是科技伦理与应用伦理的差异之处。

为全面贯彻落实中共中央办公厅、国务院办公厅印发的《关于加强科技伦理治理的意见》,我们在多年教授"科技伦理导论""新兴科技伦理""新兴科技治理"等相关课程的基础上,尝试形成面向研究生教育及科技伦理前沿的教材——《科技伦理》。本书以习近平新时代中国特色社会主义思想为指导,以立德树人为根本任务,以提高人才培养水平与质量为目标,通过聚焦探讨新兴科技领域中的相关伦理问题,力图构建中国特色的科技伦理体系。

本书共19章。第1章和第2章介绍与科技伦理相关的科技哲学、科学技术史和社会科学基础,以及理论伦理学和应用伦理学等;第3章关注一般的科研伦理问题;随后的16章每一章研究一个具体的新兴科技领域,其中第4章至第8章为与信息智能科技相关的领域,第9章至第13章为与环境科技相关的领域,第14章至第19章为与生命医学相关的领域。

希望本书的出版,能够完善符合我国国情且与国际接轨的科技伦理教育体系,塑造科技向善的文化理念和保障机制,努力实现科技创新高质量发展与良性互动,促进我国科技事业健康发展,为增进人类福祉、推动构建人类命运共同体提供有力的科技伦理支撑。

编　者

目　　录

前言 ·· i

第1章　理论基础 ·· 001
　1.1　科技哲学基础 ·· 001
　1.2　科学技术史基础 ··· 004
　1.3　社会科学基础 ·· 007

第2章　伦理学基础 ·· 012
　2.1　元伦理学 ··· 012
　2.2　规范伦理学 ·· 014
　2.3　应用伦理学 ·· 017

第3章　科研伦理 ·· 022
　3.1　科研伦理概述 ·· 022
　3.2　科研中的利益问题 ··· 025
　3.3　科研活动的社会治理 ··· 028

第4章　计算机伦理 ·· 034
　4.1　计算机伦理的起源及内涵 ·· 034
　4.2　计算机引发的伦理问题 ··· 037
　4.3　计算机伦理的未来 ·· 042

第5章　人工智能伦理 ··· 046
　5.1　人工智能技术进展 ·· 046
　5.2　人工智能的伦理问题 ··· 048
　5.3　人工智能的社会治理 ··· 052

第6章　大数据伦理 ·· 057
　6.1　数据及其历史 ·· 057

6.2　核心伦理问题 ··· 061
　6.3　大数据的社会治理 ·· 064

第7章　媒介技术伦理 ··· 070
　7.1　媒介技术研究简史 ·· 070
　7.2　媒介技术哲学 ··· 074
　7.3　媒介技术伦理 ··· 077
　7.4　媒介技术的社会治理 ·· 079

第8章　电脑游戏伦理 ··· 084
　8.1　电脑游戏简史 ··· 084
　8.2　典型伦理问题 ··· 088
　8.3　电脑游戏的社会治理 ·· 091

第9章　气候技术伦理 ··· 095
　9.1　气候技术发展概况 ·· 095
　9.2　气候技术的伦理争论 ·· 098
　9.3　气候技术的社会治理 ·· 103

第10章　核技术伦理 ··· 109
　10.1　核技术伦理概况 ·· 109
　10.2　当前核技术伦理的核心问题 ·· 112
　10.3　核技术的社会治理 ·· 114

第11章　动物研究伦理 ·· 119
　11.1　动物研究概况 ·· 119
　11.2　动物研究的主要争论 ·· 122
　11.3　争论中的伦理范式 ·· 128

第12章　空间伦理 ··· 134
　12.1　空间探索及其哲学 ·· 134
　12.2　空间伦理的核心议题 ·· 138
　12.3　空间伦理带来的反思 ·· 140

第13章　纳米伦理 ··· 145
　13.1　纳米世界的来临 ·· 145

13.2 纳米伦理主要领域 149
  13.3 纳米技术的社会治理 151

第14章 神经技术伦理 156
  14.1 神经技术概况 156
  14.2 主要伦理争议 158
  14.3 社会治理 164

第15章 合成生物学伦理 170
  15.1 合成生物学概述 170
  15.2 合成生物学的伦理问题 174
  15.3 合成生物学的社会治理 176

第16章 基因与遗传伦理 181
  16.1 历史与新兴领域 181
  16.2 伦理争论 184
  16.3 基因遗传学与社会治理 186

第17章 人类增强伦理 191
  17.1 问题来源和背景 191
  17.2 增强的伦理争论 193
  17.3 增强技术的社会治理 198

第18章 胚胎干细胞伦理 203
  18.1 技术与哲学争论 203
  18.2 主要伦理问题 206
  18.3 社会治理 209

第19章 人类克隆伦理 213
  19.1 什么是克隆 213
  19.2 克隆的主要伦理问题 215
  19.3 克隆的社会问题 218

后记 223

第1章
理 论 基 础

科技伦理已经成为哲学社会科学领域的重要生长点,国内以科技哲学界和伦理学界为主,此外经济学、社会学、法学、公共政策和管理学等社会科学领域都对科技伦理进行了不同层面的研究。本章将尝试从科技哲学、科学技术史和社会科学三个领域中对科技伦理问题的探究出发,为科技伦理的研究领域提供相关的理论基础,并将科技伦理定义为以科技哲学理论为基础,结合科技史中的科技伦理案例分析,依托现实中的科学技术和社会研究,对科技发展中出现的伦理问题进行的哲学、历史、社会或文化等方面的研究。本章将对科技哲学和科技史,以及STS和相关的社会科学知识进行简要介绍,并解释这些领域与科技伦理研究的内在关联。

▶ 1.1 科技哲学基础

1.1.1 科学哲学

哲学,尤其是科技哲学对科技伦理很重要,因为它能为科技伦理提供一个思想框架,可以批判性且深入地思考科技的道德问题和价值观。哲学帮助我们理解和澄清道德信念,并考虑这些信念对我们的行动和决定的影响。在科技伦理中,哲学可以帮助我们更深入地思考新兴科技背后的哲学含义,进而澄清伦理问题。通过哲学分析,我们可以更深入地了解围绕技术的复杂伦理问题。这有助于确保以负责任和合乎道德的方式使用科技,并为公共利益服务。与科技伦理联系紧密的哲学相关领域有科学哲学、技术哲学和科学社会学。

科学哲学是研究科学的理论和方法的一个哲学分支。它是科学研究的理论基础,探讨科学的基本原则、方法、假设和结论的形成和检验方式,以及科学知识与其他类型知识的关系。科学哲学的研究对象包括科学方法论、科学发展史、科学假设、科学推理和科学认识论等。它探讨科学活动中所遵循的基本原则和方法,并对科学知识的形成和发展进行系统的分析。例如,在科学研究中,解释是指对某一现象或事实的观察和测试,而在科学哲学中,解释是指为了说明现象或事实而提出的假设。解释的目的是使我们能够更好地理解和解释所观察到的现象或事实。科学哲学还探讨了科学的假设和结论的形成方式。假设是科学研究中的一种重要工具,是为了解释现象或事实而提出的,结论是在科学研究过程中得出的。

科学哲学与伦理学之间存在着密切的联系。伦理学研究人类行为准则和道德价值观,而科学哲学则研究科学的基本原则和方法。第一,科学哲学提供了科学研究中的基本原则和方法,这些原则和方法也可以用于伦理学研究中。例如,科学哲学中的证明和推理方法可以用于伦理学研究中,以帮助人们更好地分析和理解道德问题。第二,科学哲学为伦理学提供了一种基本的研究方法——实证研究。实证研究是指通过实验、观察或其他方法来收集数据,并对这些数据进行分析和统计,以得出结论的研究方法。在伦理学研究中,也可以使用实证研究的方法来收集与道德问题相关的数据,并对这些数据进行分析,以得出关于道德问题的结论。第三,科学哲学还为伦理学提供了一种基本的思维方式——逻辑思维。逻辑思维是指从已知的事实出发,通过观察、推理和分析来得出结论的思维方式。在伦理学研究中,逻辑思维可以帮助人们更好地理解道德问题,并根据道德准则和道德价值观来判断行为的正确性。逻辑思维可以帮助人们更深入地思考道德问题,找出问题出现的根本原因,并根据道德准则和道德价值观来判断行为的正确性,帮助人们建立道德判断的逻辑框架。逻辑思维可以帮助人们建立道德判断的逻辑框架,使人们能够更好地判断行为的正确性,帮助人们避免错误的道德判断。

在学习科技伦理之前,有必要了解科学哲学,它可以帮助我们更好地理解科学技术如何影响我们的生活,并帮助我们在解决科技伦理问题时做出明智的决策。科学哲学还可以帮助我们理解科学的局限性,以及在什么情况下可以相信科学的结论。它还探讨了科学研究应遵循的基本原则,例如公正、公开和自主性等,了解这些原则有助于我们在评估科学研究的可靠性时做出明智的决策。此外,科学哲学还探讨了科学与社会之间的关系,例如,科学如何受到政治、经济和文化等因素的影响,以及如何平衡科学进步与社会利益之间的关系。

1.1.2 技术哲学

技术哲学是一门关注技术和工程的哲学分支。它研究技术和工程的本质、意义和影响,以及它们与社会、文化、价值观和伦理的关系。技术哲学还涉及人们对于未来的展望,以及如何利用科学、技术和工程来解决当前的问题和挑战。技术哲学与许多研究领域密切相关,如社会科学、人文科学和自然科学。它与其他哲学领域有所不同,因为它关注的是技术和工程,而不是抽象的哲学问题。例如,技术哲学可能会研究技术的哲学意义、工程的伦理和社会责任等问题。技术哲学的研究对象广泛,包括自然科学、工程、信息技术、生物技术和人工智能等。这些领域的发展都对人类的生活产生了深远的影响,因此技术哲学在当今社会中变得越来越重要。技术哲学家不仅要了解技术与工程的本质,还要考虑它们如何影响我们的生活。

技术哲学专注技术发展对人类社会的影响,尤其关注其中的伦理问题。因此,技术哲学可以为伦理学提供重要的理论框架,帮助我们理解如何在技术发展的同时促进道德水平和人类价值的提升。例如,技术哲学可以帮助我们考虑人工智能、生物技术、信息技术等新兴技术对社会的影响,以及如何制定道德准则来管理这些技术的使用。此外,技术哲学还可以帮助我们思考技术如何改变我们的生活方式和我们对世界的认识,以及这些改变对我们的道德观念和价值观的影响。总的来说,技术哲学为伦理学提供了一种理解技术对社会和个人生活的影响的方法,并帮助我们制定道德准则来应对新兴技术带来的挑战。

技术哲学家的思想能够为科技伦理提供重要的思想素材。当代的科技伦理学者,大多会通过借用知名技术哲学家的思想来解决现在的问题,广受欢迎的学者包括马克思、海德格尔、阿伦特、芒福德、麦克卢汉等,他们的思想已经成为科技伦理研究的重要思想源泉。影响广泛的作品包括马克思的《资本论》、德国哲学家海德格尔的《追问技术》、麦克卢汉的《理解媒介》,以及芒福德的《技术与文明》等,这些技术哲学名著一直以来都是科技伦理所倚重的理论基础。

1.1.3　STS

STS代表科学、技术和社会或科学技术学。这是一个跨学科领域,研究科学、技术和社会之间的关系,以及它们如何相互影响。STS学者探索科学技术开发、使用和评估的社会、文化、经济和政治背景,以及这些过程受社会、文化、经济和政治因素影响的方式。STS包括广泛的主题,例如科学的历史和哲学、新技术的社会和文化影响、科学研究和技术创新的社会伦理与个人道德影响,以及科学和技术通过塑造与被塑造的方式受社会、文化、经济和政治力量的影响。STS通常在社会学、人类学、哲学、历史学、政治学,以及其他社会科学和人文科学的领域进行研究,并且通常具有跨学科性质,涉及来自不同领域的学者之间的合作。

在STS中的伦理学研究关注科学和技术的伦理影响以及它们如何影响社会,例如包括检查新技术的社会伦理问题,人工智能的使用或科学研究的伦理影响,以及涉及人类受试者的研究。STS学者还会考虑科学和技术政策的伦理影响,包括与访问和包容、隐私以及负责任的技术开发和使用相关的问题。总体而言,基于STS的伦理学研究旨在理解和解决科学、技术和社会交叉领域出现的复杂伦理问题。

STS领域本身也会出现许多伦理问题,主要包括一些社会危害、隐私问题、不平等和歧视、研究中的伦理困境、社会和文化价值及科学技术滥用。社会危害:关注某些技术或科学研究项目可能会对人类或环境造成危害,因为某些技术的开发和使用可能会产生意想不到的后果,或者可能会对某些人群产生不成比例的影响。隐私问题:使用某些技术,例如与监视或数据收集相关的技术,可能会引起对隐私和滥用个人信息的可能性的担忧。不平等和歧视:科学和技术有时会延续或加剧不平等和歧视,尤其是当某些群体被排除在参与这些技术的开发或使用之外时。研究中的伦理困境:科学研究中经常会出现伦理困境,尤其是涉及人类受试者时。研究人员必须考虑其研究的潜在风险和益处,确保以合乎道德的方式进行研究,并尊重研究参与者的自主性和尊严。社会和文化价值观:科学和技术有时会挑战社会和文化价值观或与之发生冲突,这会引发与这些技术的开发和使用方式相关的伦理问题。科学技术滥用:如将科学研究或技术用于犯罪,可能会产生严重的道德问题。

▶ 1.2 科学技术史基础

1.2.1 科学史

科学史是对科学发展的研究,包括科学理论和方法的发展,以及这些发展发生的社会和文化背景。它涵盖了广泛的学科,包括物理学、生物学、化学、天文学和其他许多学科。科学的历史可以追溯到四大文明古国,例如古埃及、古希腊和中国,它们在数学、天文学等领域做出了重大贡献。在中世纪,伊斯兰世界对科学做出了重大贡献,在文艺复兴时期,欧洲科学家做出了重要贡献,为我们今天所依赖的许多科学理论和技术奠定了基础。自17世纪科学革命以来的几个世纪,科学保持了持续不断的发展,今天科学已经成为一项全球性的事业,世界各地的科学家都致力于增进我们对世界和宇宙的理解。科学史研究也是一个持续的过程,每一个新的发现或突破都增加了我们对世界的集体理解,并有助于塑造科学技术的未来。

科学史上曾出现许多伦理问题,包括:① 知情同意:在某些情况下,科学研究是在没有获得受试者知情同意的情况下进行的,这可能是因为受试者不知道该研究,或者年龄、残疾或其他原因使他们无法表示同意。这可能会引发剥削弱势群体的伦理担忧。② 人体实验:一些科学研究涉及人体实验,例如使用囚犯、孤儿或其他弱势群体作为受试者。

此类研究通常在没有充分保障或保护的情况下进行,可能导致严重的伦理问题。③ 种族主义和殖民主义:科学有时被用来证明和支持种族主义与殖民主义的意识形态和做法。例如,科学研究已被用来为奴役殖民地人民、强迫土著居民离开他们的土地以及其他形式的歧视和压迫辩护。④ 医学研究中的伦理困境:医学研究历史上出现过无数次伦理困境,包括使用安慰剂对照组、停止治疗以及进行欺骗性研究等。⑤ 动物实验:在科学研究中使用动物也引起了重大的伦理问题,包括为了人类的利益而使用动物是否道德的问题,以及如何确保研究中使用的动物得到人道对待的问题。可见,科学史上充满了科技伦理的具体案例,科学家和决策者必须意识到这些问题并采取措施确保科学研究符合伦理,并不断地为科技伦理提供新的研究素材。

科学史也对我们思考科技伦理问题的方式产生了重要影响。过去有许多不道德的科学实践的例子,例如,在未经知情同意的情况下使用人类受试者或利用科学来为歧视行为进行辩护。这些例子提高了人们对科学伦理原则在实践中的必要性的认识,并塑造了我们对当今科学研究和伦理影响的思维方式。例如,不道德的人体实验的历史导致了相关伦理准则和法规的出现,例如《纽伦堡法案》(《Nuremberg Code》)和《贝尔蒙特报告》(《The Belmont Report》),它们概述了能够指导涉及人类受试者研究的伦理原则。制定这些指导方针和规定是为了保护研究参与者的权利和福利,并确保研究以合乎道德的方式进行。同样,科学史也影响了我们思考新技术的伦理含义的方式。新技术的开发和使用也会引发复杂的伦理问题,科学家、决策者和公众必须考虑这些技术的潜在后果,并确保以负责任的方式开发和使用它们。科学史就是一个科技伦理案例集,科技伦理研究者能够不断地从中寻找案例和灵感。

1.2.2 技术史

技术史是对工具、技术和系统的历史发展的研究,这些工具、技术和系统使人类能够更有效地完成任务。它涵盖了广泛的领域,包括工程、计算机科学和许多其他领域。技术的历史也可以追溯到古代世界的科学家和工程师做出的重要发现和发展,为我们今天所依赖的许多技术奠定了基础。几个世纪以来,技术不断发展,工程师和其他专业人士致力于开发新技术来改善我们的生活和工作方式,每一项新的技术创新或突破都在改变着我们的生活。

技术史上出现了许多伦理问题,包括直接的技术危害:一些技术有可能对人或环境造成危害。例如,核武器或有毒化学品等某些技术的开发和使用可能会产生意想不到的后果,或可能对某些人群造成不同程度的影响。技术的历史充满了伦理冲突的例子,工程师和政策制定者必须意识到这些问题并采取措施。

技术史对于伦理学的研究很重要,因为它可以帮助我们理解新技术的历史地位和意义,以及通过参考历史来思考如何处理这些技术的开发和使用中出现的伦理困境。通过研究技术的历史,我们可以从过去的错误和成功中吸取教训,并可以帮助我们确定可能表明新技术潜在危害的模式和趋势。这可以帮助我们更积极地解决新技术的伦理问题,并采取措施将潜在危害降至最低。此外,技术史可以让我们深入了解新技术开发与使用的社会和文化背景的发展史。通过考虑不同群体和社会的价值观与信仰,我们可以更好地理解新技术的潜在影响以及如何解决可能出现的道德问题。对于科技伦理来说,技术史是了解新技术的伦理影响以及制定开发和使用这些技术的伦理原则的重要资源。

1.2.3 科学社会史

科学社会史是科技史的一个子领域,侧重于科学研究和技术发展发生的社会、文化和政治背景。它关注科学技术如何塑造社会、文化、经济和政治力量,以及它们如何与社会相互作用并影响社会。科学社会史考察科学技术在塑造社会中的作用,以及社会、文化、经济和政治因素影响科学知识和技术创新的发展与使用的方式。它还探讨了科学和技术向公众传播的过程与传播的方式,以及不同群体和社会如何看待与理解它们。科学社会史是跨学科的,涉及一系列学科领域,包括历史学、社会学、人类学、哲学等。这些领域对于我们理解科学、技术和社会之间的复杂关系,以及这些关系随时间演变的状况有重要的帮助作用。

科学社会史研究可以通过多种方式影响伦理学。第一,考察科学技术发展和使用的社会、文化与政治背景,有助于突出可能出现的潜在伦理问题。例如,科学社会史研究可以帮助确定新技术可能造成潜在危害的模式和趋势,或者某些群体可能受到某些技术的开发和使用影响的方式。第二,科学社会史研究可以深入了解不同群体与社会理解和感知科学与技术的方式,以及这些感知如何影响围绕其开发和使用的伦理考虑。科学社会史研究有助于指导制定负责任地开发和使用科学技术的伦理框架和原则。历史研究和历史方法对于科技伦理非常重要,历史学研究可以帮助我们了解科学技术的演变,以及它们如何随着时间的推移塑造社会和被社会塑造。

此外,科技伦理与文化研究也密切关联。文化研究是一个跨学科领域,它研究文化塑造社会、经济和政治力量的方式以及被社会、经济和政治力量塑造的方式。文化研究可以帮助理解不同的文化价值观和信仰如何影响技术的方式。例如,不同的文化可能对隐私有不同的价值观和信念,这会影响人们使用和管理技术的方式。一些文化可能高度重视隐私并严格限制个人数据的收集和使用,而另一些文化可能在这方面更为宽容。了解这些文化差异有助于了解有关技术使用的道德标准和实践。文化研究还可以帮助识别和理解技术对不同文化造成的潜在意外后果。例如,新技术的引入可能会破坏传统的生活方式或造成新形式的不平等。

1.3 社会科学基础

社会科学是社会学、人类学、经济学、政治学、心理学等与社会相关的学科的统称,一般将其与自然科学相对应。社会科学关注人、社会和自然的关系和规律,其研究已经取得长足的发展。与科技伦理密切相关的社会科学分支主要包括经济学、管理学、公共管理学、政治学、法学、文化研究等。许多科技伦理问题,都可以通过特定的社会科学领域解决,因此社会科学是科技伦理问题的重要解决途径。

1.3.1 社会科学

社会科学是一组以研究人类行为和社会关系为重点的学科,包括社会学、人类学、经济学、政治学、心理学等领域。社会科学使用多种方法来研究和理解人类行为与社会互动,包括定量与定性研究。它们旨在更深入地了解人们生活、工作和互动的方式,并确定社会行为和关系的模式与趋势。社会科学涉及广泛的主题,包括社会组织、社会变革、社会不平等、文化、身份认同等。它们在塑造我们对世界的理解以及为教育、公共卫生和政府等各个领域的政策制定和决策提供方面发挥着重要作用。

社会科学领域本身可能会出现许多伦理问题,例如,科研中的知情同意、隐私问题、不平等和歧视等。

社会科学可以通过多种方式影响伦理学。第一,社会科学可以深入了解做出道德决策的社会和文化背景,并有助于确定影响道德决策的价值观和信念。通过了解做出道德决策的社会和文化背景,我们可以更好地理解这些决策的潜在影响以及如何解决可能出现的道德问题。第二,社会科学不仅有助于制定指导各个领域决策的伦理框架和原则,还可以帮助识别可能具有伦理意义的社会行为和关系的模式与趋势。社会科学与科技伦理之间有着密切的关系,因为科学技术通常具有社会和文化价值,在做出伦理决策时需要考虑这些影响。社会科学可以在塑造公众对技术的看法方面发挥作用,并有助于确定技术向公众传播和传播的方式。社会科学与科技伦理之间的关系是复杂和多方面的,社会科学在帮助理解和解决交叉领域中出现的伦理问题方面发挥着重要作用。

1.3.2 经济科学

经济科学和科技伦理直接相关,因为它们都涉及个人和社会如何分配资源和做出决策。然而，它们从不同的角度处理这些问题。经济科学是一门社会科学，研究人、企业和社会如何使用劳动力、资本和土地等资源来生产商品与提供服务，以及它们如何相互交换这些商品和服务。它关注的是人们选择生产什么、如何生产以及如何分配。在实践中，经济科学和伦理学经常相互交叉并相互影响。例如，经济决策通常具有伦理意义，如财富和资源在社会不同群体之间的分配。同时，道德考虑可以在经济决策中发挥作用，如企业公平对待员工和保护环境的责任。与科技伦理密切相关的经济科学领域有管理学、公共事务管理和企业管理。

科技伦理与管理学之间的关系是复杂和多方面的。一方面，技术可以成为提高组织内部效率、生产力和制定政策的强大工具。然而，它也可能引发道德问题，例如侵犯隐私、不平等地获得技术以及滥用技术的可能性。另一方面，领导者必须考虑其技术决策的道德影响。这可能涉及权衡不同技术的成本和收益，考虑对不同利益相关者的潜在影响，并采取措施降低任何负面影响，伦理考虑还可以影响技术的开发和使用方式。科技伦理与管理之间的关系是动态的和不断发展的，需要持续关注和评估，确保以负责任和合乎道德地使用技术。

公共事务管理是指组织在公共领域与政府、媒体和其他利益相关者的活动和关系。公共事务管理可以对技术的开发、使用和监管方式产生重大影响。公共事务管理影响科技伦理的一种方式是制定管理技术使用的法律法规。例如，政府可能会通过法律保护公民的在线隐私或要求公司保护敏感数据。这些法律法规可以规定技术公司必须遵守的道德标准，并有助于确保以负责任和合乎道德的方式使用技术。公共事务管理影响科技伦理的另一种方式是媒体和公共话语。媒体可以引起人们对技术的伦理问题的关注，并可以影响公众对这些问题的看法，这反过来又会影响政策制定者和科技公司的决策。

科技伦理与企业管理之间的关系是复杂的、多方面的。一方面，企业管理是指关注经营企业的过程，这可能涉及使用技术来提高效率、生产力和制定政策。技术可以成为企业的强大工具，但它也会引发道德问题，例如与隐私、安全以及误用或滥用的相关问题。另一方面，科技伦理关注的是指导技术开发和使用的道德原则与价值观，它旨在识别和解决技术背景下出现的道德问题，例如与公平、透明度和问责制相关的问题。在实践中，科技伦理和企业管理经常相互交叉并相互影响。例如，企业在做出有关其使用的技术及其使用方式的决策时可能会受到道德原则的影响，通过考虑对不同利益相关者的潜在影响并采取措施减轻负面后果。同时，道德考量会影响企业使用技术的方式，例如要求公司在收集和使用个人数据时遵守某些标准或法规等。

1.3.3 政治科学

政治科学是对政治制度、行为和过程的研究,包括权力在国家内部和国家之间行使和分享的方式。政治科学家可以研究影响法律法规发展的政治过程和权力动态,并确定对不同利益相关者的潜在影响。政治科学可以帮助理解技术用于塑造政治结果的方式以及社会用途的伦理含义。例如,新兴媒体技术的使用可以影响公众舆论并影响政治运动和选举,了解这些技术的使用方式以及对民主进程的潜在影响有助于为使用这些技术的道德方法提供参考。

法律与科技伦理之间的关系是复杂的、多方面的。一方面,法律法规可以帮助建立技术开发和使用的道德标准。例如,可以通过法律来保护公民的在线隐私或要求公司保护敏感数据,这些法律有助于确保以负责任与合乎道德的方式使用技术。另一方面,科技伦理也可以影响法律法规的发展。随着技术的进步和新的伦理问题的出现,政策制定者和立法者可能会考虑这些技术的伦理影响并通过法律来解决这些问题。例如,人工智能和机器学习的快速发展引发了一系列伦理问题,包括与偏见、问责制和透明度相关的问题。因此,许多国家的立法者已经开始考虑这些技术的伦理影响,并考虑解决这些问题的潜在法律法规。

科技伦理还可以通过多种方式对民主产生重要影响。例如,以合乎道德的方式使用新兴技术,它可以促进思想的自由交流,并有助于确保民主进程的公平和透明。如果不道德地使用这些技术,很可能会破坏民主进程并造成不平等。新兴技术带来的诸多问题,如果不以民主的方式解决,就会降低人们对民主制度和程序的信任度。此外,如果信息的获取不均,就会造成不平等并破坏公平性。

科技伦理与社会运动之间的关系是复杂的、多方面的。一方面,社会运动往往依靠技术来促进沟通、组织和行动。例如,社交媒体平台和其他技术可用于动员支持者、提高对问题的认识并倡导变革。另一方面,技术也可以引发社会运动的伦理问题。例如,技术的使用可能会引发与隐私、安全以及误用或滥用的可能性相关的问题。此外,技术的使用可能会造成不公平,例如,某些群体比其他群体更容易获得信息与资源。道德考量还可以塑造社会运动使用技术的方式,例如,要求他们在收集和使用个人数据时遵守某些标准或法规。

思 考 题

1. 科技哲学如何为科技伦理提供理论支撑?
2. 科技伦理的案例是否都能从科技史中发掘?

3. STS与科技伦理有什么关系?
4. 科技伦理属于社会科学吗?
5. 主要社会科学分支对科技伦理有什么影响?

进一步阅读

与科技哲学相关的学术参考书很多,目前比较好的参考书为《爱思唯尔科学哲学手册》系列的翻译版(9种16册),单卷本的参考书有查尔默斯的《科学究竟是什么》。与科技史相关的较好的参考书是《剑桥科学史》系列的翻译版,单卷本的参考书有麦克莱伦第三和多恩的《世界科学技术通史》。与西方哲学史相关的参考书是《劳特利奇哲学史》(10卷本)。格伦瓦尔德主编的《技术伦理学手册》是学习科技伦理很好的学术参考书。Carl Mitcham主编的4卷本的《The Encyclopedia of Science, Technology, and Ethics》是学习科技伦理很好的英文书籍,内容非常全面。

参考文献

[1] Callicott J B, Frodeman R. The Encyclopedia of Environmental Ethics and Philosophy[M]. London: Macmillan Reference, 2009.
[2] Chadwick R. The Concise Encyclopedia of the Ethics of New Technologies[M]. San Diego: Academic Press, 2001.
[3] Holbrook J B. Ethics, Science, Technology and Engineering: A Global Resource[M]. 2nd ed. London: Macmillan Reference, 2014.
[4] Mitcham C. The Encyclopedia of Science, Technology, and Ethics: Vol. 1-4[M]. Farington Hills: Thomson Gale, 2005.
[5] Peterson M. The Ethics of Technology: A Geometric Analysis of Five Moral Principles[M]. New York: Oxford University Press, 2017.
[6] Puech M. The Ethics of Ordinary Technology[M]. New York: Routledge, 2016.
[7] Spier R E. Science and Technology Ethics[M]. New York: Routledge, 2002.
[8] van de Poel I, Royakkers L. Ethics, Technology, and Engineering: An Introduction[M]. New York: Wiley-Blackwell, 2011.
[9] Winston M, Edelbach R. Society, Ethics, and Technology[M]. 4th ed. Cambridge: Wadsworth Publishing, 2013.
[10] 格伦瓦尔德.技术伦理学手册[M].吴宁,译.北京:社会科学文献出版社,2017.
[11] 陈万球.NBIC会聚技术的伦理问题研究[M].北京:科学出版社,2020.
[12] 李侠.科技政策、伦理与关怀[M].北京:科学出版社,2017.
[13] 王国豫,刘则渊.科学技术伦理的跨文化对话[M].北京:科学出版社,2009.

[14] 王国豫,陈春英,陈至奎,等.德国技术伦理的理论与作用机制[M].北京:科学出版社,2018.

[15] 王前.技术伦理通论[M].北京:中国人民大学出版社,2011.

[16] 王玉平.科学技术发展的伦理问题研究[M].北京:中国科学技术出版社,2008.

[17] 贾萨诺夫.发明的伦理:技术与人类未来[M].尚智丛,田喜腾,田甲乐,译.北京:中国人民大学出版社,2018.

[18] 杨怀中.现代科学技术的伦理反思[M].北京:高等教育出版社,2013.

[19] 杨慧民.科技人员的道德想象力研究:技术责任伦理的实践路径探析[M].北京:人民出版社,2014.

第2章
伦理学基础

当前国内外的伦理学研究,已经达到一定的学术深度,其研究领域和研究主题越来越广阔和复杂,科技伦理与当前的伦理学研究存在许多交叉和关联。本章将对与科技伦理相关的元伦理学、规范伦理学和应用伦理学的主要领域进行系统的梳理,使读者能够进一步了解伦理学研究对科技伦理作为一个独立研究领域的影响。

▶ 2.1 元伦理学

2.1.1 道德实在论

道德实在论是一种哲学观点,认为道德陈述可以客观地为真或为假,并且道德真理独立于我们对它们的信念或态度而存在。根据道德实在论,道德陈述不仅是个人偏好或文化价值观的表达,而且是关于世界真实面貌的主张。道德实在论意味着可以通过理性或经验发现来了解道德事实或道德真理。这也意味着这些道德真理不依赖于我们对它们的信念或看法,而是客观的,独立于我们的主观观点之外的。道德实在论的主要论据之一是,道德陈述是客观和真实的,这意味着它们可以是真的或假的,就像关于事实的陈述可以是真的或假的一样。例如,"故意伤害无辜的人是错误的"这句话,无论我们对它的信念或态度如何,它都可能是对的或错的。然而,道德实在论也是一个有争议的观点,有许多哲学论点反对它。一些哲学家争辩说,道德陈述不符合真理,不存在客观的道德真理,而另一些哲学家则争辩说,道德陈述是个人偏好或文化价值观的主观表达。

根据道德实在论,某些行为在客观上是对的或错的,而不管人们怎么想。科技伦理是对新技术的伦理影响以及如何使用它们的研究。科技伦理旨在识别和评估技术进步的潜在道德后果,并为如何以负责任和合乎道德的方式使用这些技术提供指导。道德实在论和科技伦理之间存在紧密的关系,根据道德实在论,某种行为在客观上被认为是错误的,那么使用技术来促进该行为就会被认为存在问题。相反,如果一种技术被用来促进客观正确的行动或行为,那么该技术将被认为在道德上是可接受的。例如,如果偷窃在客观上被认为是错误的,那么使用一种技术来促进偷窃将被认为在道德上是有问题的。如果一项技术被用于促进慈善捐赠或促进社会正义,它会被认为在伦理上是可接受的。关注道德实在论对科技伦理研究很有价值,因为它可以让我们更深入地理解科技伦理的道德原则本质。

2.1.2 道德心理学

道德心理学是研究道德信念、行为和情绪的心理基础的领域。它试图了解人们如何形成道德信念,如何做出道德判断和决定,以及如何被激励按照这些信念和判断采取行动。道德心理学是一个交叉学科领域,它借鉴了心理学、哲学、社会学、人类学等领域的理论和研究。它还关注个人和群体的道德行为,以及道德信仰和行为受社会、文化和环境因素影响的方式。道德心理学研究的一些核心问题包括:道德信念和行为的心理基础是什么?人们如何形成和修正他们的道德信念?人们如何做出道德判断和决定?人们如何解决道德冲突?社会、文化和环境因素如何影响道德信念和行为?情绪在道德行为中起什么作用?道德心理学是一个重要的研究领域,因为它可以帮助我们理解为什么人们会以道德或不道德的方式行事,并且它还可以为促进道德行为策略的发展提供信息。

道德心理学在影响道德行为和决策方面起着重要作用。道德心理学可以通过多种方式影响科技伦理行为,例如,道德心理学研究已经确定了许多有助于道德信念和行为发展的因素,包括社会化、文化影响和个体差异。这种理解有助于为促进道德行为的策略提供信息。道德心理学研究还确定了一些可以影响道德决策的认知和情感因素,例如,研究表明,当人们处于积极的情绪状态并且有机会反思自己的选择时,他们更有可能做出符合道德的决定。社会心理学研究还表明,人们经常受到周围人的行为和期望的影响,这会对他们的道德行为产生影响。

道德心理学可以通过多种方式影响科技伦理问题,道德心理学研究已经确定了许多可以影响道德决策的认知和情感因素。这些相同的因素也会影响与技术及其使用相关的决策,例如,如何以尊重隐私和促进社会公益的方式设计和使用技术。技术有能力塑造社会规范和行为,道德心理学研究可以帮助我们理解人们如何受到技术的影响以及如何使用技术,这种理解可以为促进道德行为和决策的技术发展提供信息。道德心理学研究还可以帮助我们了解是什么促使人们在使用技术时以合乎道德的方式行事。例如,对价值观和社会规范作用的研究有助于为鼓励道德行为的技术设计提供信息。技术可以将人们聚集在一起并促进沟通和理解,但它也会为同理心和换位思考制造障碍。

2.1.3 伦理自然主义

科学研究可以帮助我们了解不同行为的后果以及它们可能对人类和环境产生的影响。然而,单靠科学不能完全解决伦理问题或为伦理问题提供明确的答案,这是因为伦理问题往往涉及超出科学知识范围的价值判断和主观评价。归根结底,伦理问题和决策需要使用理性、批判性思维和道德原则来确定什么是对或错、好或坏,以及我们在特定情况下应该做什么。虽然科学可以提供与伦理问题相关的重要信息和证据,但伦理问题的最终解决涉及伦理推理和决策的应用。

伦理自然主义是道德哲学中的一种观点,认为道德价值和道德陈述可以源自或还原为自然事实或属性。它是一种道德实在论,认为道德陈述描述了独立于人类思维而存在的客观、独立的道德真理。根据伦理自然主义,道德价值和道德陈述不是任意的或主观的,而是基于自然事实或属性的,这意味着道德陈述可以根据它们是否符合自然事实或属性来评估是真还是假。例如,"造成不必要的痛苦是错误的"这句话可被认为是正确的,因为它符合自然事实,即不必要的痛苦对众生的福祉不利。伦理自然主义通常与其他伦理学方法形成对比,例如非自然主义,认为道德价值和道德陈述不能被还原为自然事实或属性,以及道德相对主义,认为道德价值与文化或个人观点有关。自然主义也是具有争议的,例如一些哲学家认为,伦理自然主义是有问题的,因为很难准确地说明道德价值和陈述应该基于哪些自然事实或属性,或者清楚地说明道德陈述是如何从自然事实或属性中得出的。其他人则认为,伦理自然主义为道德推理提供了连贯且站得住脚的基础。

当前一种流行的与前沿科学有关的伦理研究,是将伦理问题简化为神经科学问题,因为神经科学可以提供对构成道德信念和行为基础的心理和神经过程的洞察。例如,对道德决策的神经基础的研究已经确定了许多涉及道德推理和判断的大脑区域和过程。然而,值得注意的是,神经科学只是更广泛的道德心理学领域的一个具体方向,道德心理学还关注社会、文化和环境因素。同时,伦理学的所有方面都不可能归结为神经科学。这表明很难将伦理学的所有方面转化为神经科学,或归结为任何单一学科和方法。

2.2 规范伦理学

制定一套系统、全面、连贯和一致的原则或规则来指导我们的道德决策是很有帮助的。为此,各种规范伦理学理论应运而生。接下来,我们将研究3种对科技伦理影响广泛的规范伦理学形态:后果论伦理学、义务论伦理学和美德伦理学。

2.2.1 后果论伦理学

后果论伦理学认为,道德体系的首要目标是为其成员产生理想的结果或后果。对这些伦理学家来说,行为和政策的结果提供了评估道德决策的最终评判标准。功利主义是后果论伦理学的核心理论,它又可以分为经典功利主义和规则功利主义。经典功利主义者认为,在一个特定社会中,对最大数量的个人的后果在道德考量(moral deliberation)中是最重要的。功利主义者强调特定行为和政策的"社会效用"(social utility)或社会有用性(social usefulness),关注这些行为和政策产生的结果。杰里米·边沁(Jeremy Bentham,1748—1832)是最早系统地阐述功利主义伦理理论的思想家之一,他通过两种主张为这一理论辩护。边沁认为,大自然把我们置于两种控制或主权——快乐和痛苦之下。我们自然希望避免痛苦而寻求快乐和幸福。然而,边沁认为重要的不是个人快乐或幸福的最大化,而是为整个社会创造最大的幸福。既然假设所有人作为个体都渴望幸福,基于功利主义的理由,那些为大多数人带来最大幸福的行动和政策是最可取的。

另一些功利主义者认为遵循规则或原则所产生的结果而不是个人行为的结果,最终决定了某种行为在道德上是否是允许的。这种功利主义理论称为规则功利主义,可以用以下方式表述:如果遵循一般规则Y的行为X的结果将为最多的人带来最大的利益,则行为X在道德上是被允许的。请注意,这里我们关注的是由于遵守某些类型的规则而产生的结果,并不是由于执行个人行为所产生的结果。规则功利主义排除了道德上允许1%的人口被奴役以便大多数人(剩下的99%人口)能够享受幸福的情况。规则功利主义者认为,允许多数人对少数人进行不公正剥削的政策也可能具有整体负面的社会结果,因此不符合规则功利主义伦理学理论的主要标准。

2.2.2 义务论伦理学

将责任或义务的概念作为道德基础的理论被称为义务论,最著名的学者为伊曼努尔·康德(Immanuel Kant,1724—1804)。他认为道德最终必须建立在责任的概念上或者说人类彼此之间的义务的概念上,而决不能建立在人类行为的结果上,因此,道德与促进幸福或实现理想的结果无关。他指出,在某些情况下,履行我们的责任可能会导致我们不开心,也不一定会取得我们认为理想的结果。康德认为将我们与其他种类的生物区分开来并在道德上约束我们的就是我们的理性能力。康德认为我们的理性本性向我们揭示了作为道德共同体的"理性存在"(rational beings),我们对彼此负有某些责任或义务。在关注涉及大多数人幸福的标准时,功利主义者允许为了最大数量的人的利益而牺牲一些人的利益和福祉。康德认为,一个真正的道德体系绝不会允许某些人被简单地当作达到他人目的的手段。他还认为,如果我们愿意使用基于社会效用的标准来构建我们的道德体系,那么这个体系最终将无法成为一个道德体系。康德认为,每个人都具有相同的道德价值。由此,康德说每个人都有他自己的目的,因此,我们决不能仅仅将其视为达到某种目的的手段。

契约论伦理学也是一种广为流传的义务论伦理学流派。从一般社会契约理论的角度来看,托马斯·霍布斯(Thomas Hobbes)的著作中提供了契约论伦理学的最早表述。霍布斯在其经典著作《利维坦》中,描述了一种原始的"前道德"状态,在"前道德"状态下,尚不存在道德或法规则,每个人都可以自由地以满足自己自然欲望的方式行事。虽然在这种自然状态下有一种自由感,但我们日常生活的条件很难达到理想状态。在这种状态下,每个人都必须不断地保护自己,因此,每个人也必须避免持续受到他人的威胁,因为他们倾向于追求自己的利益和愿望。霍布斯认为,在这样做的过程中,我们愿意将我们的一些自由拱手让给主权者。作为回报,我们得到了许多好处,包括一套旨在保护个人不受系统其他成员伤害的规则和法律体系。伦理学上的社会契约模型的优点是它给了我们道德的动机,让我们看到制定一个有规则的道德体系符合我们个人的自身利益。

与社会契约伦理学理论密切相关的是基于权利的伦理理论。一些哲学家认为无论个人是否拥有合法权利,所有人都应拥有一定的道德权利或自然权利。此外,断言人类被赋予自然权利或道德权利是一回事,而确保这些权利得到国家的保障和保护是另一回事,因此,需要在宪法中确定明确的法定权利。法定权利以民法为基础,而道德权利或自然权利则不然。然而,一些人认为道德权利源自自然法。在科学技术的发展和应用中,许多人过分强调个人权利,并没有足够重视个人因拥有这些权利而应承担的相应责任。

2.2.3　美德伦理学

第三种必须考虑的伦理学理论是美德伦理学(virtue ethics),它在新兴科技发展中受到越来越多的关注,也被称为德性伦理学(character ethics)。根据美德伦理学,美好的生活是按照美德生活的,美德是使个人蓬勃发展并过上幸福生活的性格特征。虽然美德伦理学的核心——美德因不同的哲学传统而异,但存在一些共同的美德,包括诚实、善良、同情、公平、勇气和自制。美德是使个人能够以符合其价值观和目标的方式行事的习惯或倾向。这一伦理学理论忽略了结果、义务和社会契约在道德体系中的特殊作用,尤其是在确定评估道德行为的适当标准方面。相反,它侧重于个人品德发展以及他们从自己养成的各种习惯中获得良好性格特征的标准。在古希腊,柏拉图和亚里士多德的作品最早阐释了美德伦理学的基本原则。在近代,美德伦理学作为一种可行的当代伦理学理论,在一定程度上通过菲利帕·福特(Philippa Foot)、阿拉斯代尔·麦金太尔(Alasdair MacIntyre)的理论和一些有影响力的著作而赢得了地位。亚里士多德认为伦理学不仅仅是用来研究的,还是用来生活或实践的。事实上,亚里士多德认为伦理学跟政治学一样是一门实践科学。在亚里士多德看来,要成为一个有道德的人,需要做的不仅仅是简单地记得和思考某些规则,他认为人们还需要发展某些美德。希腊语中美德的意思是卓越。亚里士多德认为,要成为一个有道德的人,必须获得正确的德性。他还认为,通过适当的训练和养成良好的习惯与品德特征,一个人可以获得好好生活所需要的节制和勇气等道德品德。美德伦理学家认为,一个有道德的人必然倾向于做正确的事情。他们指出,我们在日常行为中不会特意问自己,在这样或那样的情况下,我应该怎么做。美德伦理学家会指出如果这个人养成了正确的道德品质,他就不需要深思熟虑。也就是说,有道德的人已经倾向于养成某种品德特征。中国古代以孔子为代表的儒家学说和西方亚里士多德所发展的美德伦理学有着诸多的共同点,因此,美德伦理学在西方哲学传统和东方哲学传统中都有影响。

2.3 应用伦理学

应用伦理学有几个不同的分支,每个分支都关注一个特定的领域。应用伦理学通常是跨学科的,借鉴了哲学、法律、政治学和社会学等领域的见解和理论。应用伦理学与科技伦理研究关系最为紧密,科技伦理的许多具体分支,都属于应用伦理学研究范畴,但是两者的理论立场和关注的问题有着许多差异。应用伦理学包括众多分支,例如法律伦理学、家庭伦理学、经济伦理学、公共伦理学和商业伦理学等,其中与科技伦理紧密相关的有环境伦理学、生命伦理学和信息伦理学3个分支。

2.3.1 环境伦理学

环境伦理学是伦理学的一个分支,关注与自然环境相关的道德义务和价值观以及人类与自然世界的关系。它关注的问题是我们应该做什么,以及应该以什么样的价值观指导我们与环境及非人类生命相关的行动。环境伦理学可分为两大立场:生态中心主义和人类中心主义。以生态为中心的环境伦理学认为,非人类和生态系统具有内在价值和道德地位,我们有道德义务保护和保存它们。而以人类为中心的环境伦理学认为,环境的道德价值源于它对人类的有用性,我们有道德义务保护和维护环境,以服务于人类利益。对环境伦理学至关重要的一些关键问题包括气候变化、生物多样性丧失、污染、栖息地破坏和资源枯竭等。环境伦理学关注人类对自然世界的道德义务,以及这些义务应如何指导我们的行动和决定。环境伦理学将伦理学原则和理论用于解决与自然环境相关的问题,包括人类应如何与自然世界互动。环境伦理学有许多不同的方法,不同的哲学家提出了各种伦理框架来帮助理解我们对自然世界的道德义务。例如,工具主义者认为自然世界具有工具价值,我们有道德和义务保护它,因为它对人类福祉和繁荣是必要的。

科技对自然环境及其非人类居民具有重大影响。技术的开发、生产和使用往往涉及资源消耗、污染和其他环境影响。因此,环境伦理学与科技伦理密切相关。环境伦理学有助于确保技术的开发和使用符合道德价值观和原则,并且不会对自然环境或其非人类居民造成伤害。例如,环境伦理学有助于指导旨在最大限度地减少对环境影响的技术的开发,例如可再生能源技术或环保产品。它还可以帮助确保技术不会以对环境有害的方式使用,例如,生产危险废物或破坏自然栖息地。环境伦理学可以通过多种方式影响科技伦理,例如,设计节能、产生最少废物和使用环保材料的技术。技术进步也有利于解决环境问题,例如,气候变化或污染问题,需要开发可用于减少温室气体排放、清理受污染场地或恢复受损生态系统的新技术。此外,环境伦理学可能要求以尊重其他物种和自然界利益的方式使用技术。这涉及不伤害野生动物或破坏自然生态系统的技术,以及使用技术来保护生态多样性。

2.3.2 生命伦理学

生命伦理学是应用伦理学的一个分支,解决生物学、生命科学和医学领域出现的伦理问题。它涉及检查生物医学科学和技术进步的伦理含义,并确定在给定情况下做什么是对的或错的。生命伦理学涵盖范围广泛,包括基因工程、干细胞研究、辅助生殖、临终关怀和涉及人类受试者的临床研究的伦理意义等。它还帮助指导与医学实践和医疗保健资源分配的价值观和规范相关的问题。生命伦理学鼓励跨学科合作,旨在为个人和组织提供实用指导,帮助他们应对复杂的道德困境并做出符合道德的决策。生命伦理学可为医疗保健领域的政策制定、立法和决策提供支撑,还可以用来帮助个人理解和反思他们自己的道德价值观和特定行为的伦理含义。

生命伦理学和科技伦理紧密相关。当今开发的许多新技术对生物学和医学领域具有重要意义。例如,基因工程、干细胞研究和医疗设备的进步有可能彻底改变医疗保健的方式并改善患者的治疗效果。然而,这些技术也引发了伦理问题和困境,例如,与知情同意和资源分配相关的问题和困境。生命伦理学可以帮助检查这些技术的道德含义,并指导如何以负责任和合乎道德的方式使用新技术。同时,技术越来越多地被用于收集、分析和传播与健康相关的数据。这包括使用电子健康记录、可穿戴设备和其他可以收集与传输有关个人健康信息的技术。这些技术有可能提高医疗保健的准确性和有效性,但也引发了对隐私、安全和个人数据使用的伦理担忧。生命伦理学可以帮助检查这些技术的伦理含义,并就如何以尊重患者和医疗保健系统的权利的方式使用它们提供指导。

生命伦理学还有助于为生物学和医学领域技术使用的伦理准则的制定提供信息。例如,一个医学研究组织可以使用生命伦理学来制定行为准则,概述其研究人员在使用技术时的道德标准和期望。生命伦理学还有利于评估技术对社会和环境的影响,并确定是否以负责任和可持续的方式使用这些技术。包括考虑技术的设计、制造和处置方式及其在实践中的伦理影响。

2.3.3 信息伦理学

信息伦理学是应用伦理学的一个新兴分支,它不仅关注信息和通信技术(ICT)背景下出现的伦理问题及其对社会的影响,还研究信息的产生、传播和使用所产生的社会、法律和哲学问题。涉及与信息收集、处理和交流相关的道德原则和价值观的问题,例如隐私、言论自由、审查制度、知识产权和信息专业人员的社会责任等问题。信息伦理学与科技伦理密切相关,因为信息技术通常用于创建、传播和处理信息。信息和技术紧密交织,围绕它们使用的伦理问题往往密切相关。信息技术变革的快速步伐会带来许多道德挑战,尤其是涉及隐私、审查制度和知识产权等问题时。互联网的广泛使用使人们更容易访问和共享信息,但也引发了对隐私和安全的伦理担忧。

在计算机学科领域,通常用计算机伦理学指代信息伦理学,因为计算机技术是当今社会出现的许多伦理问题的关键因素。例如,计算机和其他数字技术的广泛使用引发了有关符合隐私要求、安全和负责任地使用技术的伦理问题。例如,IEEE工程师道德规范规定,工程师应避免对公众、环境和职业造成伤害,应努力遵守所有相关法律、法规和标准,这些原则在科技伦理中也广受关注。信息与计算机伦理学当前关注的主要领域包括人工智能伦理、大数据伦理、新兴媒介技术伦理和电子游戏伦理等。

思 考 题

1. 学习元伦理学对科技伦理有何作用?
2. 道德问题能还原成心理学问题吗?
3. 后果论和义务论哪个更适合科技伦理?
4. 应用伦理学有哪些主要分支?
5. 美德伦理学对于科技伦理有何影响?

进一步阅读

伦理学是一个相对成熟的学科,各种类型的参考书琳琅满目,可以满足各个层次读者的学习需求。中文教材可参考龚群的《现代伦理学》、卢风的《应用伦理学概论》(第2版)、邱仁宗的《生命伦理学》和杨通进的《当代西方环境伦理学》,翻译的教材可参考马库斯·杜威尔的《生命伦理学:方法、理论和领域》、戴斯·贾丁斯的《环境伦理学:环境哲学导论》(第3版),以及罗纳德·蒙森的《干预与反思:医学伦理学基本问题》。

英文的伦理学书籍非常之多,入门级的有《Ethics: A Very Short Introduction》《Doing Ethics: Moral Reasoning and Contemporary Issues》等,学术研究可查阅《A Companion to Ethics》《The Routledge Companion to Ethics》《Encyclopedia of Applied Ethics》《The Blackwell Companion to Applied Ethics》等。具体的理论和更为深入的相关研究,可以阅读这些参考书。

参 考 文 献

[1] Becker L C, Becker C. Encyclopedia of Ethics[M]. 2nd ed. New York: Routledge, 2001.

[2] Blackburn S. Ethics: A Very Short Introduction[M]. Oxford: Oxford University Press, 2009.

[3] Chadwick R. Encyclopedia of Applied Ethics[M]. 2nd ed. San Diego: Academic Press, 2012.

[4] Crisp R. The Oxford Handbook of the History of Ethics[M]. Oxford: Oxford University Press, 2013.

[5] LaFollette H. The International Encyclopedia of Ethics[M]. Chichester: Wiley-Blackwell, 2013.

[6] Mille C. Continuum Companion to Ethics[M]. New York: Continuum, 2011.

[7] Singer P. A Companion to Ethics[M]. New York: Wiley-Blackwell, 1991.

[8] Skorupski J. The Routledge Companion to Ethics[M]. New York: Routledge, 2010.

[9] Vaughn L. Doing Ethics: Moral Reasoning and Contemporary Issues[M]. 4th ed. New York: W. W. Norton & Company, 2015.

[10] Wellman C. The Blackwell Companion to Applied Ethics[M]. Malden: Blackwell, 2005.

[11] 泰勒.尊重自然:一种环境伦理学理论[M].雷毅,李小重,高山,译.北京:首都师范大学出版社,2010.

[12] 贾丁斯.环境伦理学:环境哲学导论[M].3版.林官明,杨爱民,译.北京:北京大学出版社,2002.

[13] 龚群.现代伦理学[M].北京:中国人民大学出版社,2010.

[14] 卢风.应用伦理学概论[M].2版.北京:中国人民大学出版社,2015.

[15] 蒙森.干预与反思:医学伦理学基本问题[M].林侠,译.北京:首都师范大学出版社,2010.

[16] 杜威尔.生命伦理学:方法、理论和领域[M].李建军,袁明敏,译.北京:社会科学文献出版社,2017.
[17] 邱仁宗.生命伦理学[M].北京:中国人民大学出版社,2010.
[18] 香农.生命伦理学导论[M].肖巍,译.哈尔滨:黑龙江人民出版社,2005.
[19] 布莱克本.我们时代的伦理学[M].梁曼莉,译.南京:译林出版社,2009.
[20] 杨通进.当代西方环境伦理学[M].北京:科学出版社,2017.

第3章

科研伦理

科研伦理是伴随着科学史中科研不端或者不诚信行为而产生的。随着科研机构的不断发展,学者们也一直在关注科学研究和科研机构的伦理问题。要实现科学的普遍稳定进展,必须遵守某些社会规范,以及相应的伦理原则。当科学家或其他相关人员忽视或反对这些规范时,科学研究可能会变得不正常,其进展可能会放缓或停止。本章将简要介绍科研伦理的发展背景和相关问题,并围绕科研中的利益问题和身份问题进行解读和分析,最后讨论如何在制度等层面对科研活动进行治理。

▶ 3.1 科研伦理概述

3.1.1 科研伦理的由来

科研伦理,即研究伦理(research ethics),是指在科学研究中所遵守的道德规范与原则等。这些原则旨在保护研究者和研究对象的权利、尊严和福祉,并确保以负责任和透明的方式进行研究。研究伦理通常涉及考虑范围广泛的问题,涉及确保以尊重文化和伦理价值观的方式进行研究,并确保将研究对象的潜在风险降至最低。研究人员有责任在他们的研究中遵守伦理原则和标准,并确保他们的研究以公平、透明和尊重研究对象的权利和尊严的方式进行。研究机构,如大学和研究组织,也有责任建立和执行道德标准,确保以负责任和道德的方式进行研究。

在大多数情况下,科学研究是指使我们能够检验某些假设或得出结论,并为知识做出贡献的活动。虽然专业人士的研究和实践都受道德规范的支配,但他们的研究伦理是指基于一系列研究原则的个人和集体行为准则。科研伦理规定了研究人员在研究天文学和动物学等领域时应采取的行为方式。学者们对适合科学的规范感兴趣很长时间了,发明家查尔斯·巴贝奇(Charles Babbage)写于1830年的《对英格兰科学衰落的思考》(《Reflections on the Decline of Science in England》)等文献证明了这一点。同样,虽然19世纪的医生因在未经患者同意的情况下对患者进行试验而受到惩罚,但是讨论一般科学研究的规范是20世纪后期的事情。在20世纪六七十年代发生了一系列科研丑闻,包括捏造实验数据和欺骗研究对象,才出现了一些关于科学研究伦理的文章。1983年,哈佛大学、耶鲁大学和斯坦福大学等主要研究型大学制定了处理研究不端行为的指导方针。到20世纪80年代中期,欧洲国家和美国的大多数医院和研究机构都开始设立研究委员会。到21世纪,越来越多的科研伦理研究机构相继出现。

一些科研行为受到正式审查、批准程序、制裁和法规的约束,而其他可能危害更大的科研行为却因为没有人想过其可能的结果而逃避监督。我们需要找到监测科学研究行为的方式,这些可以应用于智库、资助机构以及公众分析。

如果能建立一个可以制定类似于市场研究守则的行业准则,可能符合每个人的利益,但内容必须维持社会需求与满足资助机构义务之间的平衡。透明度是一项核心原则,即谁拥有这些科研,以及为了什么目的做研究。该机构可以向满足规范要求的组织颁发质量合作标志,自愿形式的监管会进一步提升研究道德意识的文化,确保研究人员和相关人员的安全、福祉和尊严。

当前一些科研领域显然需要监管,例如个人数据、人工智能和机器人技术以及食品与农业科学就是很好的例子。但即使如此,连个人数据保护也需要很长时间才通过欧盟的通用数据保护条例(GDPR)得到有效监管,然后国家数据保护机构才能有效实施。即使现在对人工智能和机器人研究的后果充满未知,相关的研究规范也有希望通过自我调节将可能的风险降到最低。

3.1.2 科研不端

科研不端行为是科研伦理中最常见的现象。我们必须首先确定什么是科研不端,因为每个犯错者的动机都不同,如果你不知道他们做错了什么,就无法确定人们为什么做错事和如何防止错误。下面介绍几种具体的违规行为。它们按违规类型分组,其中一些涉及滥用结果或其他数据,而另一些则与知识产权有关。此外,还有其他类型的行为,例如利益冲突、涉及人类或动物研究的不当行为以及同行评审期间的不当行为。

- 伪造与故意篡改数据;
- 故意剔除与假设不符的已知数据;
- 歪曲他人之前所做的工作;
- 故意忽视以前所做的工作;
- 所有权或作者身份的违规;

- 将其他研究人员的数据冒充为自己的数据；
- 未经所有研究人员同意发表结果；
- 没有承认所有完成这项工作的研究人员；
- 重复发表过于相似的结果或评论；
- 泄露机密。

自科学出现以来，对实验结果的操纵、虚假陈述和欺诈一直是科学界的一个问题。这可能与其发生的频率增加有关，也可能由于警惕性的提高而被更多地发现。在这里，我们将研究其性质、各种形式、产生原因，以及发现和防止科学不端的方法。相当一部分科研不端行为是未能正确确定数据的来源，为其他人提供适当的方法来追溯科学数据，从而帮助他们重现或反驳其结果，这事关重大，也是科学精神的一部分。因为科学是一项公共活动，依赖于研究人员共同体进行基础研究是推进科学发展的重要方法，科学家必须为共同体中的其他人提供检查和挑战的机会，以确认其实验结果。未能正确确定数据来源或对数据进行欺诈性操作，可能会对科学及公众造成伤害。即使是妨碍对所用数据进行全面评估的轻微失误，也可能使某个领域的进展变得困难，哪怕这些失误起初看起来是无辜的。

科学事业的性质要求观察和实验要么通过独立研究人员进行详细验证，要么利用伪造的数据。科学研究为了具有客观实在的科学价值，必须包括科学观察与实验的所有相关特征，例如，我们如何进行可能导致问题的科研。科学研究最重要的部分是数据，尽管结果的发布和传播往往是科学家和公众关注的焦点。积极的科研结果也往往是最受人关注的，然而消极的结果对科学的进步同样重要。如果科学要避免以不正常的方式进行，科学界必须能够访问已发表的科研结果背后的数据。为了帮助其他学者复制相关实验，必须以某种方式精心整理并保存原始数据，在必要时提供给其他科学家进行检查。当尝试根据已发布的结果复制实验遇到困难时，这就会变得更有必要。科学精神要求科学家及其数据和研究人员共同体之间建立密切的联系。因为科学本质上是一种公共活动，要求我们应该保持开放状态，我们不能假设我们的理论被证明是正确的，我们必须仔细记录、承认、考虑并揭示那些有说服力地解释它们如何得出我们结论的详细过程。

3.1.3 科研偏见

科学研究和社会偏见一直存在着联系，如性别歧视和种族主义，都会影响科研活动的客观性。科研伦理不仅应该防止其对公众、研究对象、民主制度和环境造成伤害，而且鼓励在获取知识方面采取更客观的实践、程序和方法。换句话说，科研伦理致力于防止偏见。例如，增加对科研伦理的监管很重要，因为减少偏见可以增加知识的社会价值，通过对伦理的认真关注来减少科研中的偏见，将有利于实现客观智力的价值和拥有作为决策依据的准确信息的社会价值。科研偏见往往以影响人文和社会科学工作的社会和政治偏见的形式出现,而在自然科学领域,这种偏见通常以特定资助团体期望的科研结果的形式出现。早在1990年6月,美国调查人员发布的一份报告显示,缺乏具有代表性的研究人群普遍存在。例如,美国国立卫生研究院(NIH)赞助的一项研究表明,每天服用阿司匹林可以减少心脏病发作次数,而其研究对象均为男性。其显示胆固醇和心血管疾病之间关系的研究几乎只针对男性进行,然而胆固醇与心脏病的联系是女性致病的一个主要原因。这种排他性的研究做法会导致严重的后果,导致仅针对男性的心脏病研究成果,使得美国心脏协会推荐了一种实际上会增加女性患心脏病风险的饮食习惯。

如果科研人员不注意对实验实践、产品和目标的限制,就很难以合乎道德的方式开展科研。科研伦理的首要原则是科学家有责任进行某些研究,并不进行特定类型的研究,它应该确立指导如何以伦理上可接受的方式进行科研的基本原则。这些还受到职业伦理的约束,包括对职业、社会和雇主的责任等。由于客观性是科研伦理的主要目标,还需要讨论进行客观性研究的意义,以及关注那些不可避免的价值判断会如何阻碍客观性。事实上,很多关于如何进行科研的决策都集中在如何在事实不确定的情况下表现得合乎道德。因此,科研伦理需要面对的主要问题之一是制定在这种冲突和不确定的情况下如何行动的指导方针,也不用花太多时间讨论应受谴责的行为,例如,伪造数据这类明显是错误的行为。在出现伦理冲突的情况下,首要任务应该是保护社会公共福利,对客户或雇主的责任是次要的。

科学研究中的知识产权伦理也很重要,不仅因为它可以帮助学生、公众和实验对象避免与研究相关的伤害,还因为它提供了一个框架来检查研究的目的。社会资助了许多大学和公共机构中的科研工作,学术研究人员有特殊责任确保他们的工作服务于社会,例如,社会福利、公平和知识增长等。事实上,所有科学家都有责任来确保他们的工作服务于社会。然而,如果没有伦理审查,科学家很容易忽视他们的社会责任和义务,他们可能会选择具有狭隘工业、经济或个人目的的工作,而不是有利于服务社会的研究项目。

3.2 科研中的利益问题

3.2.1 科研利益冲突

科学研究中的利益冲突是指研究人员或研究机构的个人、经济或专业利益可能影响或误导研究结果的设计、实施、解释或报告的情况。当研究人员或研究机构在研究结果中拥有经济利益时,例如,当研究人员受到其研究产品的公司资助时,就会发生这种情况。

当研究人员对结果有个人或专业利益时,例如,当研究人员的声誉或职业发展可能受到研究结果的影响时,也会发生这种情况。利益冲突可能以多种不同形式出现,并且可能难以识别和管理。研究人员和研究机构对任何潜在的利益冲突保持透明,并采取措施尽量减少它们对研究过程的影响,这一点很重要。这可能包括在出版物中披露利益冲突,寻求对研究的独立审查,以及分离可能存在利益冲突的研究人员和决策者的角色。

研究人员往往具有复杂的社会关系,比如隶属于大学、资助机构、合作伙伴,甚至是家人和朋友,这些关系可能会阻碍科研或导致职责冲突。理清我们职责的性质,并了解我们所负责的对象,对于避免可能发生的风险至关重要。并非所有利益冲突都可以避免,冲突也不一定是有害的,因此识别何时以及如何避免利益冲突是关键,当冲突发生时,应在可能的情况下防止进一步的损失是至关重要的。与科研行为的其他规范一样,解决利益冲突问题也应以默顿规范作为指导,设计出有助于避免潜在损失的机制。

研究人员和研究机构可以使用多种策略来解决或减轻科学研究中潜在的利益冲突。研究人员应在出版物或工作介绍中披露任何潜在的利益冲突。这使读者和审稿人能够考虑冲突对研究的潜在影响。研究机构还可以建立独立的审查委员会来评估拟议研究项目中存在利益冲突的可能性,并提出解决冲突的建议。另外,可以将利益冲突的研究人员和决策者分开,以尽量减小偏见的可能性。例如,研究人员不应参与他们自己研究项目的资助或批准过程。还有保密举措,研究人员可能需要签署保密协议,以确保他们不会泄露可能被用来获得经济利益的敏感信息。此外,研究机构应制定明确的利益冲突管理政策,并应确保所有研究人员都了解和遵守这些政策。最后是加强培训,研究人员应接受有关如何识别和管理利益冲突的培训。总之,解决和减轻科学研究中利益冲突的关键是透明度和有效政策与程序的实施,以确保研究过程的完整性。

正确理解科研人员在其机构中的作用有助于我们了解利益冲突是如何产生、被识别和处理的。为了科学的持续进步,它依赖于与科学以外的人类机构的互动,包括市场、政府和公众等。这些互动有时是推力,有时是阻力。而在其他时候,科学和其他机构只是微弱地相互作用或根本没有作用。同样,在科学机构内工作的研究人员也是其他一些机构的成员,并且由于他们在这些机构中的成员身份,他们自己可能会经受不同的约束或刺激。

3.2.2　科学的真理目标

科学研究的目标是增加我们对自然界的理解,并开发出可以造福社会的新方法和新技术。科学研究涉及对一个主题进行系统和客观的研究,以获得新知识或验证完善现有知识。这通常涉及假设的制定、通过观察和实验收集数据以及对结果的分析和解释。科学研究的目标是产生可靠和有效的知识,这些知识可为决策制定、政策制定和实际应用提供信息。科学研究是一个持续的过程,涉及新想法的发展和测试,以及通过证据的积累对现有理论的完善。它是由好奇心和了解支配自然世界的基本原则与解决重要实际问题的愿望驱动的。简而言之,科学研究的目标是增进我们对周围世界的理解,并利用这种理解来改善人们的生活以及社会的健康和福祉。

为了让科学按应有的方式工作,随着时间的推移揭示自然的规律,科学精神要求其参与者采取某些类型的行为。普遍主义、公有主义、无私主义和有组织的怀疑主义是必要的科学精神,这些也假设了科学的本质及目标。我们也应该采取科学实在论的立场,即自然法则支配着所有对象和过程,并且我们可以通过客观和无私的研究获取这些事实,即对真理的追求和尊重。

科学的发展是断断续续的,有许多曲折甚至倒退,但正是通过追求科学的普遍精神,科学家才确信我们总会以某种方式取得进步。没有一位科学家可以对这一进步负责,但所有在科学界的人都应该致力于这一进步。这意味着承认科学是为人类进行的,我们的利益如果不与科学利益一致,就会变成冲突。科学研究的持续利益必须以追求真理为主。为了更好地追求真理,科学家和在其中工作的其他人必须将这一价值置于所有价值之上,这意味着有时为了实现和尊重科学的真理,我们必须将我们的其他利益放在一边,甚至有时会舍弃其他利益。

科研人员需要通过多种途径尊重真理。一是遵循科学方法,科学方法是进行研究的系统过程,旨在最大限度地减少偏差并确保结果的有效性和可靠性。研究者应尽可能遵循科学方法,包括提出可检验的假设、客观地收集和分析数据、得出有数据支持的结论。二是确保透明性,研究人员应该对其方法和发现保持透明,包括研究中的任何潜在限制或偏见。这允许其他研究人员复制和验证结果,并有助于确保研究过程的完整性。三是及时披露利益冲突,研究人员应披露任何可能影响其研究的设计、实施、解释或报告的潜在利益冲突。这使读者和审稿人能够考虑冲突对研究的潜在影响。四是同行评议,研究人员应将他们的工作提交给同行评审,这是其他研究人员评估研究质量和有效性的过程。这有助于确保研究符合科学界的标准并基于可靠的科学原则。五是遵循道德准则,研究人员在研究中应遵循道德准则和协议,包括获得参与者的知情同意并保护他们的隐私和福祉等。

3.2.3 身份与署名问题

作者身份是一种责任,承担着相应的荣誉,科学家在享受署名带来的奖励的同时也必须对他们的工作负责。为科学工作负责意味着其他科学家相信作者对他们的工作有着尽可能多的了解,能够尽可能保证文字的正确性,并且所有的作者也对他们的贡献负有个人责任。如果没有正确给出文字或数据的真实来源,那么作者就失去了对科学家共同体的信任和责任,并且违反了公有主义的精神。

作者署名是研究计划向科学共同体传播,并保证其研究质量的重要形式。当结果发表时,它也是关于科学精神的,特别是公有主义和有组织的怀疑主义的价值观。科学传播的目的是对结果进行测试,为其他研究人员提供质疑这些结果的机会,以便他们可以证实或证伪某些假设或观点。科学论文的作者通常根据其特定的专业领域承担不同的责任。复杂的研究计划现在经常依赖于交叉的专业合作,因为没有一个科学家能在所有领域都拥有足够的专业知识来完成特定的研究任务。相互合作的科学家必须保持其专业性和诚实,做出他们对特定研究领域的贡献。因此,合作者有责任在写作和出版过程中保持透明、开放和坦诚相待,并尽可能确保他们的合作者对他们的贡献有基本的了解。

出版是学术界主要的成果公布形式,它在很大程度上可以衡量学术研究的价值。出版的需要,加上其他机构对资金、成果等方面的压力,可能会导致不恰当署名等伦理问题。制度规范以及各个领域之间的不同行业习惯使得作者身份的问题变得复杂。必须在什么程度上以及出于什么原因来命名作者以及按什么顺序命名?什么样的科学规范要求作者对真理采取何种形式的职责?什么算作作者?为什么这对科学很重要?这些都是非常容易忽视的署名伦理问题。科学出版物是各种学科专业的基本价值单位,也是确保科学方法随着时间的推移仍发挥作用的重要手段。发表的观点来自哪里?谁写的文字?最重要的是,谁对这些文字及其所代表的内容负责。这都是科研中的一个个大问题,这些都会对伦理学提供许多新问题。

▶ 3.3 科研活动的社会治理

3.3.1 科研诚信与科研监管

科研诚信的定义因国家、机构和学科而异。这种多样性体现出其关注点是放在检查与惩罚,还是放在教育和文化培育上面。许多关注点在于定义不当行为的概念,与不当行为相关的后果及意图需要严格界定。如果重点在于促进更广泛的诚信文化与价值,则需要广泛地探究该领域。例如欧洲准则(ALLEA2017)将科研诚信行为准则定位为可靠性、诚实、尊重和问责制。新加坡科研诚信声明(WCRIF2010)则主张诚实、责任、职业礼貌和公平以及良好的研究管理的基本原则与具体职业责任。诚信研究还经常被归结为对科研欺诈、伪造和剽窃(FFP)的管理问题,这些都是经常困扰科研治理的问题。总体看来,科研伦理应被视为一套总体的道德价值观、美德、原则和标准,作为良好科研的实践指南。科研中的道德决策应尽量平衡潜在的利益冲突,并及时应对可能对研究参与者乃至整个社会产生的危害。

在过去的几十年中,科研伦理监督机制的规模、学科范围和地理范围不断扩大,产生了在国际、国家、地方、共同体、学科和机构中运作的监管、声明和指南的多重模式和实践。当政府、研究机构、协会和超国家机构试图影响或干预科研活动时,这些文件就会产生一定的作用。有效的科研伦理审查必须保持其独立于企业或私人的利益,然而过于制度化的风险规避也有可能会阻碍科学进步。科研伦理审查流程的任务是通过增强风险意识来保护研究人员及其参与者。道德实践和科学诚信的维护依赖于研究中所有利益相关者之间的良好伙伴关系。但是,如何在整个研究中对管理机构进行合理的监管也是需要慎重考虑的。大型数据收集公司仍然保持着他们所谓的自我监管。科学与政治以及政策制定密不可分,这进一步增强了科学家充分理解和参与其研究成果的责任。

科研伦理审查过程和研究领域本身也会出现问题,这些问题通常是约定俗成的。如果没有对它们进行直接讨论,任何科研工作都不能被认为是完整的。例如如何获得知情同意以及如何告知参与者研究目的等,都被视为确保有效参与的核心问题。随着信息技术的变化,隐私问题也越来越突出,因而越来越难以维护。新数据形式和大数据技术的发展使得可用性和可访问性极大地扩展了,使得私人和公共空间之间的重叠进一步复杂化。科研中的机密性、匿名性和欺骗的可能性都表明,要使这些问题在概念上保持独立是多么困难。

研究方法的应用也是会出现伦理问题的,因此在选择最合适的研究方法时必须慎重考虑。有些方法在伦理上更适合某些研究主题和特定人群,而其他方法则不适合。虽然研究报告的审阅者经常将方法与伦理分开,但两者之间的区别还很不明晰,可能最有效的方法与合乎道德的方法之间存在相对明显的差别。有些方法需要将研究人员与他们的参与者保持一定的距离,而另一些方法则需要保持近距离的参与度。没有一种适用于所有研究人群和所有研究环境的最佳方法。方法的选择,就像对道德风险的感知一样,高度依赖于语境。研究人员、审稿人、资助者和受试者都需要具有能够判断哪种方法最适合他们在特定研究环境中的需求和风险感知能力。

3.3.2 伦理委员会的职责

伦理委员会(也可称为审查委员会)是世界各地科研人员普遍熟知的伦理审查机构。大部分科学领域都会受法律法规的约束,其中涉及人类受试者的研究通常由伦理委员会指导和监督。它们尽管应用的基本标准通常遵循普遍的原则,但世界各地的运作方式各不相同。

《纽伦堡法案》和《赫尔辛基宣言》是由于科学发展中的道德失误而发展起来的最典型的制度形式。在《纽伦堡法案》和《赫尔辛基宣言》中阐明的原则的指导下,世界各地的伦理委员会已经成立并已经采取行动,以帮助防止损害公众对科学的认知和信任。在纽伦堡事件之后,随着时间的推移,各国和国际机构都开始尝试制定相应的规则,并建立能够维持秩序和执法的强制执行机构。《赫尔辛基宣言》正式确立了在纽伦堡阐明的一些原则,并已成为建立国际性的旨在保护人类主体和扩展生物伦理原则的机构的指导文件。然而,该声明对其签署方不具有法律约束力,只是作为当地法律和法规的指导。各国可以自由地将其阐明的原则具体化和制度化,因为签署宣言即证明了对这些原则的普遍支持。由于国际框架在法律上没有约束力,各国可以自由地以自己的方式来执行所讨论的原则。尽管如此,某些规则依然被普遍遵守,包括与赫尔辛基原则保持一致,收益应大于风险,受试者的权利和安全必须受到保护,人体试验应基于动物试验,方案应描述良好且科学合理,应明晰利益冲突,受试者的医疗护理是试验结束后的首要任务,所有科研参与者都应经过适当培训并具备资格,应存储数据并保护隐私,同意必须是自由和知情的,等等。

现在有许多不同的法律和监管框架,在国际和各国内部对与人相关的试验进行监管。例如,人类用药品注册技术要求通过国际协调会议来审定。由于药品的国际销售需要遵守这些要求,因此有必要在当地和各国范围内制定某些程序,以保证在临床试验中以合乎道德的方式使用人类受试者。也存在其他类似的框架,为了使它们符合《赫尔辛基宣言》,许多国家也会建立类似的伦理委员会来审查、评估以及指导研究和试验方案。

伦理委员会通常由特定专家和共同体成员组成,他们通常提供无偿服务,并且不能与他们审查的项目有直接的利益关系。他们的独立性和客观性是最重要的,应该在所涉及的科学和要应用的伦理原则方面有一定的理论背景。委员会成员也应该接受不定期、持续的培训,包括及时了解科研进展,并定期了解人类受试者或动物试验中遇到的新问题。

3.3.3 科研的社会责任

科学研究活动是一种无定形的、分布式的、动态的知识系统,由许多相关的人员和组织构成,经常不受特定机构的控制,科学发展的知识体系是人类共同遗产的一部分。随着时间的推移,科学提高了我们对宇宙和我们在其中的位置的理解,我们的有形和无形的知识变得更加丰富。由于科学作为一种特殊性质的活动,几乎与社会的每个部分都有不可或缺的联系,我们必须特别注意科学和从事科学工作的人的价值和责任。同样,我们应该注意将科学与社会的相互责任联系起来。科学家不是在真空中工作,科学家所做的工作正使我们所有人受益。科学家有责任与公众交流,并以合适的方式进行互动,因为科学和社会公众处于互惠互利的关系中,而且相互依赖。

科学史中的许多案例表明,科学家的不道德行为会损害他们及其专业的声誉,使得公众对科学的信心不可避免地降低。虽然科学不用必须依靠公众的支持而生存,但是作为一名科学家应被赋予深入研究自然奥秘的责任,而不是追求潜在的金钱或其他物质好处,因为寻求真理本身就是一种莫大的荣幸。

尽管在科学界和哲学界可能对默顿规范存在一些争论,但当前的科研伦理规范基本都是根据默顿规范进行讨论的。然而,默顿是以描述性的形式定义这些规范的,而不是通过规范性的定义。也就是说,他试图描述科学实际上是如何运作的,什么时候最有效,而不是从第一原则定义行为准则。普遍主义、公有主义、无私主义和有组织的怀疑主义的价值描述了有助于推动科学发展的立场和实践。科学史的现实表明,违背这些价值观就会阻碍科学的发展。科学家和公众也都同意,寻找真理的稳步推进和进展对我们的共同利益是善的,并且更好地了解我们的宇宙,以及从这种知识中产生的实际利益,这都意味着我们对科学及其组织机构有着共同的兴趣,我们也应积极关心科学运作的社会背景。因此,接受默顿规范也意味着接受某些道德价值。即使我们不关心道德本身,我们对科学的共同兴趣也需要我们经常关注与道德相关联的行为。

科学事业正在迅速发展,科学活动也是动态的,也许比以往任何时候都更加多变。由于科学和技术进步的步伐逐渐加速,我们有责任跟上它的进步,在科学研究行为中不断进行关于善的伦理思考,并尽可能多地与不同文化背景和专业领域的研究人员分享研究进展,不断完善我们的伦理概念,提出更好的措施来营造科研诚信的氛围。然而,目前还没有很好的经验证据来说明如何做到这一点,依然缺乏培育研究人员道德意识行之有效的方法,这是科研活动中的一个大漏洞。随着科研不当行为的逐年增加,科研伦理已经成为科技伦理的重要环节。

当然,大多数科学家的行为是合乎道德的,我们都需要感谢他们对不断进步的社会的承诺和贡献,我们从他们不懈的追求中收获物质和智力进步。正是因为科学,我们的现代生活方式才不断丰富。科学为社会做贡献,社会也为科学付出了很多。两者处于相互依存的状态,如果没有科学家追求自然真理,社会将不堪设想。因此,即使存在失误,即使有倒退,科学也总会随着时间的推移而进步。

思 考 题

1. 科研伦理包括哪些内容?
2. 你身边的科研不端行为有哪些?
3. 科研中涉及哪些利益?这些利益如何产生冲突?
4. 研究中的身份究竟代表了什么伦理含义?
5. 伦理委员会需要发挥哪些实际的作用?

进一步阅读

国内研究方面,李真真等学者编著的《科研伦理导论:如何开展负责任的研究》和《科研诚信与学术不端案例集》是国内新近的研究成果,是入门的最佳资料。较早的相关研究著作包括李侠的《科技政策、伦理与关怀》、金迪的《科研伦理规范论》、薛桂波的《科学共同体的伦理精神》和陈爱华的《科学与人文的契合:科学伦理精神历史生成》等。

国外相关的资料非常丰富,入门的专著或教材有 Koepsell 的《Scientific Integrity and Research Ethics》、Shrader-Frechette 的《Ethics of Scientific Research》、D'Angelo 的《Ethics in Science:Ethical Misconduct in Scientific Research》;已翻译为中文的教材有雷斯尼克的《科学伦理学导论》。此外,梅德韦基的《科学传播伦理学》重点分析了传播过程中的伦理问题,美国医学科学院等组织编写的《科研道德:倡导负责行为》是一份经典报告,Iphofen 主编的《Handbook of Research Ethics and Scientific Integrity》是该领域的权威参考书。Springer 近些年相继出版的该领域的系列作品《Research Ethics Forum》值得参考学习。

参 考 文 献

[1] Angelo J D. Ethics in Science:Ethical Misconduct in Scientific Research[M]. Boca Raton:CRC Press, 2018.

[2] Dougherty M V. Disguised Academic Plagiarism:A Typology and Case Studies for Researchers and Editors[M]. Berlin:Springer, 2020.

[3] Francis L M. Scientific Integrity:Text and Cases in Responsible Conduct of Research[M]. Washington, D. C.:ASM Press, 2014.

[4] Iphofen R. Handbook of Research Ethics and Scientific Integrity[M]. Berlin:Springer, 2020.

[5] Koepsell D. Scientific Integrity and Research Ethics:An Approach from the Ethos of Science[M]. Berlin:Springer, 2017.

[6] National Academy of Engineering. Ethics Education and Scientific and Engineering Research? What's Been Learned[M]. Washington, D. C.:National Academies Press, 2009.

[7] Palazzani L. Innovation in Scientific Research and Emerging Technologies:A Challenge to Ethics and Law[M]. Berlin:Springer, 2019.

[8] Shrader-Frechette K. Ethics of Scientific Research[M]. Lanham:Rowman & Littlefield Publishers, 1994.

[9] Winter J D. Interests and Epistemic Integrity in Science:A New Framework to Assess Interest Influences in Scientific Research Processes[M]. Lexington:Lexington Books, 2016.

[10] 美国医学科学院,美国科学三院国家科研委员会.科研道德:倡导负责行为[M].苗德岁,译.北京:北京大学出版社,2007.

[11] 陈爱华.科学与人文的契合:科学伦理精神历史生成[M].长春:吉林人民出版社,2003.
[12] 雷斯尼克.科学伦理学导论[M].殷登祥,译.北京:首都师范大学出版社,2019.
[13] 梅德韦基,里奇.科学传播伦理学[M].王大鹏,方芗,译.北京:清华大学出版社,2021.
[14] 金迪.科研伦理规范论[M].长春:东北师范大学出版社,2017.
[15] 李侠.科技政策、伦理与关怀[M].北京:科学出版社,2017.
[16] 李真真.科研诚信与学术不端案例集[M].北京:中国科学技术出版社,2020.
[17] 李真真,黄小茹.科研伦理导论:如何开展负责任的研究[M].北京:科学出版社,2020.
[18] 斯丹尼克.科研伦理入门:ORI介绍负责任研究行为[M].曹南燕,吴寿乾,姚莉萍,译.北京:清华大学出版社,2005.
[19] 薛桂波.科学共同体的伦理精神[M].北京:中国社会科学出版社,2014.
[20] 中国科学院.科研活动道德规范读本[M].北京:科学出版社,2009.

第4章

计算机伦理

本章介绍与计算机技术相关的伦理问题,包括计算机犯罪与隐私问题、知识产权问题和网络安全与网络空间监管等。自计算机开始出现在大众视野中,其颠覆性的革命特征就带来了许多社会问题,尤其是当个人计算机进入千家万户之后,这一系列问题和争端开始加剧。计算机的逻辑上可塑、操作不透明等特性不仅给诸如犯罪、隐私等传统问题带来了全新的挑战,也引发了诸如软件是否可以享受知识产权法的保护等全新的争议。本章首先介绍计算机伦理的起源,接着介绍有关计算机技术的伦理问题及其争议。

▶ 4.1 计算机伦理的起源及内涵

4.1.1 计算机伦理简史

计算机伦理作为一个学术研究领域,最早可追溯到20世纪40年代,是由麻省理工学院教授诺伯特·维纳(Norbert Wiener)创建的。在20世纪40年代早期,他开发了一种能够击落快速战斗机的高射炮。维纳和他的一些同事接续了这个工程项目的挑战,创建了一个新的科学领域——信息反馈系统的科学,维纳将其命名为"控制论"。维纳以非凡的洞察力,将控制论的概念与来自数字计算的想法结合在一起,他也预见到了今天的一些计算机伦理问题。1950年,维纳出版了他的开创性著作《人有人的用处》。虽然他没有使用"计算机伦理",但他为计算机伦理研究和分析奠定了全面的基础。例如,维纳的书就包括了对人类生活目的的描述、正义的四个原则、一种应用伦理学研究方法、计算机伦理基本问题的探讨等部分。

20世纪60年代中期,计算机科学家唐·帕克(Donn Parker)开始研究计算机专业人员对计算机的不道德和非法使用,并收集了计算机犯罪和其他不道德的从事计算机活动的例子,并于1968年出版了《信息处理中的伦理规则》(《Rules of Ethics in Information Processing》)一书。他制定了计算机协会的第一个职业行为准则并最终在1973年被ACM(美国计算机协会)所采用。在接下来的20年里,帕克通过书籍、文章、演讲和研讨会,开启计算机伦理领域研究,并赋予了它新的动力和重要意义。虽然帕克没有完成完整的理论框架,但他的工作是继维纳之后计算机伦理历史上的一个重要里程碑。

20世纪60年代末,约瑟夫·魏森鲍姆(Joseph Weizenbaum)创建了一个计算机程序,他称之为"伊莉莎"(ELIZA)。作为一项实验,魏森鲍姆利用伊莉莎设计了一个类似心理治疗师的模拟程序。魏森鲍姆担心人类对信息的处理正在强化一种已经在科学家乃至普通大众中日益增长的担忧,即把人类仅仅视为机器。作为回应,魏森鲍姆在他的《计算能力和人类理性》(《Computer Power and Human Reason》)一书中表达了他的担忧。这本书连同他在麻省理工学院的课程以及他在20世纪70年代的许多演讲,激发了在计算机伦理领域的许多思考。

20世纪70年代中期,在教授大学医学伦理课程时,沃尔特·马纳(Walter Maner)注意到,当计算机参与到医学伦理案例时,它们往往会为案例增加新的伦理特征。因此,马纳开始使用"计算机伦理"一词来指"由计算机技术加剧、改变或创造的伦理问题"。马纳开发了大学计算机伦理课程,并在美国各地的会议上做了各种讲座。他的讲座和研讨会强调了关于隐私和隐秘性、计算机犯罪、计算机决策和技术依赖等计算机专业人员的道德规范问题。这些开创性的工作激励了美国许多学院和大学逐渐强化计算机伦理的研究。

至20世纪70年代末,帕克、魏森鲍姆以及马纳提高了许多美国计算机学者的伦理意识。计算机相关的伦理问题已经成为美国和欧洲国家的公共问题,比如计算机犯罪、因计算机故障造成的灾难、通过计算机数据库侵犯隐私、因软件所有权而引发的法律诉讼等。到了1985年,摩尔(Moor)在著名哲学杂志《形而上学》上发表了获奖文章《什么是计算机伦理》。同年,黛博拉·约翰逊(Deborah Johnson)出版了颇有影响力的教科书《计算机伦理》(《Computer Ethics》),为该领域设定了十多年的研究议程。1987年,世界上第一个计算机伦理研究中心成立了。

计算机伦理研究在20世纪90年代出现了爆炸式的增长。新的大学课程、研究中心、会议、期刊、论文和教科书不断出现,更多的学者和话题也参与了进来。例如,唐纳德·戈特本(Donald Gotterbarn)、基思·米勒(Keith Miller)、西蒙·罗杰森(Simon Rogerson)和黛安·马丁(Dianne Martin)等思想家相继出现,计算机专业人员、电子前沿基金会和ACM-SIGCAS等组织也牵头开展与计算机和专业责任相关的项目。1997年,CEPE系列会议在荷兰伊拉斯谟大学启动。1999年,计算机伦理协会官方杂志《伦理学与信息技术》(《Ethics and Information Technology》)开始出版。2000年夏天,国际计算机伦理组织(INSEIT13)在达特茅斯学院的CEPE2000上成立。

4.1.2 计算机伦理的内涵

计算机伦理是伦理学的一个分支,涉及使用计算机和相关技术的个人和组织的行为。它试图解决使用计算机和相关技术时出现的伦理和道德问题,以及使用该技术对社会的影响。计算机伦理中的一些关键问题包括:① 隐私权:一项基本人权,计算机和相关技术的使用会对隐私权产生重大影响;② 安全性:计算机系统及其包含的信息的安全性是计算机伦理中的一个关键问题;③ 知识产权:包括版权和专利在内的知识产权保护是计算机伦理的一个重要方面;④ 访问:访问计算机系统及其包含的信息问题是计算机伦理的一个重要方面;⑤ 责任:计算机和相关技术的使用会对社会产生重大影响,使用它们的人有责任考虑其行为的后果。一般而言,计算机伦理与将伦理原则应用于计算机和相关技术的使用有关。个人和组织要考虑他们使用该技术的道德影响并采取负责任的行动。

计算机伦理还包括与计算机系统和技术的开发及设计相关的问题。例如,设计人员和开发人员有责任考虑他们工作的道德影响,并创建安全、可靠且尊重用户隐私和其他权利的系统。计算机伦理的另一个重要方面是在工作场所负责任地使用技术。这包括诸如公司资源的适当使用、机密信息的处理以及使用技术来监控员工行为或跟踪他们的成果的道德影响等问题。此外,计算机伦理还涉及与网络行为相关的问题,包括网络欺凌、在线骚扰以及负责任地使用社交媒体和其他在线平台等问题。随着新技术不断进步并成为我们生活中日益不可或缺的一部分,个人和组织必须考虑他们使用新技术的道德影响并采取负责任的行动,以确保新技术的使用有益于社会。

随着计算机和相关技术的使用越来越广泛并融入社会的各个方面,计算机伦理已成为世界上许多国家和地区的重要研究领域。不同的国家和地区可能有不同的关于计算机技术使用的法律和法规,并且可能以不同的方式处理新技术的伦理含义。在计算机伦理研究中也出现了许多共同主题,例如保护个人隐私和数据的重要性、人工智能和机器学习的伦理使用,以及负责任的技术开发和部署。

在美国和欧洲国家,计算机伦理是一个重要的研究和讨论领域,因为计算机技术的使用越来越广泛并融入社会的各个方面。美国和欧洲国家都有管理计算机技术使用的法律法规,也有一些专业组织和道德准则为技术的道德使用提供指导。在美国,计算机伦理研究所(CEI)是一个非营利组织,它促进计算机技术的道德应用,并帮助指导公众了解技术的伦理影响。CEI制定了一套道德原则,称为"计算机道德十诫",其中概述了个人和组织在使用计算机技术时的责任。在欧洲,欧盟实施了多项与计算机技术使用相关的法律法规,包括通用数据保护条例(GDPR),该条例规定了保护个人数据和在线隐私的规则。欧洲也有一些专业组织提倡以合乎道德的方式使用技术,例如美国计算机协会(ACM)和英国计算机协会(BCS)。

4.2 计算机引发的伦理问题

在《什么是计算机伦理》一文中，摩尔表示随着计算机的使用，许多的人类活动和社会制度会发生改变，并会由此引发政策真空和概念真空。正是这点使得早期的人们更加容易利用计算机从事一些不正当甚至非法的活动。值得一提的是，在早期对于计算机伦理问题的讨论中，研究人员会分析由计算机引发的伦理问题是否是计算机伦理所独有的，或者由计算机引发的问题是否具有伦理特征，然而，随着计算机的应用范围越来越广以及所引发的问题越来越多之后，研究人员便不再纠结于某个问题是否符合上述两个特征。在本节中，我们将要探讨计算机伦理所关注的主要问题。

4.2.1 计算机犯罪

计算机犯罪通常被定义为使用计算机作为主要工具的犯罪活动。事实上，人们关于什么是计算机犯罪并没有统一的规定。其中一个争议点在于如果计算机只是恰好被用于犯罪，而不是作为犯罪的主要手段，那么该行为还能否算是计算机犯罪。比如关于计算机诈骗，有人指出，真正的计算机诈骗必须是不使用计算机就不可能完成的，即真正的计算机诈骗必须是通过计算机程序进行的诈骗。但对于大多数分析学家而言，无论计算机是作为犯罪对象、犯罪主体还是作为犯罪工具，都算是计算机犯罪。欧洲经济合作与发展组织的专家认为，在自动数据处理过程中，任何非法的、违反职业道德的、未经批准的行为都是计算机犯罪。还有学者认为计算机犯罪是指一切与计算机相关联的反社会行为。计算机犯罪表现形式多样，例如计算机盗窃、计算机诈骗、恶意攻击他人电脑系统等。随着电子计算机不断更新迭代，计算机变得越来越方便携带，价格也越来越低。当前，计算机已经广泛应用于教育、医疗、司法、行政等公共部门及私人领域。事实上，伴随着计算机应用范围的不断扩大，对未来计算机犯罪可能会逐渐增加的担心也层出不穷，如何预防这种计算机犯罪也会成为一个持续的难题。

尽管计算机操作的不透明给计算机犯罪带来了许多神秘色彩，无论是利用计算机从事盗窃活动，还是诈骗活动，或者是贪污等，这些犯罪行为都并非是伴随计算机的产生而产生的。只不过当这些行为是利用计算机实现时，其危害性会大大增强，且其隐蔽性也会大大提高。当然，也存在一些计算机犯罪是自计算机产生而产生的情况。比如制造计算机病毒恶意破坏个人或企业的电脑系统等。但归根到底，这种行为也只是属于恶意破坏行为，其本身也由来已久。

还有一点需要注意,无论计算机犯罪形式多么新颖,其犯罪主体依旧是人。通常意义上说,人们认为的计算机犯罪主体大多是精通计算机专业知识的人群。然而在对英国计算机犯罪研究的案例进行分析时,凯思·赫尔登(Keith Hearnden)发现有80%的计算机犯罪行为是来自公司的内部员工,且25%是经理或者主管,24%是计算机工作人员,没有计算机专业知识的低级职员和出纳员却惊人地占到了31%。调查也显示,几乎所有的犯罪分子都是第一次作案,他们因为贪婪、经济上的压力以及酗酒吸毒等个人问题走上了犯罪道路。关于犯罪主体的划分,存在这样一种观点,即对于从事计算机犯罪的犯罪主体有一般主体和特殊主体两种,一般主体是指达到法定责任年龄,具有刑事责任能力,实施计算机犯罪行为的人;无论是以计算机系统为犯罪工具还是犯罪对象,其犯罪主体大多具备计算机专业知识,或者犯罪行为通过具备计算机专业知识的人员才能实施。两种主体中,一般主体占大多数。

在我国,首例计算机犯罪出现在1986年。到了1999年,我国立案侦查的计算机违法犯罪案件400余起,到了2020年,全国检察机关起诉网络犯罪人数已高达14.2万人。上述数据仅为立案侦查的案件,事实上,部分单位由于害怕影响其商业信誉和其他因素,采取不报案致使实际案发数目很难统计。而且很多计算机犯罪是在偶然状况下被发现的,因此,我们也有理由相信实际存在的计算机犯罪案例数远远超过我们目前已知的数量。尽管国内有关计算机犯罪案例的数目极少公开,但我们可以预料的是其不断增长的趋势。

4.2.2 知识产权与在线共享

知识产权是基于创造成果和工商管理依法产生的权利的统称,当前最主要的3种知识产权是著作权、专利权和商标权。20世纪70年代后期,伴随着个人计算机和成套软件的出现,大规模的盗版软件也出现了。通常意义上,软件盗窃指未经授权而对相关软件进行复制。1976年2月,比尔·盖茨在著名的《致电脑爱好者的公开信》中将软件盗版比作盗窃。

作为计算机系统十分重要的组成成分,软件往往在一定程度上决定着计算机的功能。没有软件,人们很难使用计算机系统,软件的重要性导致了软件盗版业的兴起。总部设在美国的软件出版商(SPA)估计,软件盗版让美国的软件生产商每年损失100亿~120亿美元,这是美国公司每年因各种知识产权侵害所遭受的600亿~800亿美元损失中的重要部分。计算机硬件及软件与娱乐产品、个人消费品、药品等领域的创意和创新都属于知识产权,它们都应该受到版权、专利和商标的保护。

20世纪70年代末80年代初,人们对计算机软件的知识产权的担忧源于当时的版权法和专利权法都没有充分保护计算机软件。很多人担心软件公司无法收回开发成本进而导致创新动力受挫。而到了20世纪80年代末90年代初,人们的担忧转变为认为计算机软件的保护太多了,导致很多软件变成了专有软件。多家大型IT公司甚至更喜欢将法律视为增加收益的途径,而不是保护技术的手段。版权保护和专利权保护的范围过于宽泛也会阻碍计算机软件的开发。这明显是我们不想看到的。尽管现有的知识产权法都旨在促进发明创造,但在计算机软件领域似乎很难对哪些是专有和哪些是非专有进行明确的划分。

与软件盗版面临同样难题的是,在线文件共享下载或"分享"受版权保护的音乐应该受到谴责吗?或者说,这种"分享"属于盗窃吗?间接责任的法律制度是否对大众幸福有利?诸如此类伦理问题伴随着文件共享软件的使用和分发逐渐浮出水面。这些版权纠纷的核心技术是一种允许计算机用户通过P2P网络共享数字文件的软件。尽管P2P体系结构正在不断发展,但一个真正的P2P网络仍然被定义为两台或多台无须单独服务器的计算机共享文件的网络。与传统的客户端-服务器模式不同,P2P网络中任何节点都可以对数据进行访问和分发。P2P网络依靠3种方法来促进数据交流。首先,它们允许每个用户访问储存在其他计算机上的数据;其次,它们支持任意两台计算机间文件的同步传输;最后,允许用户识别那些能够更快传送他们所需数据的系统。P2P程序通常是免费的,并且十分易于安装。一旦安装完毕,用户可以提示他或她的个人计算机询问P2P网络中的其他计算机是否有某个数字文件。这些请求从计算机传递到通信中直到找到文件,并将副本发送到请求者系统。每次P2P用户制作数字文件的副本,都默认在用户计算机上可用,因此其他P2P用户也可以复制。这个过程被称为上载,结果是出现了完美数字拷贝的指数级再分配。P2P体系结构代表了一种强大的通信技术,具有明显的社会效益。然而,P2P软件存在的问题在于它促进了未经授权的复制和分发版权作品,违反了版权法。在世界范围内,每年都有大量的音乐、电视节目以及电影等通过P2P软件被分享。提供这个软件的公司显然已经意识到它们的用户正在下载受版权保护的文件,但它们不知道具体哪些特定的文件正在被复制或何时发生此复制。

4.2.3 网络安全与入侵

"黑客"一词,源自英文hacker,原指热心于计算机技术、水平高超的计算机专家,尤其是程序设计人员。但到了今天,"黑客"一词已被用于泛指那些专门利用计算机搞破坏或恶作剧的人员。最早的黑客是20世纪60年代后期麻省理工学院的一些学生。这些黑客专门把电话机的电路板接起来,并连到学院电话网的线路和开关上,接着就出现了免费打电话的电话黑客。此后,黑客活动便迅速扩展开来。有人认为黑客是一项高雅的艺术,从事此活动的是少数极具天赋的人。对于这一时期的大多数黑客来讲,他们的主要兴趣是摸清一个系统的内部结构,直至操作系统最小的芯片和线路。他们编写程序是为了展示、应用和发展完善,这也是他们自我实现、自我挑战和进行社交的主要动力。

在《黑客词典》(《The Hacker's Dictionary》)一书中,作者盖伊·斯蒂尔(Guy Steele)等列出了多种不同的黑客定义:喜欢了解计算机系统的各种细节,以及如何令其发挥更多的功能;对编程充满热情;对"黑客价值"表示欣赏;擅长快速编程;对某个程序十分擅长,或经常使用并改进它;是某一方面的专家;一个恶意的爱管闲事的干预者,他四处游荡,竭力想发现什么。例如,一个"密码黑客"就一心想发现他人的计算机密码,而且是通过欺骗或非法手段。一个"网络黑客"就竭力想了解计算机网络,可能是为了完善它,也可能是为了扰乱它。

和黑客一样,病毒也非常令人们头疼。一般而言,病毒是指安插在宿主程序中的、一段可以自我复制的代码。它可以损伤硬盘或破坏文件并且会感染其他程序、软盘或硬盘。20世纪80年代后期以来,全世界已有数百种病毒被制造出来,造成了不同程度的损害。早在1992年,病毒专家约翰·麦卡菲(John McAfee)认为当时各种病毒的数量超过了1200个,并且每星期都有10~15种被发现。目前常见的计算机病毒包括系统病毒、蠕虫病毒、脚本病毒以及木马病毒等。在我国,首起计算机病毒大案当属"熊猫烧香"案。"熊猫烧香"是一种可以自动传播、自动感染硬盘并且具有极大破坏力的蠕虫病毒。2006年12月在互联网上大规模爆发,在随后短短的几个月,"熊猫烧香"就感染了几百万台电脑并造成了重大的网络瘫痪,2007年9月,"熊猫烧香"的制造者和主要传播者被湖北省仙桃市人民法院以破坏计算机信息系统罪判处有期徒刑四年。

尽管黑客和网络病毒等案例看起来似乎像是仅限于法律领域内的问题,但事实上,还有许多问题仍存有伦理争议,比如何种程度上的黑客行为才算得上是不道德的或者违法的,是否存在黑客正义以及黑客行为是否应该全部明令禁止等。在道德争论和确定不道德行为方面,伦理教育往往扮演着很重要的角色,同时,在计算机网络越来越专业化的情况下,对计算机及相关专业的本科生及研究生等进行一些计算机伦理方面的课程教育也是十分必要的。在美国,高等院校普遍为本科生和研究生开设各种与计算机伦理相关的课程。越来越多的人意识到在大学的计算机学院开设相关伦理课程的重要性。

4.2.4 全球化与数字鸿沟

数字鸿沟(digital divide)是指在全球数字化进程中,不同国家、地区、行业、企业、社区之间,由于对信息、网络技术的拥有程度、应用程度以及创新能力的差别而造成的信息落差及两极分化的趋势。康鹏(Compaine)将数字鸿沟定义为那些具备和不具备"信息工具"的人之间的差距或"感知差距"。根据博蒂斯(Bottis)和希玛(Himma)的说法,这种"鸿沟"或差距可以更准确地理解为受到技术影响而导致的富人和穷人的"一系列差距"。例如,具备和不具备数字设备和互联网接入的人之间存在差距,具备和不具备使用数字工具的知识和能力的人之间也存在差距。因此,数字鸿沟不仅仅指影响信息技术获取的鸿沟或差距,它也反映了那些能够从该技术中"有效受益"的人和那些无法获得"有效受益"的人之间的巨大差距。

数字鸿沟的问题可以分为两大类:国家之间的鸿沟和国家内部的鸿沟。信息富国和信息穷国之间的鸿沟有时被称为"全球数字鸿沟";国家内部的技术差异通常存在于富人和穷人、多数种族和少数种族、男性和女性之间等。数字鸿沟容易让公众产生3个误解:第一,数字鸿沟会让人认为"能获取信息技术的人"和"不能获取信息技术的人"的区别,仅在于是否拥有手机、计算机和使用互联网。然而仅向落后地区提供技术支持并不能彻底消除数字鸿沟,重要的在于告诉他们为什么要使用这些设备以及如何使用这些设备。第二,数字鸿沟一词意味着每个人都必须站在一条鸿沟的某一边,但对于个人来说,即使是在能够获取信息技术的人中,不同的人所获取的能力是不同的,而这些获取能力弱的人与获取能力强的人之间是否也存在鸿沟并不明确。第三,对于那些没有获取信息手段的人来说,可能会出现社会地位下降的现象。

很多伦理学家认为数字鸿沟会对初级商品和资源的公正分配产生影响,进而带来更多的不公平,认为当代信息社会中的分配正义涉及信息分配、信息服务和信息基础设施等问题。有人认为缺乏网络技术的人被剥夺了与他们的福祉至关重要的资源,没有网络技术的人处于不利的地位,因为他们获取知识的机会大大减少或被阻止、充分参与决策过程和接收重要信息的能力大大降低以及经济收入受到影响。

关于全球数字鸿沟这个方面,富裕国家是否有义务去弥合鸿沟这一问题仍存在争议。有学者指出,一个人不做道德上好的事情并不一定是道德上的错误。他们以一个人冒着生命危险去救一个在失火大楼中的人为例。他们指出,在这种情况下,没有冒着生命危险去拯救另一个人,不一定受到责备或惩罚。当然,试图在火灾中拯救某人的生命是件好事,但是,我们在道德上没有义务这么做,做这样的事情会被哲学家和伦理学家称为"超义务的"(supererogatory)。许多人认为我们在道德上只有义务不伤害他人,所以就推断我们没有义务弥合数字鸿沟,但这种观点不符合传统的伦理观,也不符合我们的普通直觉,不符合义务论和后果论的伦理理论。因此,我们必须帮助那些需要帮助的人,这是一种显性义务。但是从契约论伦理学视角分析,我们在道德上有义务不伤害他人,但我们并没有弥合数字鸿沟的道德义务,因此,数字鸿沟问题至今充满着诸多争议。

4.3 计算机伦理的未来

4.3.1 对计算机伦理的反思

在《什么是计算机伦理》一文中,摩尔对计算机伦理首次下了定义。在他看来,计算机伦理是对计算机技术的性质和社会影响的分析,以及对此类技术的道德使用政策的相应制定和证明。文中还提到,计算机伦理的核心任务是确定在出现关于计算机技术的政策真空的情况下,我们需要做些什么,即我们需要制定政策来指导我们的行动。从这个角度看,计算机伦理是通过个人规范和社会政策以使计算机技术符合道德。摩尔还试图分析计算机的特别之处、计算机将产生什么样的社会影响以及计算机在操作上有什么可疑之处。他指出计算机在逻辑上是可塑的,因为它们可以被塑造成任何可以通过输入、输出和连接逻辑操作来表征的活动。逻辑操作是将计算机从一个状态带到下一状态的精确定义的步骤。计算机的逻辑可以通过硬件和软件的变化,以无穷无尽的方式进行改变和塑造。计算机的革命性特征就在于它的逻辑可塑性,逻辑可塑性保证了计算机技术的巨大应用并随之带来计算机革命。在计算机革命期间,许多人类活动和社会制度会发生改变。这些改变将给我们留下关于如何使用计算机的政策真空和概念真空。这种政策真空和概念真空是计算机伦理中基本问题的标志。因此计算机伦理是非常具有重要实际意义的。摩尔还指出,关于计算机还有一个重要的事实,就是在大多数情况下,计算机的操作是不可见的。这就会产生一些具有伦理意义的隐形现象,比如故意用计算机来从事不道德的行为、侵犯他人的财产和隐私、进行监视等。不仅如此,当我们在看不见复杂的计算机计算时,我们该以何种程度信任计算机也会成为一个重要的伦理问题。在《计算机伦理的理性、相对性和责任》一文中,摩尔进一步指出,计算机伦理之所以必要,是因为普通的伦理学不足以解决产生于计算机技术应用的许多规范性问题。他认为为解决计算机伦理问题,常规伦理学和文化相对主义都是不够的,他还展望了计算机伦理理性和有限相对性并存的可能性。

戴博拉·约翰孙在《计算机伦理》一书中指出,计算机被广泛应用到工商、民用、管理、教育、司法、医疗、科研等方面,在每一个方面,都存在着人们的目的与利益、制度目标、人际关系、社会规范的矛盾与冲突。研究计算机伦理,是为了理解计算机信息技术引起的伦理道德问题。他认为,计算机伦理研究的出现,是为了研究人类与社会自身,或者我们的目标与价值,我们的行为规范,我们组织自我的方式,分配权利与责任等。

布雷通过分析主流计算机伦理的局限性,提出了一种跨学科、多层次的研究模型,他称之为"披露性的计算机伦理"(disclosive computer ethics)。他将主流计算机伦理以一种特殊的应用伦理学模型为起点的研究模型称为标准模型。相应地,他认为主流计算机伦理主要关注3个方面:现有的道德争议、个人和集体的行为以及计算机技术的使用。该方法有两种局限性:一是由于存在道德真空,它只能局限于对有道德争议的实践的分析,而不能对那些虽然可能有道德争议却未上升至道德讨论的计算机实践进行分析;二是它只关注于实践的道德,尤其是计算机技术的使用,而特定技术的潜在道德后果在讨论中经常被边缘化或完全被忽略,即技术被视为一种中立的工具,是否道德取决于用户的使用。基于此,布雷提出了分解性的计算机伦理来试图解决这些问题,即将研究分为披露层次、理论层次和应用层次。他还认为需要重点关注正义、自主性、民主以及隐私这4个重要的伦理方面。

4.3.2 计算机伦理的新议题

在《伦理学与技术》(《Ethics and Technology》)中,赫尔曼·塔凡尼(Herman Tavani)提出了他称之为赛博伦理学(cyberethics)的计算机伦理的4个阶段。第一阶段(1950~1970年左右)的技术特点是大型主机计算机,在这一阶段的主要问题是早期人工智能与数据库隐私保护。第二阶段(1970~1990年左右)的技术特点是微型计算机和早期网络,在这一阶段的主要问题是第一阶段出现的问题,以及涉及知识产权和软件盗版、计算机犯罪和通信隐私等问题。第三阶段(1990~2015年左右)的技术特点是互联网、万维网和早期的"Web2.0"应用程序和论坛的兴起,计算机逐渐成为普通人可访问的对象。在这一阶段的主要问题是第一阶段和第二阶段的问题,加上对言论自由、匿名性、法律管辖权、虚拟社区中的行为规范等问题。第四阶段(2015年之后)的技术特点是信息和通信技术与纳米技术和生物技术的融合,以及环境智能、增强现实和3D打印新兴技术的发展。在这一阶段的主要问题包括第一到第三阶段的问题以及人工电子能动者的决策能力、人工智能仿生芯片、纳米计算、普适计算、大数据、物联网等问题。

计算机伦理的研究在20世纪90年代开始呈现爆炸式的增长,该领域似乎会有一个非常辉煌的未来。然而,克雷斯蒂娜·戈尔尼亚克-科西科夫斯卡(Krystyna Gorniak-Kocikowska)和黛博拉·约翰孙两位思想家却认为计算机伦理将作为应用伦理学的一个独立分支而消失。1996年,克雷斯蒂娜在她的作品《计算机革命和全球伦理问题》(《The Computer Revolution and the Problem of Global Ethics》)中预测到计算机伦理最终将发展为全球伦理。她认为计算机革命的本质表明,未来的伦理将具有全球性的特征。它在空间意义上将是全球性的,因为它的范围将包括全球,它将解决人类的行动和关系的问题。黛博拉认为在未来信息技术将变得非常普遍——因为它被整合和融入我们的日常环境中,只是被视为普通生活的一个方面——我们可能不再注意到它的存在。在这一点上,我们将不再需要像"计算机伦理"这样的术语来挑出因使用信息技术而产生的伦理问题。计算机技术的伦理问题将被吸收到普通伦理学中。

不难发现,如今计算机伦理的发展印证了克雷斯蒂娜和黛博拉的观点,计算机伦理不再作为一个独立的研究领域被人们所研究,人们转向了更为细致的关于计算机技术的伦理研究,比如大数据伦理、人工智能伦理等,但分析早期计算机伦理的研究仍是具有意义的,比如该如何制定政策去预防由于政策真空或概念真空而引发的问题等。随着科技的发展,越来越多的新兴技术开始进入我们的生活,而由于大众对新兴技术了解程度偏低,会使他们倾向于认为该技术是道德上中立的,即使该技术存有道德争议。这个时候不难发现布雷的披露性的分解模型就十分具有启发意义了。

现如今计算机伦理的研究已经步入到塔凡尼的第四阶段,信息和通信技术与纳米技术和生物技术的融合,以及新兴技术的发展也会使得未来的计算机伦理问题出现越来越多新的难题。这一领域需要更多的人才对其进行研究,在我国,关于计算机伦理的教育和推广依然是相对缺失的,该如何应对是当前需要认真思考的。

思 考 题

1. 计算机为什么会引发政策真空和概念真空?
2. 如何看待计算机伦理的特殊性?
3. 计算机值得信任吗?
4. 如何看待计算机对就业的影响?
5. 科技发达的国家有义务去弥合数字鸿沟吗?

进一步阅读

摩尔的《什么是计算机伦理》是计算机伦理领域早期最为重要的文献之一,在该文中,摩尔分析了计算机技术的特性,包括逻辑上的可塑性、革命性和操作上的不透明性,并表明了如何对计算机伦理进行研究以及计算机伦理的本质是什么。对于想了解该领域的读者来说,这篇文章是十分有必要精读的。Floridi 主编的《The Cambridge Handbook of Information and Computer Ethics》对计算机伦理领域进行了详细和权威的介绍,讨论了包括隐私、所有权、言论自由、责任、技术决定论、数字鸿沟、网络战和网上色情内容等在内的一系列主题。它为信通技术带来的转变以及对人类生活和社会的未来、行为评估以及道德价值和权利的演变的影响提供了一个易于理解和深思熟虑的调查。对于对信息社会的伦理方面感兴趣的人来说,这是一本颇具价值的书。Bynum 和 Rogerson 主编的《Computer Ethics and Professional Responsibility》(《计算机伦理与专业责任》)清晰易懂,为计算机伦理和职业责任这一新兴领域提供了全面的介绍。包括对热门话题的讨论,如计算历史,计算的社会背景,伦理分析方法,职业责任和道德守则,计算机安全、风险和责任,计算机犯罪、病毒和黑客,数据保护和隐私,知识产权和开源运动等。对于想加深对计算机伦理问题理解的读者来说,该书是个不错的选择。

参 考 文 献

[1] Brey P. Disclosive Computer Ethics[J]. ACM Sigcas Computers and Society, 2000, 30(4): 10-16.

[2] Bynum T W. Computer Ethics: Its Birth and Its Future[J]. Ethics and Information Technology, 2001, 3(2): 109-112.

[3] Floridi L. The Cambridge Handbook of Information and Computer Ethics[M]. Cambridge: Cambridge University Press, 2010.

[4] Moor J H. Reason, Relativity, and Responsibility in Computer Ethics[J]. Acm Sigcas Computers and Society, 1998, 28(1): 14-21.

[5] Moor J H. What is Computer Ethics?[J]. Metaphilosophy, 1985, 16(4): 266-275.

[6] Tavani H T. Ethics and Technology: Controversies, Questions, and Strategies for Ethical Computing [M]. New York: John Wiley & Sons, 2016.

[7] 段伟文.信息文明的伦理基础[M].上海:上海人民出版社,2020.

[8] 冯继宣,李劲东,罗俊杰.计算机伦理学[M].北京:清华大学出版社,2011.

[9] 斯班尼罗.信息和计算机伦理案例研究[M].赵阳陵,译.北京:科学技术文献出版社,2003.

[10] 弗洛里迪.信息伦理学[M].上海:上海译文出版社,2018.

[11] 吕耀怀.数字化生存的道德空间:信息伦理学的理论与实践[M].北京:中国人民大学出版社,2018.

[12] 奎因.互联网伦理:信息时代的道德重构[M].王益民,译.北京:电子工业出版社,2016.

[13] 海曼.黑客伦理与信息时代精神[M].李伦,译.北京:中信出版社,2002.

[14] 斯皮内洛.世纪道德:信息技术的伦理方面[M].刘钢,译.北京:中央编译出版社,1998.

[15] 福雷斯特,莫里森.计算机伦理学:计算机学中的警示与伦理困境[M].陆成,译.北京:北京大学出版社,2006.

[16] 拜纳姆,罗杰森.计算机伦理与专业责任[M].李伦,金红,曾建平,等译.北京:北京大学出版社,2010.

第5章

人工智能伦理

人工智能伦理和治理是当前以及今后一段时间信息领域中最为活跃的分支。当前狭义人工智能发展迅速,正为人类社会提供越来越多的技术应用。在特定任务上,这些系统达到了人类的水平,有时甚至超过人类。深度学习则是当今主流的人工智能研究方向,而其核心技术为算法、算力和数据。人工智能治理中的伦理问题主要包括操纵问题、欺骗问题、自主性问题和透明度问题等,为了解决这些伦理问题,需要开展相应的社会治理,包括设计问题、自主权和道德主体问题、垄断问题等,此外在实践中还有许多具体的治理难题。

▶ 5.1 人工智能技术进展

5.1.1 简要历史

1956年,在美国达特茅斯学院,约翰·麦卡锡、马文·闵斯基、克劳德·香农等学者聚在一起,共同讨论着机器模拟智能的一系列问题,人工智能(Artificial Intelligence,AI)一词就是在这一年被首次提出的。自此,人工智能开始出现在人们的视野中,1956年也就成为人工智能元年。

而在1950年一篇著名的论文中,艾伦·麦席森·图灵(Alan Mathison Turing)提出了机器能否思考的问题,这个问题后来被转化为一个更加具体的问题,即在语言上,机器是否可以做到无法和人类相区别?他提出了著名的"图灵测试":在两个封闭的房间中,一个包含机器,另一个包含真人。人们要通过邮件判断出哪个房间中是真人。如果判断的准确率不超过50%,那么就可以说这台机器通过了图灵测试。根据图灵的说法,如果机器成功地完成了这项任务,它就可以被称作是智能的。这种基本上是操作主义的描述的优点在于它避免了关于智力活动本质的形而上学和认识论难题。

尽管图灵的理论取得了巨大的成就，但对图灵的形式主义人工智能的批评还是比比皆是。较为著名的是约翰·塞尔的中文屋实验。这个实验指明了研究人工智能必须认真对待图灵测试中被忽略的物质性。人类有机体由独特的器官组成，尤其是复杂的神经系统、脑组织等，这些物质性的内容不应被视为与智力理论无关。之后一种被称为连接主义人工智能研究应运而生，它通过模拟人脑组织的电结构实现机器智能。这也是我们现在最常接触到的人工智能类型。

5.1.2 主要类别

人工智能可以被分为两种类别：通用人工智能和狭义人工智能。通用人工智能（AGI）能够执行任何人类所能执行的智能任务，也就是说它全方位地展现出了人类的智能。这常见于科幻小说中，在现实世界中还不存在。这种类型的人工智能看似也会像人类那样思考、建立联系、表达创造性想法，从而展示抽象思维和解决问题的能力，当前的 GPT 就类似一种 AGI。而狭义人工智能则有越来越多的应用，在特定任务上，这些人工智能已经达到了人类的水平，有时甚至超过人类。

哲学上对人工智能也有不同的定义，主要的分歧涉及两个维度：一个维度为制造人工智能的目标是与人的表现相匹配，还是与理想理性相匹配；另一个维度为制造人工智能是为了模仿思维还是模仿行为。于是存在人工智能像人类及行为或思考与理性的 4 个层面的定义。这些定义各有侧重点，在具体的应用中也各有优点。由于人工智能伦理解决的是技术在实际应用中的问题，所以会侧重人工智能的行为方面。而人工智能技术，尤其在结合机器人技术后，在模仿人类的应用中产生了巨大的道德影响，所以伦理学研究会侧重人工智能像人类的方面，当然在人工智能强大的性能导致的伦理问题方面，对人工智能的研究会涉及理性或智能，而对这两个词的定义则往往是经验主义的。

传统的人工智能是以逻辑结构为基础的。基于逻辑的人工智能的形式主义和技术已经达到了令人印象深刻的成熟程度，在各种学术和企业实验室中，该技术可以用于设计强劲的实用型软件。深度学习则是当今主流的人工智能研究方向。在这种情况下，学习需要从任何给定数据集的不同层或表示中获取有意义的信息。神经网络通过分层的数据提取信息。建立人工神经元，这些神经元通过权重独立连接到其他层的神经元。深度学习的兴起主要是计算机硬件的进步，使得成本高昂的算法也可以被使用，并允许存储大量数据集。深度学习在计算机视觉、自然语言和语音识别领域取得了令人瞩目的成果。

5.2 人工智能的伦理问题

5.2.1 操纵问题

越来越多的事实表明,人工智能经常被用于操纵和剥削其使用者。它以一种比过去更加隐蔽和高效的方式影响我们的观点和行为。一些颇具影响力的媒体报道吸引了大众和学术界的目光,使得相关的研究激增。有关操纵的伦理学问题主要集中在3个方面:个性化广告和个性化推荐、算法暗示(algorithmically-nudged)劳动、心理特征和决策影响。

长期以来,广告行业一直存在着道德上的争议。广告的支持者认为广告业是市场竞争中的重要一环。反对者则认为广告业通过行为分析利用人性的弱点以达到商业目的。随着互联网的商业化,这种争议开始向线上转移。2017年5月,一家澳大利亚报纸报道了一份泄露的Facebook内部文件。它描述了广告商如何利用Facebook在青少年脆弱时定向投放广告。这样的事例使得更多人难以容忍广告对消费者的影响,所谓说服性的广告,实际上是操纵性的。这种操纵性,则依赖于算法对大数据的分析以及利用算法进行的精准投放。

平台企业也正在利用算法对其雇员进行诱导和压榨。2017年,《纽约时报》的一项报道表明,优步(Uber)在利用算法剥削司机,使司机能更多地为Uber牟利。Uber将算法得出的潜在订单和实时订单相混合,误导司机的选择。Uber还利用人们对目标的专注(pre-occupation with goals),暗中增加司机的工作时间。而在国内,也有许多关于"算法""平台"和"劳动关系"的报道和研究。其中的伦理问题包括算法暗示、权力和信息的不对称、惩罚措施下的额外控制等。而这又引发了更深层次的伦理问题,即在一般工作场合,哪些类似行为是符合道德的。

决策操纵最典型的案例是2016年美国总统竞选期间,剑桥分析公司(Cambridge Analytica)使用Facebook数据建立模型,干预易受影响的中立人群,激励他们投票。这桩丑闻中,人工智能被用来分析选民的身份,建立模型,发布仇恨言论和虚假信息,伪造看似是真人但实际上是机器人的用户。剑桥分析公司轻易地获取了8700万Facebook的用户数据,并且利用已知数据推断出了用户的更多特征,包括种族、政治观点、宗教观点、网络社交关系等。根据这些特征,剑桥分析公司分析用户的性格倾向,包括开放程度、社交深度、善良程度和敏感程度,而用户自身都很难对自己有如此深刻的了解。可以预测的是,这种技术还会持续地发展,类似的事件还会发生,我们则需要致力于揭露和分析这些行为的操纵性,并且阐明它们的危害。

另一些与人工智能的操纵相关的伦理学讨论,集中在概念的定义以及与技术和商业性之间的关系。例如操纵和说服的区别、操纵和自治(autonomy)的关系、哪些行为和技术算作操纵、网络操纵行为对社会的损害等。还有学者担心人工智能接管人类的认知任务,让使用者幼稚化,使他们思考或决策的能力降低等。

5.2.2 欺骗问题

人工智能技术和机器人技术的结合,制造了许多至少看似有感知的实体(Sentient Entities)。这样的情况造成了以欺骗为核心的伦理问题。如果一个行为的目的是使接受者相信某件并不真实的事情,那这就是欺骗。行为的意图是鉴定行为是否为欺骗的关键。然而欺骗是否就一定不道德,还存在一些争论。一些哲学家认为在任何情况下欺骗都是不道德的,大多数学者则依据欺骗的后果是有害还是有益来判断。那些类似于人类的人形机器人,就难以脱离有关欺骗的谴责:它们被制造成看似行动或说话的人,就好像有一个头脑在控制它们的思维、情绪和感觉一样。就算人们知道某个人工智能对象并非人类,在交互过程中它对自我的不断强调也是具有欺骗性的。

当今人们的共识是启动(initiate)人工智能的人要为这种欺骗负责,而媒体和接收者不应该受到谴责。现实中人工智能实体的展现从完全透明到完全欺骗都存在。在大多数情况下人们都能将有物理实体的机器人与人类区分,而网上的虚拟主体则很有可能欺骗人类,使人类将其误认为是真人。这极有可能被用来传播虚假信息,为各种目的渲染网络舆论。

人工实体还产生了一种新的困境:如果人们更愿意遵从某个有权威的人的建议,而非某个算法,那么这种情况下创造一个模仿人类的人工智能是否符合道德?人们信任某些来源的信息,怀疑其他来源信息,尽管这种信任不一定符合实际,但身份上的欺骗确实会影响这种信任。对于模仿人类的人工智能,这是一项广泛且严肃的指控。

护理机器人问题是有关欺骗问题的重要领域。当今医疗系统中,护理机器人主要被用于辅助护理人员照顾患者或者协助患者行动,也有少数机器人被用于陪伴和看护患者,人工智能在这方面的应用大体上是没有问题的。不过在一部分人的想象中,如果这项技术继续发展,让护理机器人同情、理解患者,或向患者提供与人类相同程度的关心,是存在严重问题的。一些哲学家认为人工智能先验地无法共情(empathize),而另一类观点则从效果出发,利用患者的感受证明人工智能可以共情,或者至少存在与共情有相同效果的能力。

自然而然地,人形机器人也会造成爱情和亲密关系的问题。文艺作品和相关新闻报道都在强化这个问题的舆论热度。人类长期以来都在对各种对象投射自己的情感,包括宠物、计算机和电子宠物,所以喜欢甚至爱一个人形机器人并不是完全不能理解的,只不过这种行为超越了传统的社会观念和伦理框架。然而在这里又存在另一种欺骗的问题，因为机器人不能表达自己的意思，也不能对人类有感情，所以人工智能语言中的"我""喜欢"这些词严格意义上说都是与事实相悖的，而在AI中的应用则没有相对应的感情事实。如果处于这种关系中的人沉醉于和机器人表面上的互动，而或有意或无意地忽视这种"欺骗"，那最终是否会造成更大的危害也是值得我们考虑的。

5.2.3 自主性问题

自主性（autonomy）是21世纪伦理学的重要概念。它大体上被理解为自治（self-governing）能力，或者决定的权力（the power to decide），在细节上还有诸多定义和分类，例如注重精神层面的心灵自主（psychological autonomy）和注重个人与环境关系的个人自主（personal autonomy）。总体上，人工智能的出现，又引发了一系列相关的新问题：人工智能系统究竟是自主系统还是自动化系统？人工智能的自主性是否会损害人类的自主性？最主要的伦理担忧在于，深度学习网络在浏览海量数据集后，在复杂且道德敏感的领域表现出前所未有的推理能力。因此，我们会发现自己越来越多地把控制权递交给它们。但这些算法得到的结果与我们的不一致，意味着它们的一些决策将与我们的有所不同，我们则会怀疑自己的判断，甚至无理由地依赖人工智能系统的判断。一个普遍的共识是，人工智能系统的自主性不能损害人类的自主性，相反地，它应该扩大人类的自主性。人类需要保有决定是否将自己的权力转移给人工智能系统的能力，而且要确保转移给人工智能系统的自主权能够完整地被收回。

自动驾驶系统是一个自控系统。相比于人类而言，自动驾驶能够减少交通事故的发生率，现在驾驶模式的切换技术也已十分成熟。但在伦理学方面，自动驾驶和经典的"电车难题"连接了起来。在之前的哲学讨论中，电车难题被看作有关伦理学规范和参与者的道德选择的思维实验，而不是一个实际的道德问题，也并没有一个真正意义上道德正确的答案。自动驾驶系统的出现则使得电车难题的答案有可能落到实处，因此激起了新一轮的相关讨论。

电车难题类思维实验和现实中的道德困境之间的关系，可以从新的角度审视。电车难题中得出的伦理学原则，是否真的适用于真实的临场和危机情况，算法系统做出判断的方式、依据和伦理学的成果能否相结合，自动驾驶系统是否需要强制的（mandatory）道德设置或是自定义道德设置等，诸如此类的问题一度成为了讨论的热点。

军用机器人也是一个与自主性相关的研究领域。有关自主致命性武器系统（LAWS）的主要争论在于它是否会加剧战争烈度、模糊责任分配和造成非法伤亡。在有关军用机器人讨论的最初阶段，许多人并不了解真正的相关技术，导致了参与者都如同在真空中进行辩论，最终片面的反人工智能言论主导了关于自主武器系统的争论。历史和现实情况都表明，人工智能系统的军事用途会进一步发展。一味地禁止使用军用机器人并不能真正地消除问题。事实上，军用机器人不一定是想象中的杀人机器，它有多种多样的发展方向。人工智能技术也能更好地识别平民、友军、医护人员，减少错误的伤害，它还可以用于分析战场局势，使无辜人员的伤亡最小化。自主武器的使用还会产生责任的间隙，责任的划分会变成难以解决的问题。指挥官、制造商、使用者、机器本身，究竟谁该为什么行动负哪些责任？这还需要更加细致的、多学科相结合的分析。

5.2.4 透明度问题

想要在人工智能相关领域作出合理的责任划分，我们必须知道人工智能相关行为的发生机制。算法的透明度是监控算法系统行为一个有效的标准，它是提供必要的信息前提，也是责任分配制度的保障。想要在实践中积极发挥作用，透明度就不能仅是一个抽象的绝对的概念。人工智能的算法透明度不只是简单的透明与不透明问题，透明度既与结果有关，也与程序有关，人工智能相关的不透明问题实际上反映了人工智能相关参与者在信息交换中的不对称。从实用主义角度讲，透明度只是为了产生信息，提交一个系统的有效治理和问责能力。特定的道德问题驱动获取特定系统信息，进而产生了许多不同风格和层次的透明度。相关因素包括算法透明度所提供信息的类型、范围和可靠性，接受者信息的透明度及其使用计划，以及披露实体和接收方之间的关系。这些因素及其相互关系决定了算法透明度在促进问责制方面的有效性。

随着人工智能向机器学习的方向发展。算法的构架有时类似于黑匣子，复杂的层次和技术被隐藏在背后。有些人认为这导致了算法本质的和固有的不透明。事实上，最复杂的模型可能构建于数百万个参数和它们构成的数学函数，妨碍了人们的清晰理解。不过可以通过算法系统和外界环境的交互，通过描述它们的输入和输出，来详细说明它们的设计和规则，所以实际上它们还是可知的。有关算法透明度的考察也有其侧重，目前学界主要注重算法决策（ADM）系统的研究。ADM系统是一种工具，它利用算法过程得出某种形式的决策，如分数、排名、分类或联系，然后推动进一步的系统行为。这种系统充分地展示人工智能的特点，它执行了通常由人类执行的决策任务。当然这种决策不是完全独立的，在ADM中非人类参与者与人类参与者交织在一起，形成复杂的社会技术集合。以责任归属为目标，必须有透明度帮助确定人类和责任在这些复杂集合中的不同位置。

从透明的内容角度来看，算法可分为结果透明和过程透明。从参与者之间关系的角度来看，算法可分为需求驱动型（请求与披露）、主动型（进行自我披露），或强制型（如外部审计和政府要求）。对透明度而言，最基本的要求是，当人工智能系统运行时，我们应该可以明确指出实际上有一个算法流程正在运行。而所谓完全的透明，既在实践中有诸多问题，我们也没有必要过分关心。具体地说，算法可以透明化的内容包括人类参与的程度和性质,用于训练或操作系统的数据,算法模型及其推论。人类的决策、意图和行动交织在 ADM 系统中,有时会制造出技术性角度难以解析的内容。透明度还需要解释 ADM 系统的组织目标,设计师设想的预期用途和范围外用途是什么。算法透明度的研究应努力地定位人类在系统设计、运行和管理的相关方面的劳动。在数据方面西方主要关注数据的偏见(偏差)问题,如果数据有偏差,那么基于该数据产生的模型也会表现出偏差,进而影响后续的决策。在算法模型方面,模型的特性、权重和类型、置信区间都是可以公开透明并有助于纠正算法的错误结果的。从实际情况分析,算法的透明化不一定能解决相关的伦理学问题,所以透明度不应被不切实际地理想化,认为它能单方面保证算法的有效问责。透明度必须被纳入综合的治理机制,让披露出的信息真正影响人们对算法的使用。

5.3　人工智能的社会治理

在当代关于人工智能伦理的讨论中,缺少一套统一的伦理标准来管理人工智能系统的运行,这从近年来各种学者机构所支持的各种人工智能伦理规范中可以体现。人工智能伦理受到的关注反映了科技行业和决策者对人工智能系统可能会产生重大负面影响的认同。这些讨论中一些概念会更加为人熟知,尤其是透明度、公平性和可解释性。然而,人工智能伦理的范围和内容的模糊性与弹性意味着,任何人都可以将自己的价值导向注入其中。如果没有一个共识的规范框架来明确人工智能系统应该遵守的道德标准,那么在确保这些系统在实践中以符合广泛接受的道德标准的方式设计、开发和部署方面就无法取得实际进展。当今社会里我们的个人和社会美好生活(well-being)与我们的信息环境状态以及调解我们与信息环境互动的数字技术密切相关,这就提出了应用伦理上的迫切需求。社会公益人工智能"AI4SG"(AI for Social Good)口号在当前学界获得了广泛的认同,它表明了人工智能服务必须促进社会利益的共识,也是人工智能伦理最基本的公理。

5.3.1　设计与伦理

对技术而言,实用主义的"设计伦理"框架由应用伦理学家开发,旨在确保在技术设计过程的早期的技术创新过程中对道德价值给予应有的重视,其目的是将价值观与工程设计相结合。例如,巴特亚·弗里德曼(Batya Friedman)和其他人开发的价值敏感设计(VSD)方法建立在人机交互社区的基础上,旨在将人的价值和道德融入信息技术的设计中,将设计系统的人与受其影响的人以及其他利益相关者联系起来。例如利用VSD理论评估护理机器人对病患的帮助程度,使机器人符合伦理规范,并对其技术和设计的进一步改进作出指导。

除了VSD理论之外,还有许多其他的价值设计(design-for-values)理论。比如Desmet和Pohlmeyer从伦理学角度将设计分为以愉快为目的(design for pleasure)、以美德为目的(design for virtue)、以个人重点为目的(design for personal significance)。无论是什么样的价值与设计理论,都旨在从具体的技术中落实道德准则,而不是从外部约束技术,或者只是空谈伦理理论。

工程技术,需要将社会价值作为"硬接线"嵌入技术系统的设计和运行中。尽管迄今为止最成熟的方法和经验是通过安全工程技术来确保安全,但软件设计和工程领域中越来越多的工作扩大了工程师通过系统设计来编码和保护的价值范围。其中包括隐私(隐私增强技术或设计隐私)、安全(设计安全),以及数据保护原则(设计数据保护)。在机器学习领域,越来越多的"可解释人工智能"技术研究致力于增强机器学习系统的能力,以提供一种途径,使人类能够更好地理解机器学习系统输出的逻辑,以及提高公平性、问责制和透明度的技术(fairness, accountability and transparency, FAT)。综上所述,这些技术可以被理解为从属于这个不断扩大的技术方法家族,以确保安全之外的道德价值。

5.3.2 自主权与道德主体

在自主权和责任分配方面,一个核心的问题是判定人工智能的行为(agent)主体地位和道德行为(moral agent)主体地位。有学者认为人工智能作为人造物(artifacts),其本质上先验地不可能是自主的,更谈不上道德行为主体。在这方面,与人工智能更相似的是各种自动化系统。而显然在它们身上并不存在伦理上的困难。

但这种判断不能很好地解决实际中的问题。第一,人工智能的责任分配具有隐蔽性。当人工智能在特定的应用环境中做事情时,我们可能不再清楚是谁创建了它,谁首先使用了它,谁提供了训练库的数据,以及责任应该如何在这些不同的参与方之间分配。例如,在大学科研项目背景下制作的人工智能算法可能会首先出现在大学实验室,然后出现在医疗保健部门,最后在军事环境中得到应用。如果终端出现了伦理问题,很难追踪所有导致特定伦理结果的人。第二,在数字时代,算法和其他技术相互交融,很难分清是什么技术该为某结果负责。你的隐私被泄露,可能是因为算法通过大数据对你个人进行了分析,但如果你不同意隐私政策,或者关闭位置信息、麦克风等传感器权限,也不一定能够保护隐私。那么问题究竟出在哪里,又该如何修改这个系统呢。对于被强制应用人工智能的普通用户来说,区分上述两点都是非常困难的,而这种困难导致了普通用户将大数据和算法作为唯一的问题源头进行批评。这种对象模糊,甚至对象错误的批评无法促成问题的解决,甚至还会错误引导人们对问题的思考。

而在道德受体(moral patient)方面,环境伦理引发了一轮对道德受体的讨论。而人工智能伦理引发了一轮新的更为复杂的讨论。在环境伦理的讨论中,动物的知觉(consciousness)是它们被认定为道德受体的决定性要素。然而在人工智能的实践中,人工智能并没有知觉,而是拥有一种非常类似于知觉的系统功能。但就是这种系统功能使得一部分人将它们当作道德受体对待。而人工智能外形上是否像人类,即是否与机器人技术结合,似乎也是它是否被作为道德受体的因素,这些都指向了同情心理学和心灵哲学的相关内容。

5.3.3 治理难题

治理问题几乎就是再分配问题,分配资源以解决公共问题并创造公共产品是治理的核心特征。因此,过度的不平等是严重的治理问题。目前信息产业大国都存在相似的实际情况,人们一方面从互联网公司带来的发展中受益,另一方面又想减少负面影响,控制它们的野蛮生长;国外民众则从工人工作环境、舆论控制等角度对亚马逊、谷歌这样的互联网巨头有激烈的批评。欧洲学者和政府致力于推动道德人工智能的发展,但由于缺少巨型互联网企业,欧洲的倡议和理论的实用性价值还是未知数。

目前的现实是,互联网行业催生了一批新兴垄断科技巨头,而它们无一例外都投身人工智能、算法的研究中。当新技术降低了经济成本时,又反过来减少了一个行业中容易持续的竞争。地域变得不再是有价值的一部分因素,因此具备垄断能力的产品和服务可以主导的地区越来越大,在某些情况下甚至是全球。目前我们显然很难治理互联网公司。也许与商用飞机市场类似,当距离成本可以忽略不计时,除非有大量政府干预,否则具有特定优势的产品很可能成为全球垄断产品。这一过程可能与19世纪末20世纪初的不平等商业竞争相似,当时西方国家铁路、新闻、电信以及石油行业成为新的垄断企业。如果允许资本逃避监管,不平等就会加剧,不仅在全球科技领域,而且在金融领域、石油领域也会发生类似的情况。

行业自律的前提是,技术行业可以为人工智能制定适当的道德规范,并且可以信任人工智能系统将适当遵守这些标准。如果要实施更传统的监管,包括法律强制规定的监管标准和执行机制,则很快就会遭到行业的阻挠,而且理由经常是监管会扼杀创新。这些抗议活动认为,创新是一种未经检验的商品,即技术创新应该在不考虑其负面影响的情况下坚持不懈地进行。对于有些国家来说,这一信念现在已经根深蒂固,它已成为资金匮乏的政府崇拜的祭坛,他们天真地希望数字创新将创造就业机会,刺激经济增长。

乐观地说,我们有充分的理由希望,开发人员将强制遵循软件工程中的最佳实践。如果我们足够明智的话,我们还将确保传播和使用我们的信息系统也是完全安全的,而且有明确记录的问责制和责任底线。然而,即使这些愿景实现以后,我们仍然应该关注人工智能相关的法律和社会治理的其他领域。人工智能也是权力和财富的新焦点。很明显,实现安全和负责任的人工智能需要与足够的权力来源合作,以对抗那些希望逃避法律共识的人。因此,财富和权力分配,就像网络安全一样,显然在技术上与人工智能相结合,而且不可避免地与道德和监管应用交织在一起。我们不能孤立地分析人工智能的问责性和财富分配不均问题,而要综合起来思考这个问题。

其实与人工智能相关的许多问题不一定是人工智能或ICT直接造成的,而是通过不平等现象间接形成并通过人工智能暴露出来的。有些例外情况是,信息和通信技术,尤其是数字媒体的远距离完全复制和低成本复制的能力,确实会带来质的变化,其中包括改变所有权的含义。然而我们当今已经稳固的伦理观念,例如核心价值观和法律法规,都应该被视为人工智能伦理的核心。

思 考 题

1. 理性、智能、自主权等概念的定义是否应该根据人工智能的发展做出调整?
2. 对人工智能进行伦理上的限制会影响技术创新吗?
3. 有学者认为人工智能伦理框架应该以国际人权为核心,试分析这一观点。
4. 伦理规范和技术进步哪种方式更有用?
5. 未来机器人能成为人类的伙伴吗?

进一步阅读

《The Oxford Handbook of Ethics of AI》一书详尽地介绍了当今人工智能伦理的各个方面,内容丰富扎实,兼具现实案例和理论论述。但该书每章的撰稿人不同,章节之间缺乏连贯的体系,最好根据需求分章节阅读。《AI Ethics》一书系统地介绍了人工智能伦理的各个方面。如果想全面而快速地了解人工智能伦理,可以通读该书。《Encyclopedia of Artificial Intelligence》一书全方位地介绍了人工智能技术的最新进展,可以根据研究需要专门查询阅读某些词条。《A United Frame-work of Five Principles for AI in Society》一文总结了人工智能与社会治理方面的诸多政策报告,提出了多个共识性的人工智能伦理原则,部分内容可以当作人工智能伦理的基础框架。

参 考 文 献

[1] Coeckelbergh M. AI Ethics[M]. Cambridge:The MIT Press, 2020.
[2] Dubber M D, Das S.The Oxford Handbook of Ethics of AI[M]. Cambridge:Oxford University Press,

2020.

[3] Friedman B, Yoo D. The Future of Value Sensitive Design. Paradigm Shifts in ICT Ethics[C]. Proceedings of the 18th International Conference ETHICOMP, 2020.

[4] Klein M, Frana P. Encyclopedia of Artificial Intelligence: The Past, Present, and Future of AI[M]. Santa Barbara: Abc-Clio, LLC, 2021.

[5] Müller V C, Edward I Z. Ethics of Artificial Intelligence and Robotic[EB/OL]. (2020-04-30) [2020-09-08].https://plato.stanford.edu/entries/ethics-ai/.

[6] Müller V C. Would You Mind Being Watched by Machines? Privacy concerns in data mining AI and Society [J]. AI & Society, 2009, 23(4): 529-544.

[7] Reichert R, Mathias F. Rethinking AI: Neural Networks, Biometrics and the New Artificial Intelligence[M]. Bielefeld: Transcript-Verlag, 2018.

[8] Rubel A, Pham A. Algorithms and Autonomy: The Ethics of Automated Decision Systems[M]. Cambridge: Cambridge University Press, 2021.

[9] Zuboff S. The Age of Surveillance Capitalism: The Fight for a Human Future at the New Frontier of Power[M]. New York: Public Affairs, 2019.

[10] 陈小平.人工智能伦理导引[M].合肥:中国科学技术大学出版社,2021.

[11] 邦德.人工智能[M].徐婧,原蓉洁,译.广州:广东科技出版社,2020.

[12] 杜严勇.人工智能伦理引论[M].上海:上海交通大学出版社,2020.

[13] 何哲.人工智能时代的治理转型:挑战、变革与未来[M].北京:知识产权出版社,2021.

[14] 季凌斌,周苏.AI伦理与职业素养[M].北京:中国铁道出版社,2020.

[15] 鲁亚科斯,伊斯特.人机共生:当爱情、生活和战争都自动化了,人类该如何自处[M].栗志敏,译.北京:中国人民大学出版社,2017.

[16] 林,阿布尼,贝基.机器人伦理学[M].薛少华,伫婷,译.北京:人民邮电出版社,2021.

[17] 查夫斯塔.机器人伦理学导引[M].尚新建,杜丽燕,译.北京:北京大学出版社,2022.

[18] 小林雅一.人工智能的冲击:失去工作,还是不用工作?[M].支鹏浩,译.北京:人民邮电出版社,2018.

[19] 于江生.人工智能伦理[M].北京:清华大学出版社,2022.

第6章

大数据伦理

我们正进入大数据时代。大数据科学和技术已经对每个人的生活产生了各式各样的影响,人们对大数据运用的担忧也开始浮现,尤其是数据隐私和保密问题。然而,随着技术能力的不断扩展,关于数据的道德使用的争论也正不可避免地发生改变。本章探讨了大数据是什么,大数据会出现的伦理问题,以及我们需要提出什么样的政策来应对这些新出现的伦理挑战。

▶ 6.1 数据及其历史

6.1.1 何为大数据

"大数据"一词最初使用于1997年,指的是规模庞大的数据集及其技术需求,根据这种理解,大数据的特点是数据存储和处理所需的大量资源。从根本上看,大数据不同于传统数据,因为它涉及更大、更多样化的数据集。数据变成大数据的时间点无法明确界定;但我们可以理解为大数据存在于一个连续统一体上。数据越大、越多样化,它就越接近连续体的大数据方面。

最初,"大数据"一词仅指数字时代产生的大量数据。这些海量数据,分为结构化数据和非结构化数据,包括电子邮件、网站和社交网站生成的所有Web数据。世界上大约80%的数据是以文本、照片和图像的形式呈现的非结构化数据,因此不适合传统的结构化数据分析方法。"大数据"现在不仅指以电子方式生成和存储的数据总量,还指规模很大和复杂性较高的特定数据集,需要新的算法技术才能从中提取有用信息。这些大数据集有着不同的来源,下面让我们更详细地了解其中的一些数据集以及它们生成的数据。目前,大数据的来源主要由以下3个方面构成。

一是搜索引擎与社交网络数据。例如百度和谷歌是使用很广的搜索引擎,早在2012年,仅谷歌每天就有超过35亿次的搜索。在搜索引擎中输入关键词会生成最相关网站的列表,但同时谷歌也会收集或跟踪大量数据。每次我们使用搜索引擎时,都会创建相关日志,记录我们访问过哪些推荐网站。当我们再上网时,我们所做的每一次点击都会被记录在某个地方以备将来使用。企业可以使用软件来收集他们自己的网站生成的点击流数据——这是一种有价值的营销工具。例如,通过提供有关系统使用情况的数据,日志可以帮助检测恶意活动,如身份盗用。社交网站也产生大量数据,其中Facebook和Twitter位居前2位。2016年,Facebook平均每月有17.1亿活跃用户,全部生成数据,每天产生约1.5PB的Web日志数据。搜索引擎和社交网站产生的宝贵数据可用于许多其他领域,例如通过使用这些数据可以轻松而准确预测用户的健康状况。

二是医疗保健数据。只要关注一下医疗保健领域的数据,我们就会发现一个涉及世界人口很大比例且不断增长的领域,并且其计算机化程度越来越高。电子健康记录正逐渐成为医院和医生手术的常态,其主要目的是让医生更容易与患者共享数据,从而为患者提供更好的医疗保健。通过可穿戴或可植入传感器收集个人数据的情况也正在增加,尤其是在健康监测方面,有许多人都在使用复杂程度各异的个人健身追踪器,这些追踪器输出的数据种类越来越多。从传感器收集的大部分数据都可以用于高度专业化的医疗目的。随着研究人员研究各种物种的基因和测序基因组,一些最大的数据存储正在生成。

三是各种实时数据。很多数据是实时收集、处理和使用的。计算机处理能力的提高使得快速处理和生成此类数据的能力得以提高。系统的响应时间至关重要,因此必须及时处理数据。例如,全球定位系统(GPS)使用卫星系统扫描地球并发送回大量实时数据。GPS接收设备可存在于用户的汽车或智能手机中,处理这些卫星信号并计算用户的位置、时间和速度,该技术现在被广泛用于开发无人驾驶或自动驾驶汽车。GPS接收设备里所涉及的传感器和计算机程序必须实时处理数据,以可靠地给用户提供去往目的地的导航并控制车辆的移动。据估计,每辆自动驾驶汽车平均每天会产生30TB的数据,其中大部分数据需要立即处理。

6.1.2 大数据的特性

大数据的特征一般用三个"V"来定义:数量(Volume)、多样性(Variety)和速度(Velocity)。如今数据数量的存储正在急剧增长。2000年,全球存储了约800000PB的数据,到2020年底,这一数字达到了35ZB。一些平台企业在一年中每一天的每一小时就会产生数太字节的数据。数据的量仍然是大数据的基本特征。然而,至关重要的是"多样性",它涉及所述数据的异质性,特别是当不同的数据集连接在一起时;以及"速度",即信息在不同数据持有者之间被处理、分析或传输的速度。

数量是指现在收集和存储的电子数据量,并且不断增长。大数据很大,但有多大?十年前被认为是大数据的东西按照今天的标准已经不再是大数据了。数据采集的增长速度如此之快,以至于任何选择的限制都不可避免地很快就会过时。当然,有些数据集确实非常大,例如,欧洲核子研究中心的大型强子对撞机获得的数据集在世界上首屈一指,该加速器自2008年以来一直在运行。即使科学家每年只提取其生成的总数据的1%,仍有25PB需要处理。一般来说,如果数据集无法使用传统的计算和统计方法收集、存储和分析,我们则可以说满足大数据体积标准。传感器数据,例如大型强子对撞机生成的数据,只是大数据的一种。数据的多样性指它的种类,这为尝试处理它的数据中心带来了新的挑战。随着传感器、智能设备以及社交协作技术的激增,企业中的数据也变得更加复杂,因为它不仅包含传统的关系型数据,还包含来自网页、Web日志文件、搜索、社交媒体论坛、电子邮件、文档、主动和被动系统的传感器数据等原始、半结构化和非结构化数据。而且,传统系统可能很难存储和执行必要的分析来理解这些日志的内容,因为许多信息并不适合传统的数据库技术。速度是数据产生和处理的状况。就像我们收集和存储的数据量和种类在不断变化一样,生成和需要处理数据的速度也在变化。对数据处理速度的传统理解通常考虑数据多快到达并被存储,以及数据相关的检索速度。

有人认为,大数据还包括两个额外的"V"——有效性(Validity)和价值(Value)。"有效性"是指数据的质量,无论它是否真的准确表示了它声称的内容。"价值"是数据的效用,即数据在多大程度上可以投入实际使用。其实,对5个"V"和3个"V"的狭义理解都不能构成一个对大数据的充分定义。大数据必须准确或有用,但是远不如传统数据准确或有用。有些人会质疑大数据的价值,说它的效用被夸大了。然而今天我们就深陷在大数据浪潮之中,我们存储所有事物,如环境数据、财务数据、医疗数据、监控数据等,都是大数据的一部分。例如,从手机套中拿出智能电话会生成一个事件;当火车到站时,这也是一个事件;检票登机、打卡上班、购买歌曲、更换电视频道、使用电子不停车收费系统,都会生成数据。现在的数据比以往更多,仅仅从个人家庭电脑的太字节级存储容量即可看出。从术语"大数据"也可以看出,我们的社会生活正面临着过量的数据。

6.1.3　大数据的社会价值

大数据广泛用于商业和医学,并在法律、社会学、市场营销、公共卫生和自然科学的所有领域都有应用。只要我们能够开发出提取数据的方法,所有形式的数据都有可能提供大量有用的信息。融合传统统计和计算机科学的新技术使分析大量数据变得越来越可行。这些由统计学家和计算机科学家开发的技术和算法在数据中寻找模式,以确定哪些模式更重要是大数据分析成功的关键。数字时代带来的变化极大地改变了数据收集、存储和分析的方式。大数据革命还为我们带来了智能汽车和家庭监控。

大数据的社会价值不断凸显,已然成为科技创新驱动的核心动力之一,它的经济、社会、文化,以及思维方式的价值不断提升。我国高度重视大数据的发展。2014年3月,"大数据"一词首次写入政府工作报告,开始为我国大数据发展的政策环境搭建预热。从这一年起,"大数据"逐渐成为各级政府和社会各界的关注热点,中央政府开始提供积极的支持政策与适度宽松的发展环境,为大数据发展创造机遇。2015年8月31日,国务院正式印发了《促进大数据发展行动纲要》(国发〔2015〕50号),成为我国发展大数据的首部战略性指导文件,对包括大数据产业在内的大数据整体发展作出了部署,体现出国家层面对大数据发展的顶层设计和统筹布局。2016年12月,工信部发布《大数据产业发展规划(2016—2020年)》,为大数据产业发展奠定了重要的基础。2017年10月,党的十九大报告中提出推动大数据与实体经济深度融合,为大数据产业的未来发展指明了方向。12月,中央政治局就实施国家大数据战略进行了集体学习。2019年3月,政府工作报告六次提到"大数据",并且有多项任务与大数据密切相关。自2015年国务院发布《促进大数据发展行动纲要》系统性部署大数据发展工作以来,各地陆续出台促进大数据产业发展的规划、行动计划和指导意见等文件。

前几年,大数据的应用还主要集中在互联网、营销、广告等领域。而随着大数据工具的门槛降低以及企业数据意识的不断提升,越来越多的行业开始尝到大数据带来的甜头。近几年,无论是从新增企业数量、融资规模还是从应用热度来说,与大数据结合紧密的行业逐步向工业、政务、电信、交通、金融、医疗、教育等领域广泛渗透,应用逐渐向生产、物流、供应链等核心业务延伸,涌现出一批大数据典型应用,企业应用大数据的能力逐渐增强。电力、铁路、石化等实体经济领域龙头企业不断完善自身大数据平台建设,持续加强数据治理,构建起以数据为核心驱动力的创新能力,行业应用"脱虚向实"趋势明显,大数据与实体经济深度融合不断加深。

大数据还与3个重要的思维转变有关,这3个转变是相互联系和相互作用的。首先,要分析某事物时参考与该事物相关的所有数据,而不是分析少量的数据样本;其次,我们乐于接受数据的纷繁复杂,而不再只追求精确性;最后,我们不再单探求难以捉摸的因果关系,而是同样关注事物的相关关系。大数据时代要求我们重新审视精确性的优劣。如果将传统的思维模式运用于数字化、网络化的21世纪,就会错过很多重要的信息。执着于精确性是信息缺乏时代和模拟时代的产物。在那个信息贫乏的时代,任意一个数据点的测量情况都对结果至关重要。所以,我们需要确保每个数据的精确性,才不会导致分析结果的偏差。我们理解世界不再需要建立在假设的基础上,这个假设是指针对现象建立的真实有效的假设。在大数据时代,相关关系分析为我们提供了一系列新的视野和有用的预测,我们看到了很多以前不曾注意到的联系,还掌握了以前无法理解的复杂技术和社会动态。

6.2 核心伦理问题

6.2.1 隐私与透明度

信息隐私是与个人数据的使用和发布相关的最紧迫的问题,隐私可以理解为个人控制与他们有关的信息的流入和流出的能力。同意是确保隐私的主要机制,关于谁可以访问信息以及出于什么目的的访问,是人们控制与他们有关的隐私数据最简单的方式。同时,我们不应将隐私与机密性混为一谈,后者更狭隘地涉及防止第三方未经授权访问个人数据。在实践中,保护机密性主要涉及限制未经授权的第三方访问的可能性的数据安全措施和惩罚那些这样做的人的法律。隐私的规范描述可以通过各种方式表达:一些人认为隐私是值得尊重的价值,而另一些人则更喜欢谈论个人所拥有的隐私权。至于什么可以解释隐私的价值,以及什么是隐私权的基础,与我们对生活各方面信息的控制息息相关。虽然大多数人可能不会将数据严格地视为他们自己物品的一部分,但数据与自我的关系非常紧密,以至于自主权可以合理地扩展到个人数据。因此隐私就可以定义为个人管理使用和访问他们的信息的能力。

尊重数据隐私的另一个方面则更注重结果。第三方可能使用个人数据做违法的事。大数据带来的一项道德挑战是,它使人们尊重隐私的能力显著复杂化。数据的规模和复杂性使得个人不太能同时了解他们可能共享的内容和对他们自身潜在的影响。与大数据价值相关,我们可以预期,大量第三方实体将寻求访问个人数据,但只有其中一部分是出于公共服务的目的。同时,要求个人对其发起的每一个数据请求都进行审核是不切实际的。

隐私问题与透明度密切相关。建立公众对大数据使用信任的一部分不仅在于预防风险,还在于让此类风险保持透明。这包括在发生违规行为时快速有效地与数据主体沟通,并提醒他们如何保护自己免受潜在伤害。各个管理部门都会强制要求将数据泄露通知受影响的个人,例如医疗、健康、公共卫生等部门,然而,重大数据泄露的事件往往都发生在这些部门之外。当然,透明度不仅限于数据泄露,它还是任何政策或计划制定的必要条件,但其规模和复杂性,使得透明度在大数据中尤为重要。隐私问题正成为大数据技术面临的严峻难题。

6.2.2 匿名化

数据可以分为可识别数据和匿名数据。可识别数据包括一些关键信息,这些信息可以单独使用,也可以与其他现成的信息结合使用,以标识正在描述的对象。最清楚的标识包括姓名或面部照片,但也延伸到识别个人唯一性的信息片段,例如家庭地址或身份证号码。匿名数据则相反,匿名数据将去除附加到数据集中的特定信息位的数据标识。

与隐私一样,可识别性也是重要的伦理问题。我们需要对可识别信息进行控制,而对匿名信息则基本不需要进行特别关注。虽然匿名信息仍然与个人有关,但自我与信息之间的信息联系被切断,这也就削弱了信息控制权的必要性。数据控制变得不可行,即如果没有信息链接,个人影响匿名数据集的处置实际上将变得不可行。此外,匿名化可以大大降低未经授权访问的风险。即使发生数据泄露,匿名化也可以确保个人不会受到伤害,因为没有任何方法可以将他们与所提供的信息联系起来。此外,还可能存在其他类型的风险,例如希望保护专有信息免受竞争对手侵害,但这些损害与披露个人信息造成的损害不同。

正如大数据限制了尊重隐私的可行性一样,它也给匿名化带来了很大的压力。尤其是大数据的丰富性带来了更多的风险,即哪怕删除了个人标识符,有需求的个人或企业仍然可以获取可识别信息。例如,一项研究发现,通过将公开数据与去识别的Netflix电影偏好记录相结合,研究人员可以将个人姓名和Netflix个人资料联系起来。另一项研究将出租车和豪车俱乐部的公开匿名数据集与名人博客的信息相结合,可以得出名人的出行细节。鉴于目前的发展,在不久的将来从基因组数据中推导出唯一的面部标识符将成为可能。此外,一些大数据的价值只有在与实际标识符相关联时才能完全实现,特别是当数据持有者因合法需要将不同的数据集链接在一起时。因此,我们不能依靠匿名化来充分保护个人免受被重新识别的潜在伤害。

6.2.3 知情同意

保护隐私最有效的方式是知情同意。由于特定同意被广泛认为是不可行的,因此许多其他的同意模式被提了出来。这些模型中的大多数都试图在一定程度上保护隐私,着眼于实现保护的有效性。

(1)一次性同意。这是最简单的方法,并且是一段时间内的研究的标准做法,具体是让数据主体通过一个简单的选择获得一次性的机会来同意使用相关数据。例如,视网膜肌病研究的研究同意书可能会标明"作为本研究的一部分生成的数据可用于未来的视网膜肌病研究",甚至标明"作为本研究的一部分生成的数据可能会被未来研究使用"。此类声明确实允许对数据处置具有一定程度的隐私性。个人将意识到他们的数据可能被使用于其他研究项目或目的,并且个人有机会拒绝。但是当使用目的过于复杂时,个人往往是难以判断的,因为这种笼统的声明内容往往过于简单或者过于烦琐。如果个人对自己的数据处置知之甚少,并且没有机会随后撤回其同意,个人将很难充分保护自己的权益。

(2) 广泛同意。生物医学领域出现了一种新的广泛同意模式,该模式也明显适用于大数据。广泛同意与一次性同意相关,通常作为较大研究项目的一部分出现。但它的内容远远超过一次性同意。广泛的同意声明一般会提供以下详细信息:谁将有权访问数据,他们将在访问方面有哪些限制,他们可以出于什么目的使用数据,访问需要哪些批准机制,将采用何种程度的匿名化进行,允许访问的风险与利益是什么等。广泛同意是有意提供宽泛内容的同意,因为它经常无法确定数据的未来用途。广泛同意现在已获得足够的认可,已被多个国家正式承认为获得同意的合法手段。

(3) 选择退出。另一种隐私保护选择是将隐私控制转变为一种持续但被动的访问控制能力,而不是一次性同意。在选择退出模式下,个人会在需要的时候被告知他们的信息可能会与某些第三方共享,并希望获得他们某种方式的授权。这种方法的优点是通过最大限度地减少数据共享的阻力来提高数据集的完整性。选择退出提供了一种在广泛同意中不存在的隐私保护形式,提供了随时撤回许可的能力。这可能更符合自由管理的理想,作为一个持续的过程,人们可以定期重新评估自己的优先事项、价值观、风险承受能力等,以调整其他人访问自己数据的自由度。

(4) 动态同意。动态同意模式可以适应个人和数据持有者之间的持续参与,并就如何使用他们的数据以及由谁使用达成广泛协议。然后,数据主体通过访问一个在线门户,该门户可以跟踪数据持有者的权限并允许个人随时调整这些权限。

6.2.4 数据安全

数据安全制度在保护数据主体方面至关重要,这些制度不仅可以使在给定数据集中重新识别身份的难度加大,还能拒绝第三方对数据集的未经授权的访问。由于大数据的丰富性,数据的重新识别风险特别大,但各种技术方法可以降低其中的一些风险。这些技术包括整理数据集以仔细剔除任何可识别的信息组合,在传播之前汇总数据或在数据中引入少量随机项,这不足以影响整体结果,但可使个别数据很难重新识别。更系统的方法是大数据本身只能由集中的、受信任的一方访问,该方充当进一步传播的处理器,并对外提供不可能允许重新识别的受限信息,或者仅向个别请求者分发有限的信息。例如,一个中央数据库可能拥有数千个全基因组序列,但可以创建一个只允许特定用户访问特定等位基因频率信息的门户,并限制每个用户的查询次数,以防止其衍生出全基因组数据。但此类门户网站的强大程度取决于它们提供的未经授权访问的安全性,而且不管如何防备,令人震惊的数据泄露事件仍屡见不鲜,例如2014年Yahoo泄露30亿用户账户及2017年Equifax泄露1.455亿条个人记录事件等。但是数据安全制度依然是当前最有效的方式,数据安全也需要在社会层面进行更多的投资和关注。

另一个挑战是,强大的数据安全措施可能与另一个科学趋势——开放数据相冲突。开放数据倡议关注的是许多研究中的可靠性和可复制性的问题。通过向其他研究人员开放数据,研究的发现可以更容易地接受挑战或验证。但开放数据也可能不利于其研究数据的安全性,如果研究人员在分析中需要依赖身份标识,那么验证其结果的唯一方法可能就是将身份标识提供给其他研究人员。或者即使没有身份标识,其他研究人员也可以通过访问数据集,利用这些数据集重新识别身份。开放数据与数据安全和隐私的紧张关系尚未得到充分研究,需要进一步关注。

其他数据安全领域还包括通过保险以减少数据泄露造成的潜在财务损失。已经有许多类似的计划,例如美国的联邦存款保险公司。大数据时代逐渐增加的违规风险,使得更广泛的保护性保险计划的需求逐渐增加。与数据安全措施一样,这虽然会增加成本,却可以保证使用大数据所带来的好处。但还应注意确保那些承担风险同时获得收益的人,一般消费者不会在没有潜在受益的情况下去承担数据泄露风险。数据安全与社会福利有关,随着大数据用途的扩大,大数据需要为公共利益提供更多的资源。

▶ 6.3 大数据的社会治理

通过伦理治理发展大数据已经成为全社会的共识。一方面,任何技术的发展都有其本身的技术限度,若任其自由发展,必然会造成技术滥用,而大数据技术又不同于以往的技术,它与人类的生活世界息息相关,因此必然需要对其进行伦理规范,实现其有限度的发展。另一方面,这是社会本身健康发展的需求,社会的健康发展的基本朝向是美好生活。在人的个性存在和生存自由方面,需要对大数据技术进行伦理规范,使其对人类的影响最小化。

6.3.1 宏观治理

宏观层面的通用道德框架是针对大数据技术的发展所实施的整体的原则性道德规范,框架中将对大数据伦理的一些基本问题、概念、原则进行说明。对于构建通用道德框架,当前的与计算机和信息科学相关的行业准则中,并没有一个能够充分涵盖大数据科学可能遇到的所有的潜在道德挑战。在信息技术领域,广受推崇的价值敏感设计理论在大数据领域遇到了许多难题,因为仅从软件设计开发的角度考虑,使用一定的道德框架,在复杂多变的大数据科学领域是远远不够的。虽然一些大数据科学家已经开始认识到这个问题,并通过组建大数据科学协会来提倡大数据伦理研究,然而这些组织在整个大数据科学领域并未得到普遍认可,甚至不为人所知。当前的首要任务是能尽快研究出台大数据科学通用道德框架,确保大数据的道德实践既能促进大数据科学的进步,又可以保护个人或群体权利。

对于如何确立这个道德框架,目前的研究主要集中在3个方面。一是道德框架的主要内容应该重点关注并解读与大数据伦理相关的关键词,选择哪些关键词值得仔细研究。二是道德框架的有效性问题,这个道德框架应该尽可能实现一致性、整体性和包容性,才能在不同的文化背景中解决伦理问题,因为大数据从业者来自不同的环境,当前,既没有相关的专业行为准则,也没有特定的正式伦理培训。此外,在面对现有的大数据伦理问题方面,没有任何框架可以完全满足需要,若使用较为一般的原则性的道德规范,会因为缺乏针对性难以实施。因此,如何构建一个通用的道德框架,显得尤为重要。三是道德框架的约束力有多大。建立一个鼓励批判性思维和道德反思的通用框架,使用这个通用框架可以帮助解决有关大数据科学的流程、战略和政策负责人员的责任与义务等问题,并且大数据科学领域的每个参与者都能够提出有关其工作的潜在问题,并有机会研究和讨论其他参与者的观点。还应关注数据端的具体流程方面,例如通过规范数据治理的流程来定义如何捕获、存储和使用数据,大数据依赖从多个来源收集到的可用数据,必须保护这些原数据。如何收集和存储数据都会引发安全问题,内部员工也需要遵守一定的保密政策。理想状态是通过设计一个信息系统来确保其合乎道德,这个方案目前看来非常难以实现,可以将其作为大数据伦理的长远目标。

6.3.2 微观治理

微观层面则是在通用道德框架的原则之下,所展开的具体行业层面的实践规范,因为各个行业都有其特色和要求,因此对伦理规范的要求必然有所差异。行业实践是能够在具体行业领域中应用的伦理规范,比如医疗健康大数据、金融大数据、购物大数据等。有了框架和规范,就可以以此为基础,进一步完善大数据治理体系,全面开展大数据伦理的实践举措。对于完善行业规范,当前信息伦理的研究成果已经开始被纳入标准课程或专业认证中,从而使得计算机领域的专家在工作中能够关注社会和道德方面,例如美国计算机协会(ACM)早在1992年就颁布了"ACM道德和职业行为准则"(ACM Code of Ethics and Professional Conduct)和相关课程指南,英国计算机协会(BCS)与英国工程技术协会(IET)也有类似的行业规范,然而这些规范依然过于宽泛,因此,需要制定针对具体领域的行业职业道德规范。此外,从事大数据科学研究的组织,应该为科研人员和从业人员提供相应的道德培训,帮助其应对今后可能会遇到的道德问题,但当前并未有开展类似道德培训的机构。当前大数据行业对伦理学的需求非常迫切,很多领域,例如生命医学大数据领域亟须建立安全的隐私保护措施。大数据的广泛应用也必然会对从业人员带来许多新的伦理风险,从业者需要一套指导工作的从业规范。当前建立大数据从业人员行业规范的重点,应该涉及数据和算法中的主要道德问题,通过尝试面向这些道德问题来建立行业规范,并最终将这些规范融入大数据行业的具体操作中去。当前的大数据项目通常是采用以任务为中心的方法,尽管这些过程在细节上有所不同,但从总体上看是相似的。因此,可以构建一个典型的大数据程序,其中包括获取、信息提取和清理、数据集成、建模、分析、解释和部署等,这个程序尽量涵盖大数据生命周期的各个阶段,因为许多人只专注于分析/建模的步骤,虽然这一步骤确实至关重要,但如果没有数据分析流程的其他阶段,它就没有多大用处。这个过程类似于CRISP-DM[①],可以使用该模型将道德规范与大数据生命周期中的特定阶段相结合。CRISP-DM包括6个大数据技术的高级阶段:业务理解、数据理解、数据准备、建模、评估和部署。与数据伦理相关的问题对应于数据理解和数据准备阶段,而与算法伦理相关的问题对应着建模、评估和部署阶段。

6.3.3 大数据社会

这是关于大数据技术的限度发展与运用的思考。当前,大数据成了在土地、能源等传统资源之外的一种新资源,这种新资源已成为新时代的标志,也成为继煤炭、石油之后的新宝藏,因此数据的所有权、知情权、采集权、保存权、使用权,以及隐私权等,就成了每个公民在大数据时代的新权益。大数据技术的限度发展,对于技术本身来说,能够规范大数据技术的发展方向,使其更好地服务社会;对于人类来说,能够保障人类自由,逐渐实现人类全面自由的发展。卡斯特在《网络社会的崛起》等作品中,描绘了信息化社会的未来图景,而当前信息化社会或者网络社会正在迈向大数据社会。可以说,大数据社会是典型的后工业社会,因为它与传统的以物为对象的工业形态有着本质的区别。在大数据社会中,自我的概念正在逐渐淹没在大数据的汪洋之中。而有限度发展的大数据技术,就是对自我的一种维护和拯救。在有限度发展的大数据社会中,人人都可以安全分享自己的生活、经济、思想、隐私,乃至一切,而无须担心其潜在的风险。在这个随选信息(以及物)的时代,绝大部分信息和服务都会成为免费的,而且也实现了最优化的社会效益。这也许就是我们所期待的理想社会的雏形。

大数据技术的合理运用能够实现美好社会的"大数据治理"(big date governance)。大数据治理突出了大数据科学的复杂性和影响力,由于其伦理学与处于社会之中的科学

---

① CRISP-DM(cross-industry standard process for data mining),即"跨行业数据挖掘标准流程",该流程于20世纪90年代建立,至今为止仍然是大数据领域使用最广泛的技术流程。

技术紧密相连,解决这些问题单单靠决策者或科学家或伦理学家都有局限,需要多元部门多个学科共同参与,研讨科学技术创新提出的新的伦理法律和社会问题并提出政策法律法规和管理方面的建议。这一概念可以用来表示与大数据相关的管理和政策,大数据治理的内容包括成立专门的管理机构、进行道德教育、管理与培训等。其中管理机构类似于"互联网研究人员协会道德委员会"(Ethics Committee of Association of Internet Researchers),以及英国的数据伦理委员会(United Kingdom Council for Data Ethics),另外,对相关机构的监管也是治理的关键内容。此外,在强化治理的同时,还需要强化大数据操作与业务层面的伦理考量。虽然数据伦理和算法伦理都能对应到相应的大数据阶段,但是,目前还缺乏与具体业务阶段相关的道德规范。此阶段不仅包括具体业务层面的内容,而且包括如何确保问责等内容,且需要首先对业务有所了解才能开展研究,所以尚未成为当前大数据伦理研究的重点。对于业务理解阶段,应该包括两方面道德层面的新考量。首先,在项目开始时,团队应从概念上考虑潜在的人身和群体伤害。其次,研究团队应探讨潜在的道德责任。业务阶段的道德考量是大数据技术得以顺利进行的基本伦理条件。此外,当试图移除基于种族、性别、宗教或者其他保护性属性的算法歧视时,数据科学家将不可避免地用数学方式来植入一系列道德和政治方面的约束,因此仅将关键的道德主题映射到大数据技术项目中的不同阶段是不够的,与价值观相关的技术治理也是重要内容。还应该在大数据技术项目中加入两个与价值相关的规范内容:一是如何确定价值观倡导者的作用;二是如何确定价值框架的合理性。这也表明,大数据伦理问题与利益相关者的价值观是紧密相连的。

诚然,大数据技术的发展为人类社会的发展提供了新的驱动力和资源,由于大数据技术与人类生活结合紧密,因此必然也会带来诸多的伦理挑战,这些挑战构成了阻碍人类自由发展的重要障碍。为了规范大数据信息技术的发展,必须要解决这些伦理问题。因为大数据技术在各个领域的应用千差万别,因此既要考虑整体道德规范,又要关注到具体行业的应用实践。所以,对于大数据技术的伦理规范,应该需要在宏观层面考量大数据的通用道德框架,并且在微观层面针对不同的领域特色研究制定具体的行业规范,使其成为为人类的自由发展和美好社会建设而服务的技术。

思 考 题

1. 大数据如何代替人类进行思维?
2. 大数据时代最严重的的伦理问题是什么?
3. 如何在大数据时代保护隐私?
4. 大数据需要怎样的透明度?
5. 未来的大数据社会是怎样的?

进一步阅读

近十年来,关于大数据伦理的文献越来越多,Bunnik 等的《Big Data Challenges》和 Davis 等的《Ethics of Big Data》是比较好的较为浅显的著作。舍恩伯格的好几本书都是该领域引用最广、最具可读性的作品,例如《大数据时代》《删除:大数据取舍之道》。

董春雨等的《大数据哲学:从机器崛起到认识方法的变革》讨论了大数据科学方法论问题,刘伟伟的《大数据思维的相关哲学问题研究》分析了更一般的哲学问题,李伦主编的《数据伦理与算法伦理》和《人工智能与大数据伦理》中有多篇涉及大数据伦理的文献,宋吉鑫等的《大数据伦理学》是一本对该领域进行全面研究的著作,林子雨的《大数据导论:数据思维、数据能力和数据伦理》是一本浅显但全面地介绍该领域的著作。

参 考 文 献

[1] Bunnik A, Cawley A. Big Data Challenges: Society, Security, Innovation and Ethics[M]. London: Palgrave Macmillan Limited, 2016.

[2] Béranger J. Big Data and Ethics: The Medical Datasphere [M]. London: ISTE Press, 2016.

[3] Amoore L. Cloud Ethics: Algorithms and the Attributes of Ourselves and Others[M]. Durham: Duke University Press, 2020.

[4] Davis K, Patterso D. Ethics of Big Data: Balancing Risk and Innovation[M]. Cambridge: O'Reilly Media, 2012.

[5] Hasselbalch G. Data Ethics of Power: A Human Approach in the Big Data and AI Era[M]. Cheltenham: Edward Elgar Publishing, 2021.

[6] Joshi R C, Gupta B B. Security, Privacy, and Forensics Issues in Big Data[M]. Hershey: IGI Global, 2019.

[7] Richterich A. The Big Data Agenda: Data Ethics and Critical Data Studies[M]. London: University of Westminster Press, 2018.

[8] Floridi L. The Ethics of Biomedical Big Data-Brent Daniel Mittelstadt[M]. Berlin: Springer International Publishing, 2016.

[9] Noble S U. Algorithms of Oppression: How Search Engines Reinforce Racism[M]. New York: NYU Press, 2018.

[10] Veliz C. Privacy is Power: Why and How You Should Take Back Control of Your Data[M]. London: Bantam Press, 2020.

[11] 戴潘.大数据时代的认知哲学革命[M].上海:上海人民出版社,2020.

[12] 刁生富.重估:大数据与人的生存[M].北京:电子工业出版社,2018.

[13] 董春雨,薛永红.大数据哲学:从机器崛起到认识方法的变革[M].北京:中国社会科学出版社,

2021.
- [14] 戴维斯,帕特森.大数据伦理:平衡风险与创新[M].赵亮,王健,译.沈阳:东北大学出版社,2016.
- [15] 李君亮.大数据技术哲学分析[M].北京:光明日报出版社,2021.
- [16] 林子雨.大数据导论:数据思维、数据能力和数据伦理:通识课版[M].北京:高等教育出版社,2020.
- [17] 李伦.人工智能与大数据伦理[M].北京:科学出版社,2018.
- [18] 李伦.数据伦理与算法伦理[M].北京:科学出版社,2019.
- [19] 刘伟伟.大数据思维的相关哲学问题研究[M].北京:科学出版社,2021.
- [20] 宋吉鑫,魏玉东.大数据伦理学[M].沈阳:辽宁人民出版社,2021.
- [21] 苏玉娟.大数据知识论研究[M].北京:科学出版社,2021.
- [22] 舍恩伯格,库克耶.大数据时代:生活、工作与思维的大变革[M].盛杨燕,周涛,译.杭州:浙江人民出版社,2013.
- [23] 舍恩伯格.删除:大数据取舍之道[M].袁杰,译.杭州:浙江人民出版社,2013.

第7章
媒介技术伦理

本章将介绍新兴媒介技术伦理的相关研究,包括媒介技术在各个领域应用过程中产生的权利、道德、资源危机,以及交互风险等。此外,也对媒介技术相关的形而上学、认知哲学、知识论等相关领域的问题进行讨论。媒介技术伦理一方面与一般伦理学问题相关,另一方面,由于其技术的新颖性,其伦理问题也呈现特殊性。因此,对媒介技术伦理问题的讨论既有助于伦理学对新兴媒介技术的介入,引导其良性发展,也有助于媒介技术对现有伦理学进行有益补充。本章首先介绍媒介技术的历史、哲学研究进展,然后重点讨论其相关的伦理学研究,最后关注媒介技术的社会治理,对其中的政策设计、硬件与程序设计、道德自愿原则等问题进行思考。

▶ 7.1 媒介技术研究简史

7.1.1 元宇宙简史

元宇宙是前缀"元"(意味着超越)和"宇宙"的结合,通常认为最早出现"元宇宙"一词是在 Neal Stephenson 于1992年写的一部名为《雪崩》的科幻小说中。元宇宙是一个融合了物理和数字的虚拟世界,基于互联网和网络技术以及扩展现实技术生成。在元宇宙中,所有个人用户都拥有他们各自的化身,类似于用户的物理或现实自我,在虚拟世界中体验另一种生活。虚拟世界是用户真实世界的隐喻。

Dionisio 等认为,以元宇宙作为虚拟世界来看,其历史大致由5个阶段组成。第一阶段始于20世纪70年代末,为基于文本的虚拟世界,有两种类型:其一为 MUD(multi-user dungeon),能创造虚幻的现实;其二为 MUSH(multi-user shared hallucination),一种基于文本的在线社交媒介,多个用户同时连接,常用于在线社交和角色扮演游戏。第二阶段发生在大约十年后,为基于图形的虚拟世界。第三阶段始于20世纪90年代中期,是元宇宙特别活跃的阶段,得益于计算能力和图形技术的发展,自主创建内容、3D图形、开放社交和集成音频等功能得以引入。第四阶段发生在2000年后的十年。这一时期元宇宙的特点是商业性增强,虚拟世界内容创建工具更为丰富,来自现实世界的公司、大学以及非营利组织参与度增加,虚拟经济快速发展,图形保真度逐步提高。第五阶段大致为2007年至今,主要涉及对3D虚拟世界开发的开源去中心化,是元宇宙的开放开发阶段。随着虚拟世界客户端和服务端的解耦,互操作性和可互换性成为其标志。

7.1.2 电子游戏简史

电子游戏(electronic/digital/computer/online/video games),涉及与用户界面或输入设备(如操纵杆、控制器、键盘或运动感应设备)的交互,以产生视觉等感官的反馈。该反馈显示在视频显示器等设备上,例如电视机、监视器、触摸屏或耳机等。电子游戏根据其平台分类,包括街机游戏、主机游戏和个人电脑(PC)游戏。近年来,电子游戏通过智能手机和平板电脑、虚拟和增强现实系统以及远程云计算技术实现了领域扩展。

根据Mark Overmars在《A Brief History of Computer Games》简要概述的过去50年来电子游戏最重要的发展及其他相关文献,将电子游戏媒介史整理如下。1950~1959年,大多数人认为的第一个电脑游戏——《Tennis for Two》于1958年开发。但可能因为需要大量的设备,早期开发者缺乏对电子游戏潜力的认识。1960~1969年,电子游戏的商业开发逐渐兴起。1970~1979年,街机游戏的黄金时代来临,电子游戏引来一次商业化的热潮。此外,电子游戏媒介开始呈现多样化趋势,可以连接到电视机的家用游戏机开始出现。盒式磁带使得在同一系统上玩不同的游戏成为可能,被认为是电子游戏的一个重要创新。1980~1989年,电子游戏数量迅速增加,出现了许多著名的游戏。例如,《Mario Bros》(1983年)、《Final Fantasy》(1987年)、《Metal Gear》(1987年)等。个人电脑和外接式设备引发电子游戏媒介又一次迭代更新,交互形式发生潜移默化的改变,易操作性与便携性逐渐提高。1990~1999年,街机式游戏占比日渐下降。得益于更快的处理器,更大的内存和更高的屏幕分辨率,专业游戏设备成为常态。新设备还采用了3D技术、影像系统进一步丰富电子游戏的感官体验。个人电脑上的电子游戏皆有多样的外设如鼠标、键盘,可操作性进一步提高。此外,电子游戏内容逐渐扩大,黑暗、恐怖、暴力、血腥、色情化成为某些电子游戏的标签,引发诸多问题。2000~2009年,电子游戏媒介多样化、专业化、高精化、便携性进一步发展。更多的外设扩展、更好的硬件续航、更高的开发成本、更好的平台生态、更逼真的沉浸体验、更优秀的互联互通、更迅捷的端口接入等成为其标志。此外,得益于互联网和智能手机媒介的发展,电子游戏正经历新一轮变革。小型游戏、休闲游戏等日益推广。2010年至今,云计算技术、3D技术、XR技术、元宇宙技术的发展与日益成熟,使得游戏媒介交叉性更为深入,场景边界更为模糊。游戏终端多样化,手机游戏、平板电脑游戏、电脑游戏等多取向发展。游戏专业化与拟真度逐渐加深,品类多样。工业游戏被广泛开发,如飞行模拟游戏《Microsoft Flight Simulator》,供给对游戏体验要求更高的专业玩家使用。

7.1.3 XR简史

扩展现实(extended reality)简称XR,是指由计算机技术和可穿戴设备产生的所有真实与虚拟相结合的环境和人机互动,其中的X表示变量。XR包括增强现实(AR)、混合现实(MR)、虚拟现实(VR)等代表形式以及它们之间交叉的区域,其虚拟层次从部分感官输入到沉浸式有很大不同。XR是一个超集,它包含了Paul Milgram提出的现实-虚拟连续体概念中从"完全真实"到"完全虚拟"的整个谱系。但其内涵仍归于人类经验的延伸,尤其是与对存在的感知(以VR为代表)和对认知的获得(以AR为代表)有关。随着人机交互的不断发展,这一内涵不断变化。

根据Bernard Marr和Anne Corning的观点,XR的发展分为6个阶段。1801~1900年,"立体视觉"(或"双目视觉")的概念被提出,导致了第一台立体成像镜的发展,这里已隐含AR与VR的存在。1901~1950年,通过外部设备接入虚拟空间的想法被应用于小说创作,Pygmalion's Spectacles书中主人公就使用一副护目镜探索了一个虚构世界,这标志着扩展现实逐渐进入人们的常规认知中。1951~1980年,首台VR机器——Sensorama被创造出来,首个头戴式显示器(HMD)的专利被申请,虚拟地图程序Aspen Movie Map被开发出来,基于扩展现实技术的机器与程序陆续出现。此外,"终极显示"概念被提出——一个极度逼真的虚拟世界,以至于用户无法将其与现实区分开来。1981~2000年,第一批制造和销售可商用的VR产品的公司出现,VR产品开始出现在各种商业场合。扩展现实在各行各业逐渐兴起,其概念与技术日常化的同时也在逐步演进。2001~2020年,VR头盔、AR眼镜、AR耳机等一系列更为精密的设备被制造出来,基于这些设备开发的游戏逐渐流行(游戏Pokémon GO),扩展现实体验提升到一个新的水平。此外,"MR"逐渐被人们熟知。2021年至今,XR技术与元宇宙技术、游戏技术共同发展,其媒介交叉性不断加深,领域边际不断模糊。

7.1.4 其他新兴媒介

人工智能媒介。人工智能是由机器展示的智能,与包括人类在内的动物展示的自然智能相对,是对智能体(intelligent agents)的研究,智能体指的是任何能够感知其环境并采取行动以最大限度地实现其目标的系统。1950年,Alan Turing提出了著名的"图灵测试",AI逐渐出现在人们生活中;1956年,John McCarthy在达特茅斯会议上首次采用了"AI"一词,人工智能正式诞生;此后,1956~1993年,AI发展几经周折,从发展黄金期到遭遇挫折再到繁荣,后续又逢凛冬;20世纪90年代后,由于智能代理、深度学习、大数据技术的出现,AI迎来新的机遇,蓬勃发展;如今,Google、Face-book、百度和腾讯等公司在AI领域展开了激烈的竞争。

大数据媒介。大数据(big data)本身可以被视作一种信息资产,需要特定的技术和分析方法才能将其转化为价值。大数据技术发展大概经历3个阶段:第一阶段可以追溯到17世纪中叶,英国人John Graunt曾尝试应用统计数据分析鼠疫的死亡率等指标。1884年,Herman Hollerith发明了穿孔制表机,该设备被用于1890年美国人口普查的数据处理。1965年,美国计划建造一座数据中心,以存储数百万计的纳税申报表和指纹信息。第二阶段始于20世纪末,得益于互联网技术的广泛应用,计算机开始以指数级的速度共享信息,大数据技术发展迅猛。1996年,根据后来Morris等的论文研究,数字数据存储已比在纸上存储信息更具效益。1998年,Carlo Strozzi开发了NoSQL开源关系数据库,它提供了一种存储和检索数据的方法,其建模方式与关系数据库中的传统表格方法不同。进入21世纪后,大数据技术迎来又一次发展的高峰,进入第三阶段,与AI、云计算、物联网技术相互促进,共同繁荣。

物联网媒介。针对物联网(Internet of Things,简称IoT),一个较好的定义是:物联网是一个开放而全面的智慧对象网络——嵌入在物理对象中的传感器和致动器通过有线与无线网络上载互联,IoT能够自动组织和共享信息、数据、资源,能够处理特定环境的情况并在环境出现变化时做出反应和行动。IoT最早可以从19世纪30年代的电报中窥见端倪。1999年,Kevin Ashton创造了"物联网"一词。随后,得益于蜂窝网络、射频识别等物联网基础技术的发展,2002年,沃尔玛和美国国防部率先尝试应用IoT,2012年,瑞士启动了"瑞士智慧城市"试点项目,尝试实现智慧停车——通过安装在人行道等处的传感器,以确定停车场的占用情况,并将其传达给车主等功能。2010年前后,IoT逐渐与人们的生活接轨,智能手机、自动驾驶汽车、工业物联网和农业物联网逐渐兴起,人们逐渐步入万物互联的时代。

区块链媒介。区块链类似一个共享的、不可变的账本,它有助于记录交易和跟踪业务网络中的资产。资产可以是有形的(房子、汽车、现金、土地),也可以是无形的(知识产权、专利、版权、品牌)。几乎任何有价值的东西都可以在区块链网络上进行跟踪和交易,从而降低所有相关人员的风险和成本。区块链常与比特币一起出现。1979~2007年是区块链的创建和早期阶段,这期间,区块链所基于的许多技术被开发应用,例如,Ralph Merkle在其1979年的博士论文中描述了一种称为"树认证"(tree authentication)的公钥分发和数字签名方法,David Chaum在他1982年的博士论文中描述了一个保险库系统,该系统已经包含了组成区块链的许多元素,等等。21世纪初,比特币和区块链逐步发展,2008年,

Satoshi Nakamoto发表白皮书介绍比特币和区块链背后的概念,2009年1月3日,Satoshi Nakamoto挖出了第一个比特币,验证了区块链的概念。2010年开始,比特币价值经历了由狂涨到暴跌,也逐渐成为交易货币出现在人们的生活中。2013年后,比特币由于各种原因逐渐失势,而区块链技术作为其核心技术迎来了发展高峰,基于区块链技术开发的应用大量出现,如Ethereum等。2016年后,人们对将区块链用于网络货币等领域的兴趣与日俱增,政府和企业将区块链应用于投票、房地产、健身追踪、知识产权、物联网和疫苗分发等各个领域。

▶ 7.2 媒介技术哲学

当前,媒介技术呈现新形态和新范式,其应用场景不断扩展,由此引发许多哲学问题,涉及形而上学、现象学、认知哲学等多个领域。

7.2.1 形而上学

当前媒介研究的形而上学,主要从本体论、真实性以及形而上学的安全问题、世界图景角度切入讨论。其中,本体论角度,对XR真实性问题的讨论富有创意,Silcox关注了基于本体论意义上的虚拟现实与普通现实之间的差别问题,其针对David Chalmers提出的虚拟现实和物理现实之间存在本体论上的平等观念进行了质疑,认为无论这些主张的合理性如何,它们都不能为假设两者存在类似的价值对等提供依据,我们能够给出充分的理由来否认虚拟对象的真实性,虚拟对象毕竟还是虚拟的。Philip N. Howard在《Castells and the Media》的"Mobile and Social Media"章节也提到了"真实世界"的边界问题——在过去,区分真实世界和虚拟世界、面对面交流和在线交流是有意义的。而元宇宙的兴起可能改变了这一状况,"真实的世界"或许并不只是在线下发生的事情,何为"真实世界"似乎需要进一步厘清。书中还引用了Baudrillard的相似的观点,即真实和虚拟之间的区别没有什么意义,一个特定物体的文化价值只能通过共享的图像和符号来理解。这里的讨论延伸到了知识论领域。针对真实性问题,Juul也给出了一种有趣的观点——从文化主义角度出发,不单纯否定真实性,而将重点放在虚构和真实之间的重叠和连续性问题上。最精细的非虚拟物体的VR实现仍然只是艺术,只是人类选择和解释的过程,最精细的虚拟造物仍然会有无限多的细节缺失。VR在哲学上不应该仅仅被理解为一种走向完美的技术实现,而更应是一种文化产物,它的价值部分理应来自于它的简化和与原始材料的差异。除真实性问题外,通过对以往哲学概念的进一步拓展,进而建构基于新媒介的他我关系模型,也是一个极有价值的方向。Du Plessis从一款具体的电子游戏出发,借用德勒兹和瓜塔里阐述的特定哲学概念,包括"成为他者"(becoming-other)、"感知"(percepts)和"影响"(affects)等,探讨其与一般电子游戏构建的他我关系模型——功利主义的主客体关系的区别,以促进一般电子游戏的他我关系,特别是其中涉及暴力的那部分的革新。此外,也有研究从本体论出发进行了媒介演化过程的梳理,进而探讨其中关于人类的前景。其中,喻国明研究了媒介的进化规律与演进逻辑,认为新兴技术对媒介提供了新尺度、新内容和新范式,从而导致媒介本身的嬗变,而在此过程中,人类势必凭借媒介的升级迭代不断地突破现实世界的限制而走向更大自由度的过程,实现对生物个体的超越。Cohen着眼于XR媒介的形而上学研究,认为增强现实和数字现实的出现对人类获得形而上学的安全性提出新的挑战,通过应用其独创的Logic-Based Therapy(LBT)原则,研究了在AR领域中实现形而上学安全的进路与意义。Matthew Ball的《The Metaverse: And How it Will Revolutionize Everything》提到了世界图景重塑等问题。

7.2.2 现象学

媒介技术的现象学研究主要路径是利用现象学方法,借用经典现象学概念,探讨媒介技术与日常世界的关系,以及对其中人和人的世界的影响。其中,O'shiel概述了从经典现象学分析中对虚拟的两种基本类型的理解———一种涉及知觉经验的动态视界,另一种涉及人类对数字图像的所有体验,讨论了现实与虚拟之间的边界问题,认为MR可能会在未来模糊和瓦解人类体验的不同类别。这与形而上学中Silcox关于真实性问题的讨论类似。而Liberati从现象学的角度分析了AR游戏对日常世界的影响,讨论了数字物体是如何被可视化后融合在周围环境中的,以及这些数字物体在它们的虚构世界中的存在是如何影响人类生活的日常世界的,认为即使数字物体被视为日常世界的一部分,它们也不是日常世界的一部分,它们仍然与游戏产生的虚构世界相关,但让我们的生活嵌入了数字元素。这里的观点实质上也可以向真实性问题延伸,即虚拟世界是虚拟的,但和日常世界相互渗透,数字元素在日常世界的嵌入同样意味着真实性在虚拟世界的存在,但这种存在类似于一种"义肢"。此外,Cantone通过比较沉浸式虚拟现实技术、现象学方法和Gerald Edelman的神经达尔文主义理论讨论了"simulated body"(模拟身体)的问题——在一个不属于自己的身体中"存在",或不以自己在现实世界感知"存在"的方式存在。认为虚拟的"现实"与人类自身心灵的模拟,其机制具有相似性,从而丰富了现象学对生物活体的论述。

7.2.3 认知哲学

媒介技术哲学还与认知哲学和心理学哲学领域密切相关,已有大量的研究成果。其中,关于社交焦虑、网络成瘾问题的讨论聚焦了当前的社会热点问题。M. J. Dechant 等研究了社交焦虑的内隐和外显数字行为标记用于预测社交焦虑的水平,为基于电子游戏的数字行为标记用于评估社交焦虑提供了方案。Barbera 等就身体的现象学二重性如何有助于分析玩家偏好的游戏身份创造进行了探索,并在此基础上,结合网络成瘾认知行为疗法和身体意象认知行为疗法,提出治疗网游成瘾的一些建议。此外,还有许多基于医学设备以及心理实验的研究。

7.2.4 其他

技术哲学。关于媒介技术的技术哲学,David J. Gunkel 和 Paul A. Taylor 在《Heidegger and the Media》的 "The Design of Media Apps: The Questions Concerning Technology" 章节讨论不同的技术系统如何构建与事物的关系时,给出了一个有趣的视角。其认为数字时代各种虚拟技术(虚拟世界等)的出现意味着,海德格尔关于工人与"沉睡在木头里的形状"(such things as the shapes slumbering in the wood)这类事物建构关系的问题,面临着一个额外的质询,即人根本上丧失了传统意味上操纵物理事物的能力(一切可构建的关系都变得单一化,例如,鼠标点击操作等)。这对于海德格尔理解技术本质的方式——基于对工具如何渗透到整个社会的批判性审查,似乎有一定解构意味。当然从另一个方向来说,这种单一化也可以从"异化"角度进行批判。

知识论。媒介技术研究在知识论领域的成果具有极大价值,主要涉及知识获得、认知形式等问题。关于知识,Wheeler 提出了基于 VR 是否可能获得关于真实世界的知识的问题,这一问题是传统的知识论问题,经由新媒介显示出新范式,而这一问题如何演进呢?Wheeler 提出通过适当修改 Robert Nozick 真理追踪理论中关于敏感条件的叙述,从而在一定程度上解决这一问题。而关于媒介的认知形式,Willis 提出了一种新的电子游戏认知形式——把电子游戏视作互动小说,电子游戏是一种特殊的叙事艺术形式。并通过语言学和本体论框架来进行研究,探讨这种认知引起的哲学挑战。

宗教哲学和艺术哲学。Jun Guichun 讨论了随着宗教(元宇宙中的教会)进入 4.0 版本,"科学与宗教"和"理性与信仰"如何调和,以及其如何有效地承担宗教的使命等问题。Artis 从美学与艺术批评的角度出发,讨论了电子游戏复杂性和审美能力的冲突与联系。

7.3 媒介技术伦理

媒介技术的伦理研究呈现两面性,一方面,媒介技术的迭代与创新给予伦理学研究更多的可能,另一方面,媒介技术造成许多伦理问题。针对其中积极的方面,Ligthart 等通过讨论支持在刑事司法中使用 XR 的两个一般性论点——基于国家促进再社会化的法律义务;基于尊重人类尊严的同时,XR 能增加罪犯的自主权和道德能动性,扩大了目前关于 XR 应用的伦理和法律范畴。Noël 等研究了色情电子游戏内容和认知负荷(通过设定游戏难度的高低来控制)对人们指责强奸受害者和强奸行凶者程度的差异与影响,以及受害者和行凶者的真人化程度在这些影响中起的中介作用,借此检验电子游戏在对女性态度方面的影响。Gonzalez-Liencres 关注了亲密关系中的施暴问题,通过利用 VR 等手段设置第一人称(受害者)和第三人称(观察者)视角,考察其对暴力实施者的影响,并通过问卷调查、访谈和内隐联想测验评估了他们的主观印象以及体验后隐性性别偏见的潜在变化。Marloth 关注了 VR 在临床环境中用于帮助精神障碍患者所遭遇的伦理问题,通过讨论不同的主题——现实及其表征、自主、隐私、自我诊断和自我治疗、期望偏差,为 VR 临床使用所需的伦理框架提出了建议。消极的方面:不同媒介技术造成的具体伦理学问题不同,包括引发权利危机以及道德危机等。

7.3.1 权利危机

媒介技术应用造成的权利危机一个较为明显的方面在隐私权上,Fernandez 等提出了元宇宙相关的隐私问题,其中包括感官隐私、行动和交互隐私问题。其中,感官隐私问题是指元宇宙媒介技术通过使用传感器来扫描和监控用户周围的环境,这些扫描和监控行为势必触及用户和旁观者可能敏感的信息;而行动和交互隐私则指用户在元宇宙中与虚拟资产和虚拟角色进行交互的过程,例如交易账单、人物对话等,其产生的信息流与用户的习惯、活动和元宇宙中的选择是有关联的,通过建立类似于生物特征数据库(身高、肤色、国籍等)的化身特征数据库,非用户者可以推断用户的心理,追踪用户隐私,造成极大的隐私风险,侵害用户的隐私权。与此类情况相同,在儿童玩具领域,媒介技术也可能导致儿童隐私的泄露。Martín-Ruíz 等就研究了利用数字化玩具开发儿童健康数据处理系统涉及的 IoT 伦理和隐私问题,认为玩具传感器提供的原始数据(玩具加速度、压力、速度、位置等)虽与儿童健康不直接相关,但也需要以最高的安全级别予以保护,例如匿名等,从而保障儿童可能没有意识但理应享有的正当权利。除了隐私权的研究外,媒介技术的介入还可能造成不平等问题。Ryan 将 Brey 对权力关系（操纵、诱惑、领导）的区分应用于农业大数据领域，认为农业大数据分析可能造成土地掠夺；可能侵害农民的正当权利，例如在农场周围安装监视器并限制农民使用自家农场和机器的权力；可能通过技术优势进行信息霸凌——利用政策和法律的熟悉侵害农民权益，例如通过农业大数据分析来确定农民的支付意愿从而获取买卖优势。Iserson 研究了在临床医学中使用 VR 教学和测试的伦理与社会后果，讨论了因技术成本导致的阶级分化等问题。

7.3.2 道德危机

媒介技术的应用拓展可能造成道德危机。例如，元宇宙媒介技术的广泛使用可能会放大人类本性中的"恶"，从而影响虚拟世界的道德建构，进而对现实世界已有的道德体系造成破坏。Kun 认为，在元宇宙中，化身人格完全可能是显示出与真实世界本身人格完全相反的行为倾向。Kun 将它理解为元宇宙媒介导致的本我和超我位置的互换——当一个人进入虚拟世界，与本我斗争的超我，在没有现实规则约束的情况下，会暂时迅速消失或减弱。本我主导了虚拟化身，遵循享乐主义，指导虚拟个体追逐其欲望。一旦任个体放纵发展，则会将其引向群体——大多数进入元宇宙的个体在追求欲望的过程中形成新的群体，构建以享乐为主的社会规则。这种发展是可怕的，因为元宇宙毕竟与真实世界息息相关，当元宇宙中享乐主义或者其他成为压倒性的主流社会文化时，谁又能避免其价值取向向真实世界输出呢？这还仅仅是一种相对消极的讨论，实际上，在许多已有的竞争性的电子游戏中，抢劫、强奸、杀戮早已成为核心卖点，我们试想，当电子游戏向元宇宙演进后，谁又能保证元宇宙不会出现这类强消极的模块呢，更加危险的是，我们似乎无法对这种可能存在的趋势给予一种前期的预测与抑制，一旦这类内容在前期成功规避了进入元宇宙前的审查，逐渐成为虚拟世界普遍社会意志所允许的，谁又能阻止它们在真实世界的扩展呢？除了这类较为严重的道德风险外，也有研究着眼于更为具体的道德情景。Giroux 等考察了个人对 AI 自助服务的道德行为，发现消费者在与技术和人类互动时的道德关注和行为不同。与人工结账相比，AI 结账更容易造成道德问题——非人性的交互导致负罪感的减少，并最终导致道德行为的败坏。这里实际上涉及信任问题，关于信任，Jacobs 分析了区块链技术在启用、建立、重构、替代和废弃信任，以及用户信任谁等方面的"信任"分歧，认为对信任概念的共同理解的缺乏导致了以区块链为基础的系统中信任的不同扮演角色，这种共识的缺乏阻碍了区块链技术的发展。推广开来，类似的信任危机在新兴媒介技术领域的例子还有很多。此外，道德危机还体现在责任归因的不确定上，Sullivan 就人类受到 AI 伤害后的责任判断进行了讨论，发现伤害主体的不同，对 AI 的责任判断结构和层次也不相同，包括意图、情感等；责任主体因而不同，包括 AI 生命周期中涉及的各类实体，包括公司、开发团队以及 AI 本身。对于责任划归的模糊将直接导致受害者丧失获得救助的可能,这也是媒介技术带来的一类较为普遍的风险之一。

7.3.3 其他

媒介技术涉及的伦理问题还体现在交互风险、资源危机、本体论危机等。一方面,媒介技术本身具有交互风险,例如,元宇宙媒介采用的技术设备,如脑机接口,存在手术风险高、人体组织排异等风险;而由于使用媒介设备过程中从人体器官和眼睛获得的视觉信息的不平衡,用户容易患上模拟晕动病,以及产生其他因素导致的眼睛疲劳和癫痫等问题。此外,虚拟程度较高的媒介容易使得用户忽视其现实身体和所处的真实环境,在交互过程中可能导致现实身体的受创,以及真实和虚幻边界的消解可能影响人类感知与对危险情况的反应,让人们习惯了虚拟世界的行为反馈模式后,化身的无敌与强大很可能被当成现实身体的无敌与强大,从而导致危机。另一方面,媒介技术所必须使用的设备造成了资源危机。其中,元宇宙使用的云存储、云计算、云渲染等计算技术对客户端设备性能和服务器弹性提出了很高的要求,这对环境、资源、人类可持续发展造成重大挑战。Lucivero讨论了大数据政策和倡议在环境伦理领域可能存在的问题,认为大数据政策和倡议使用时的词中隐含的规范性隐藏了它们的不可持续性。值得补充的是,这种不可持续性将影响具体的数据储存分配政策,可能会引发分配不公等问题,从而加重阶级分化。此外,媒介技术造成的本体论危机也引起了许多学者的注意。Nath等认为AI技术的进步会瓦解传统的"生物人类"概念,他从后人类主义角度出发,分析了"混合人类"与生物人类道德责任的差异,讨论了后人类与传统人类共存的数字乌托邦社会的可能性。而媒介技术领域的兼容性和标准化,涉及货币兼容性和流通问题、政策兼容性问题、法律纠纷问题等,也是值得研究的方向。

▶ 7.4 媒介技术的社会治理

媒介技术造成的问题涉及面广且复杂,针对其社会治理,主要可以从宏观政策、硬件与程序、个人3个方向切入。

7.4.1 政策设计

媒介管理者通过在前期设计符合伦理标准和原则的政策,可以使媒介技术获得用户的伦理认可,规避伦理风险。针对政策设计所需要考虑的方面,Mittelstadt研究了创建医疗健康 IoT 系统的复杂性,针对用户因技术和认知壁垒处于弱势地位而丧失其对自身数据的控制权,提出了 IoT 系统道德设计的 9 项原则和方针,包括无害有益、不干涉、隐私保护、默认保护、专业人员介入等方面。当然,也可以从可持续性、实用性、透明性、规范性等角度考虑伦理治理。Bélisle-Pipon 等关注了 AI 伦理的建构问题,认为 AI 伦理需要从阐述一般性原则转变为更可持续、更具包容性和更实用的指导原则,且利益相关者和非利益相关者都需嵌入 AI 伦理的考量框架中。同样,Bickley 等也关注了相似的问题,其主张将认知架构应用于 AI 伦理,以此改进 AI 伦理的透明度、可解释性和可问责性。Dimitri-jevic 研究了作为 IoT 参与者的人类的有限理性,认为 IoT 伦理必须包含对有限理性的理解,因为用户的有限理性会阻碍知情同意的可能性,而在获得收集和使用个人信息的许可时,需要知情同意。此外,还讨论了在不征求同意情况下默认隐私设置的家长式方法的必要性。Ishmaev 认为区块链在不断的反馈循环中发展,区块链应用由研究人员的价值观、规范性假设和个人承诺驱动,它们塑造了技术的道德影响。其中,规范性假设通常被嵌入预先存在的道德观念和伦理理论中,被区块链开发人员或隐或显地接受,因此,我们不应将区块链应用程序中存在的规范性假设视为给定的,使规范性假设透明化且具有改正性才能更好地促进区块链技术发展。此外,Baldini 等研究了 IoT 在隐私保护、数字风险、技术透明等方面的伦理问题,提出了一种用户与 IoT 交互的新方法,它通过政策框架满足道德设计,在拟议的框架中,用户通过选择特定的政策,对个人数据的采集和使用或 IoT 服务进行更广泛的限制,而这些政策可以根据用户的能力和他们的操作环境进行定制。

7.4.2 硬件与程序设计

除了政策设计外,通过对媒介的硬件与程序进行优化,也能较好地治理媒介伦理领域的问题。就硬件来看,de Guzman、Lebeck 等提出了通过保护输入来控制数据隐私的框架。这些框架允许用户和开发人员精细控制输入数据的隐私(来自不同的传感器)。这种对收集数据的精细控制可以通过隐私增强技术(PETs)来管理,这些技术在与云服务(如在线游戏、元宇宙)共享之前,会从传感器中模糊任何合理的数据。而从程序看,可使用媒介交互过程中的二次化身设计,即用户可以在媒介空间中通过使用已有的化身(元化身)创建新化身(二次化身),这就像我们可以通过建立游戏账号,进而进入游戏创造一个化身使用,这里的化身直接来源于游戏账号,而游戏账号具有的信息是由我们的现实身给出的。二次化身用来混淆真实的化身和任何可能泄露用户人口统计、文化和经济背景信息的数据。这些次要角色允许用户在元宇宙中隐藏他们的真实行为。例如,当用户想要在元宇宙中隐藏他们的行为时,可以使用次要角色(如克隆)。元宇宙中的其他化身无法识别此次要化身的真正所有者,因此无法推断有关用户的任何行为信息。元宇宙的用户还应该有一些可配置的选项来管理他们在虚拟世界中的个人空间。例如,隐私泡泡限制了与泡泡外的其他头像的视觉访问。Meta就在其社交平台Horizons中执行了类似的选项。而硬件和程序上的改进还可以解决媒介伦理中的交互风险问题，Langbehn提出将真实用户可视化为虚拟化身，以避免多用户VR体验中的碰撞。重定向用户的行走，同时破坏他们在虚拟世界中的沉浸感，减少了与周围物理物体的碰撞。其他的解决方案可以使用安装在头戴式设备上的传感器来对房间进行空间扫描，并在可能发生碰撞的情况下显示虚拟世界中的物理实体。

7.4.3 道德自愿原则

由于媒介技术对某些伦理学研究存在广泛的益处，我们不能简单照搬已有的伦理设计，而应该为媒介技术的伦理建构留下自留地。例如，元宇宙媒介以及XR媒介的广泛应用，使得我们可以在虚拟空间内进行更为广泛的刑事学和医学研究。当一个重刑犯完成了其刑期后，一般的做法是，让其重入社会，安排相关人员进行观察与协助。但这里不可避免地存在风险，犯罪心理学已有研究，某些重刑犯（如反社会型人格罪犯）较其他犯罪者具有较高的再犯罪率，在这种情况下，任其在社会中生活会对其周边人群造成相当高的生命财产风险，而如果对其进行较严格的监控，又势必违背相关法律。媒介技术的创新给予这一问题一个解决方案，前面已有类似提法，通过在XR等具有虚拟化身的媒介空间中对罪犯进行社会生活预演，判断其是否具有再犯罪倾向，一方面，作为一种真实社会预演，该方式对罪犯的心理评估更为准确；另一方面，作为一种事前预演，该方式应对可能发生的结果（虚拟人物受创等）具有更好的善后能力。但此类技术极易造成对罪犯人权（如隐私权）的侵害，因此应用时应该注意道德自愿原则，即技术使用者应该是自愿的，并能够承担其中的道德风险。这一原则需注意一致性问题，Kissel在电子游戏中讨论了这个问题，认为只有当虚拟化身被自愿认可具有与现实身相一致意识与行动后，其道德归因才可能是正确的和经得住质疑的。在具体的案例中，无论是基于媒介技术进行有益尝试，还是对媒介技术可能造成的风险进行前期规避，道德自愿原则都具有良好的应用前景，例如，Nkohla-Ramunenyiwa讨论了VR等虚拟技术的引入对非洲子女抚养的影响，其思考如何基于数字鸿沟给非洲社会带来变化的现状，坚持其文化中"a single hand cannot raise a child"社区抚养子女方式，以维护非洲团结抚养子女的价值观。在这里，道德自愿原则或许是一个较好的解决方案。

《理解媒介》的作者麦克卢汉曾强调媒介的技术属性，提出"媒介即讯息"等观点，认为任何媒介对个人和社会的任何影响，都是由新的尺度产生的；任何一种延伸，都在事物中引进了一种新的尺度。他认为，除媒介传递的内容外，它作为一种技术手段也对个人和社会产生重大影响。的确，媒介技术的创新导致了对旧有哲学与伦理学问题讨论的新进路，同时也产生了许多与以往截然不同的哲学与伦理学问题。研究这些问题本身引导着媒介的解构、重构、建构,也帮助伦理学不断地发展。2000年以来,科学技术迎来高速发展的窗口期,其迭代与创新速度是以往所没有的,然后,技术的野蛮生长若得不到相应的伦理规训,势必反噬人类。对媒介技术伦理的讨论近年来呈现出一派繁荣景象,为媒介技术的规范发展提供了重要助益,但我们要知道,媒介技术研究是随着历史发展的,其内涵与外延会随着时间不断发生变化,从来不会有一种既定的稳恒方法来解决层出不穷媒介技术问题,我们能做的只能是始终在科学和技术面前保持敏感、谦逊和戒备。

思 考 题

1. 新兴媒介技术都有哪些?
2. 归纳不同媒介技术存在的共性伦理问题。
3. 是否存在一种放之四海而皆准的媒介技术治理方案?
4. 反思道德自愿原则。
5. 尝试列出你生活中遭遇的媒介伦理问题。

进一步阅读

麦克卢汉的《理解媒介:论人的延伸》是媒介研究的经典之作,是理解媒介研究的必读书。复旦大学信息与传播研究中心出版的"传播与中国译丛——媒介道说系列",引进了当前媒介研究的前沿学术著作,包括《海德格尔论媒介》《维利里奥论媒介》《齐泽克论媒介》《卡斯特论媒介》《基特勒论媒介》《本雅明论媒介》,分别阐释了前沿哲学与传播学学者进行媒介以及交叉研究的成果。

Stephen J. A. Ward 的《Ethics and the Media: An Introduction》全面介绍了媒体伦理,是一部优秀的媒介伦理入门读物,其思考了媒介技术如何适应当前的媒体革命问题,讨论了主流和非主流媒介中的伦理危机问题。Philip Patterson, Lee Wilkins 的《Media Ethics: Issues and Cases》是媒介伦理研究的经典教材,其中包含数十个不同的案例,且多数案例基于真实事件。Clifford G. Christians 的《Media Ethics and Global Justice in the Digital Age》提出了一种新的全球媒介伦理理论,其深入借鉴道德哲学和技术哲学,以形成一种以真理、人类尊严和非暴力三个原则为基础的道德规范,还展示了这些原则如何在广泛的案例和领域中进行应用。

参 考 文 献

[1] Black J, Roberts C. Doing Ethics in Media: Theories and Practical Applications[M]. New York: Routledge, 2022.

[2] Christians C G. Media Ethics and Global Justice in the Aigital Age[M]. Cambridge：Cambridge University Press, 2019.
[3] Christians C G, Fackler M. Media Ethics：Cases and Moral Reasoning[M]. New York：Routledge, 2016.
[4] Drushel B, German K M. The Ethics of Emerging Media：Information, Social Norms, and New Media Technology[M]. New York：Continuum, 2011.
[5] Ess C. Digital Media Ethics[M]. Cambridge：Polity Press, 2009.
[6] Fox C, Saunders J. Media Ethics：Free Speech, and the Requirements of Democracy[M]. New York：Routledge, 2018.
[7] Ishmaev G. Open Sourcing Normative Assumptions on Privacy and Other Moral Values in Blockchain Applications[D]. Delft：Delft University of Technology, 2019.
[8] Meiselwitz G. Social Computing and Social Media：Design, Ethics, User Behavior, and Social Network Analysis[M]. Berlin：Springer, 2020.
[9] Miladi N. Global Media Ethics and the Digital Revolution[M]. London：Routledge, 2021.
[10] Patterson P, Wilkins L. Media Ethics：Issues and Casesn[M]. Lanham：Rowman & Littlefield, 2019.
[11] Stephen J A W. Ethics and the Media：An Introduction[M]. Cambridge：Cambridge University Press, 2011.
[12] 霍华德.卡斯特论媒介[M].殷晓蓉,译.北京:中国传媒大学出版社,2019.
[13] 帕特森,威尔金斯.媒介伦理学:问题与案例[M].李青藜,译.北京:中国人民大学出版社,2018.
[14] 顾理平.新媒体传播中的法规与伦理[M].北京:中国传媒大学出版社,2021.
[15] 韦斯勒.哈贝马斯论媒介[M].闫文捷,译.北京:中国传媒大学出版社,2021.
[16] 康在镐.本雅明论媒介[M].孙一洲,译.北京:中国传媒大学出版社,2019.
[17] 克里斯蒂昂.媒体伦理学:案例与道德论据[M].5版.张晓辉,译.北京:华夏出版社,2000.
[18] 克里斯琴斯.媒介伦理:案例与道德推理[M].孙有中,郭石磊,范雪竹,译.北京:中国人民大学出版社,2014.
[19] 鲁蒂诺,格雷博什.媒体与信息伦理学[M].霍政欣,罗赟,陈莉,等译.北京:北京大学出版社,2009.
[20] 牛静.新媒体传播伦理研究[M].北京:社会科学文献出版社,2019.
[21] 张咏华,扶黄思宇,张贺.新媒体语境下传播伦理的演变:从职业伦理到公民伦理[M].上海:复旦大学出版社,2021.

第8章
电脑游戏伦理

电脑游戏的历史就是一部相关的计算机软硬件技术发展史。这些相关技术的发展和进步,有力地推动了电脑游戏的商业化和产业化,但在此过程中也引发了一系列社会伦理问题。当前对电脑游戏伦理问题仍然争论不休,这一现状反映出电脑游戏伦理研究的紧迫性和必要性。本章重点概述了几个典型的电脑游戏伦理问题,如暴力电脑游戏的道德困境、电脑游戏成瘾和操纵、游戏内表征内容和行为的道德属性等,并介绍了国内外主要的电脑游戏治理措施。

▶ 8.1 电脑游戏简史

从字面上可以看出,电脑游戏(computer games)[①]与计算机技术(computer technology)之间存在着紧密的联系。居尔曾概括道,电脑游戏的历史就是一部相关技术的发展史,此处的"相关技术"主要指的就是计算机技术。因此,本节将先简单介绍电脑游戏的技术发展简史,读者将会对电脑游戏及其技术的来龙去脉有一个大致的了解,在此基础上再去讨论由此引发的伦理问题或许就会对电脑游戏伦理问题理解得更加深刻。

8.1.1 第一阶段(20世纪五六十年代)

伴随第一台现代通用电子计算机ENIAC诞生以来,在20世纪五六十年代,人们开始尝试在各种计算机上运行和玩耍各类游戏,实际上这种做法早在ENIAC之前就已存在,只不过其中某些专门的机电设备算不算计算机以及运行在这些设备上的游戏是不是电脑游戏,争议较大。在此时期著名的计算机型号有 Pilot ACE,Ferranti Mark 1,IBM-701

---

① "电脑游戏",与之经常互换使用的词语还有"video game""digital game""electronic game"等。这些词各自强调了研究对象的不同特征,但学界建议用"computer game"作为这些词的外延的统称。

和EDSAC(主要活跃于20世纪50年代)以及Whirlwind,TX-0和PDP-1(主要活跃于20世纪60年代)等,其中在PDP-1上运行了具有里程碑意义的电脑游戏《太空大战!》(《Spacewar!》)。20世纪60年代的计算机已具备显示器、操作系统和配套的编程语言,并采用磁芯存储器作为其随机存取存储器(RAM),越来越多的晶体管和二极管被集成于计算机中(得益于它们体积的减小)。

8.1.2 第二阶段(20世纪70年代)

20世纪70年代初,电脑游戏开始商业化,并逐渐形成了三类主要平台。

1. 街机游戏及其相关技术

晶体管的不断集成会导致电信号的不稳定甚至错误,于是更优秀的集成电路出现了。20世纪70年代初正是中规模集成电路向大规模集成电路转型的时期,因此虽然这一时期的电脑游戏比20世纪五六十年代的更便宜,但它们还是超出了普通家庭所能承受的范围。这导致游戏厅(arcade)以及街机游戏(arcade games)的普及、产业化和商业化。街机游戏的流行也导致电脑游戏的开发不再主要是由大学或研究机构而是由商业游戏公司来承担。1972年,雅达利(Atari)发布了第一款商业街机游戏《乓》(《Pong》)。此后任天堂(Ninten-do)、世家(SEGA)、卡普空(CAPCOM)、南宫梦(Namco)、SNK等公司纷纷加入。这样,除了研发外,电脑游戏的宣传、销售和推广就由更专业的公司承担了,为此后电脑游戏的产业化铺平了道路。

20世纪70年代末,矢量显示(vector display)技术的进步使得游戏的画面品质再次得到提升。这意味着,这一时期的街机游戏大多配备有一个或多个微处理器、彩色显示屏,它们使游戏的操作和画面表现比之前的更复杂。例如,游戏的画面不再是固定的,而是可以随着角色的移动而相应地滚动(scrolling)。同时还利用伪三维(pseudo-3D)技术、体视技术(stereoscopic technology)和精灵图(sprite)等手段来模拟现实世界中的视觉效果。此外,这时的街机游戏大多还配备有音效芯片(sound chip),通过简单的数字音频技术(digital audio technology)来制作出循环的背景音乐。

2. 家用主机游戏及其相关技术

同样在20世纪70年代初,第一款商业家用主机(console)奥德赛产生了。它使用了一台光栅扫描(raster-scan)电视机,配备有游戏手柄与屏幕中的光点进行互动,但其功能仍比较简单。1974年,雅达利发布了《乓》的家庭版。1975年奥德赛100和奥德赛200发布。1976年,基于《乓》家庭版的芯片,家用主机Telstar发布。1976年,Fairchild Channel F家用主机发布,它是第一款使用了微处理器(microprocessor)和ROM卡带技术的主机。这标志着家用主机开始从第一代向第二代迈进,也表明了家用主机的可编程系统化开始。

第二代家用主机一般配备有微处理器、ROM卡带、一定程度的人工智能、一定分辨率的彩色显示器和简单的音频功能。这一时期代表性的主机有1977年雅达利2600(VCS),1978年奥德赛2(Odyssey^2)、1292高级可编程设计视频系统(1292 Advanced Programmable Video System)、1979年的Intellivision、1982年的ColecoVision等。

3. 大型机和PC游戏及其相关技术

这一时期的电脑游戏还运行在大型机(mainframe)上,如PDP-10。此时,Unix操作系统的发布以及BASIC和C语言的发明,使得对运行在大型机上的电脑游戏也得到了发展。同时,游戏开发者还创新地将仍处于起步阶段的网络技术应用至电脑游戏上,如PLATO教学系统,它们使得一些大型机游戏可以供多个玩家同时参与,如一些地牢探索角色扮演类游戏。这些大型机电脑游戏起到了承上启下的作用:它们在参考、借鉴了传统桌上游戏规则的基础上,创造、发明了独特的新玩法(多人在线),影响了后来的角色扮演类电脑游戏的发展和设计。

同样在这一时期,个人计算机出现,大型机游戏逐渐退出了舞台。这一时期的PC主要有Apple Ⅱ,Commodore PET,TRS-80等。而运行在这些PC上的游戏则主要移植了经典的街机游戏和主机游戏,也有一些原创的游戏,如运行在Apple Ⅱ上的《Akala-beth: World of Doom》。

8.1.3　第三阶段(20世纪80年代至今)

在经历了"1983年美国游戏业大萧条"(video game crash of 1983)的阵痛后,电脑游戏行业迎来了高速发展期。

1. 掌机游戏的崛起

掌机游戏的发展主要得益于液晶显示器(LCD)技术的进步,它的分辨率更高,功耗较低,因而可以配备较小型的电池。1989年任天堂发布了其著名的Game Boy系列,配备有Z80微处理器、最大分辨率为160px×144px的液晶屏和四声道音频。Game Boy统治掌机行业十余年,直到2004年PlayStation Portable(PSP)系列的发布;针对PSP的挑战,任天堂发布了Nintendo DS(NDS)系列。

2. PC游戏和多媒体技术的再发展

20世纪80年代,配备16位微处理器的第三代PC出现。1981年IBM PC发布,此后随着IBM公开其技术资料,使得PC的行业标准得以形成,为PC的商业化和产业化铺平了道路。1985年,配备32位微处理器的第四代PC出现,如IBM Personal System/2等。从20世纪90年代至今,奔腾(Pentium)系列的出现标志着配备64位微处理器的第五代PC开始出现。大致上说,从第四代开始,由于微处理器和其他硬件性能的提高,以及相应的软件、编程语言等一系列配套设施的完善,多媒体技术应运而生。至此,PC借助多媒体技术,可以处理、加工各种形式的信息(如文字、图像、声音、视频等)。配备多媒体技术的PC是计算机游戏研发、营销和游玩的一种绝佳的平台和载体。多媒体技术和互联网技术等在PC游戏中的应用直接导致了越来越多的游戏类型(如多人在线、第一人称射击、动作角色扮演、实时策略等)和玩法的创新。

3. 家用主机的代际进化

进入20世纪80年代,家用主机经历着持续的更新换代,相关软硬件技术不仅有量的改进,还有质的创新。例如,除了在屏幕分辨率、可用色数量(palette)和音频质量上的提升外,第三代主机(典型的有1983年任天堂和世嘉各自发布的"红白机"与SG-1000)还利用了各种图像显示技术,如视差滚动(parallax scrolling)能够模拟三维画面。此外,带有十字键(d-pad)的游戏手柄逐渐成为了主机的标配。

第四代主机(典型的有PC Engine、任天堂的Super Famicom和世嘉的Sega Genesis等)除了对已有相关技术的继续增强外(如搭配16位微处理器),还使用了只读光盘(CD-ROM)作为主机的附加硬件用以扩展游戏的容量。此外,还增加了游戏手柄的按键。

1993年,第五代主机开始出现,如PlayStation、Nintendo 64和Sega Saturn。第五代主机的技术提升主要表现在摆脱了二维画面而真正使用了三维图像技术,如纹理滤波(texture filtering)、反锯齿(anti-aliasing)、材质贴图(texture mapping)等。

1998年,第六代主机开始出现,如世嘉Dreamcast、PlayStation 2和Xbox。此时电脑游戏的质量已不只跟微处理器的字长(通常已达128位)相关了,还跟图形处理器(GPU)、信道容量(channel capacity)、内存大小、延迟(latency)等因素有关。由于这些技术的支持,"沙木"(Shenmue)开启了沙盒(sandbox)游戏的先河,此外还引入了"快速反应事件"(Quick Time Events)的玩法。

2005年,第七代主机开始出现,如Xbox 360、PlayStation 3和任天堂Wii。这一代主机通过高清多媒体界面(HDMI)来表现其画质和音效,并配备大容量硬盘来保存游戏或通过互联网在在线游戏商店中购买、下载游戏。此外,由于体感设备的支持(如Wii Remote、Kinect系统和PlayStation Move),体感游戏开始流行。

2012年,第八代主机开始出现,如Wii U、PlayStation 4和Xbox One。其中,Wii U的手柄借鉴了自家掌机Nintendo DS的设计,在手柄上配备了一块显示屏以实现与游戏进行更丰富的互动。事实上,从第七代主机开始,硬件中最重要的两个部件CPU和GPU都使用了基于AMD的x86架构的产品。这或许说明了,掌机、PC和主机之间的区别不再那么明确了。

8.2 典型伦理问题

8.2.1 暴力道德困境

暴力电脑游戏是指"那些对暴力内容进行不同程度表征和模拟的电脑游戏"。暴力电脑游戏的道德困境表明"游戏中的暴力内容很可能使玩家在现实中也实践相应的暴力行为",从而"可能会给自己和他人带来严重的身心伤害并对整个社会造成破坏性的影响"。对于该困境,大致存在3种不同的观点:

(1) 第一种观点强化了该困境,认为暴力电脑游戏与玩家在现实中作出的暴力、攻击行为有着因果关系。基于此,2005年美国心理学协会(APA)在一份决议中宣布暴力电脑游戏与玩家的攻击性认知和行为之间具有正相关关系,并基本承认了二者之间的因果关系。

(2) 第二种观点弱化了该困境,认为二者之间的相关性很弱,甚至电脑游戏还可能减少对玩家攻击性的负面影响。2013年9月,228名学者联名公开挑战APA的上述决议。

上述两类观点往往是通过数理统计的实证研究方法得来的,二者之所以截然对立,很可能跟所选取样本的局限性有关。因为二者采取了相同的方法,所以它们都倾向于把暴力电脑游戏视为"黑箱",基本只关心"黑箱"的输入和输出数据,并查验这两种数据间的数量关系。其缺点是不管结论如何,我们都无法明确地了解暴力电脑游戏的内部要素和结构是如何能够或者为何没能引起玩家在现实中的攻击性认知和暴力行为。这样,就很难通过游戏设计的方式从暴力电脑游戏的内部去克服该困境,而只能对其进行外部性的监管。

(3) 第三种观点强调该困境是一种可能性。西卡特揭示出,形成该困境的诱因是设计师和玩家只关注于游戏的"程序梯度",从而造成单一的"工具性玩法"。当"工具性玩法"与游戏的暴力内容相遇后就极可能形成该困境。上述可能性能被各种游戏设计方法降低或消除,对此西卡特提出了其中一种可能超越该困境的"伦理游戏设计"原则(即在游戏的"程序梯度"和"语义梯度"之间制造冲突),它可唤醒玩家的伦理意识与"伦理游戏玩法"。由此可见,西卡特深入游戏"黑箱"之内揭露了暴力电脑游戏道德困境的诱因和规避方式,他之所以能够这么做是因为其模型和方法借鉴了信息伦理学(简称IE),而后者是一种研究各类信息技术的伦理学、哲学理论。

8.2.2 电脑游戏成瘾

电脑游戏成瘾指的是玩家被迫花费过多的时间在游戏上,从而阻碍玩家的日常现实生活,造成诸如社交障碍、情绪波动、注意力不集中、想象力匮乏等身心问题(甚至疾病)。跟暴力电脑游戏的道德困境类似,也大致存在3种观点:

(1) 第一类观点在不同程度上确认了电脑游戏成瘾。2012年,在APA的第五版《心理障碍诊断与统计手册》中将电脑游戏成瘾归为"心理失常"(尽管APA建议有待进一步研究)。2016年,世界卫生组织(WHO)在其《国际疾病分类》第十一次修订本(即ICD-11,经多次修订)中将"游戏失常"表述为游戏成瘾(但其确诊条件比较严格)。第一类观点的根据大部分建立在各种实证研究的基础上。

(2) 第二类观点在不同程度上否定了电脑游戏成瘾。比较有代表性的是,2016年26名学者联名公开反对ICD-11中的相关内容,对WHO把在电脑游戏上花费过多时间的问题列入新的"失常"范围表示怀疑,并认为支持如此做的实证研究存在基本的缺陷(如当前研究依旧沿用药物和赌博成瘾的标准、对上述问题的症状及其评估缺乏共识)。因此,WHO的上述做法是轻率的,并很可能会导致一系列后果,如引发人们的道德恐慌、浪费医疗资源和污名化其他大部分玩家和游戏行业。也有一些学者的否定比较激进,乃至认为"电脑游戏成瘾"这一提法都是令人误解的。

(3) 第三类观点基本上是对前二者的协调和综合。它认为电脑游戏与玩家的成瘾症状之间很可能只具有相关性,但是否具有更强的因果关系则有待商榷。也就是说,有其他很多原因造成了玩家的"心理失常",只不过他通过过度使用电脑游戏的方式来展现该失常罢了。

8.2.3 电脑游戏操纵

电脑游戏操纵指的是,游戏从业者制定某些设计方案诱导玩家的认知或行为以达到特定的不道德目的。以此来看,上述暴力电脑游戏的道德困境和电脑游戏成瘾都是某种游戏操纵(尤其是当设计师是有意为之的时候),因为这两类现象实际上也都符合游戏操纵的上述含义——游戏设计师不仅能够通过电脑游戏的暴力内容使得玩家的情感、认知和行为变得更加具有侵略性和攻击性,而且还可以凭借特定的玩法几乎完全吸引玩家的注意力,从而使他脱离现实生活中的其他活动。

除此以外,电脑游戏操纵还特别表现为"电脑游戏货币化"(video game monetization),即有意或无意地制定各种购买系统——比较典型的诸如各种盲盒机制或战利品箱(Loot Boxes)玩法——诱使玩家(特别是针对心智仍不成熟的未成年人)过度地消费金钱。从某种角度来看,战利品箱的玩法跟网络赌博极为相似,具有经济和心理上多方面的危害。但是,游戏公司的利益驱动,使得很难内部性地仅从游戏设计的角度完全规避它,而很可能需要外部性的法律监管从旁协助。

除了单纯的实证研究外,目前还可以从"劝导技术"(persuasive technology)和"劝导游戏"(persuasive games)的角度出发去解释和说明电脑游戏操纵的成因、机制和可能的解决途径等问题。劝导技术指的是那些"被设计为旨在改变人们态度和行为的交互式计算机系统"和技术。但有时它对使用者的态度和行为控制得过于强势,就有可能引发侵权和操纵的伦理困境。而劝导游戏指的是利用"程序修辞"(procedural rhetoric)的方法进而改变玩家态度和行为的电脑游戏。其中,"程序修辞"意味着劝导游戏通过"过程表征"(procedural representation)去刻画和表达驱动现实事物或系统如何运作的方法和逻辑(即程序性);该表达是以三段论省略式的形式立论的,玩家通过与游戏程序的交互从而填补省略式缺失的前提(即修辞性)。玩家通过程序修辞可以对设计师的论点提出质疑和反对意见,实现了跟设计师进行沟通交流和民主协商的辩证法式哲学对话,从而极有可能规避上述伦理困境。

8.2.4　其他的典型伦理问题

除上述伦理问题外,其他较为典型的还有:电脑游戏的各种表征内容表达出特定的价值观,如果这一价值观冒犯了某一群体,那么也很可能引发相应的伦理问题。例如,对女性游戏角色(avatar)的男性化刻画,即一般把她们表征为符合男性审美的外表特征,实际上是男性游戏设计师和男性目标客户群的欲望投射的结果。或者将游戏内的负面角色刻画为某些特定的人群,这样很容易在民众中形成诸如"该种族或民族普遍都是罪犯"的刻板印象。总之,上述两个例子暴露出游戏设计者自觉或不自觉地秉持着某种性别偏见和种族歧视,在这样的价值观下所设计出来的游戏表征内容极有可能引起现实中相关人群的道德厌恶。

对于电脑游戏内某些行为的道德属性和伦理影响存在争议。比较典型的例如,玩家对游戏里的不同作弊行为(cheating)的道德评价是相反的:有些作弊被认为是在有限规则内的创新性探索,值得称赞;另一些被认为是违反了玩家所公认的体育精神(sportsmanship)或伦理准则。关于前者,人们一般不会对那些使用了官方的作弊代码和玩家自行总结的游戏攻略的人进行道德谴责;关于后者,人们极有可能会对特别是那些在某些竞技类游戏中使用了"游戏外挂"从而获得了额外优势的玩家进行严厉的道德谴责。另外,尽管人们对游戏内发生的性骚扰或强奸行为进行了道德谴责,但是似乎较难澄清它的道德属性。从功利主义的角度看,如果性骚扰或强奸行为所施加的对象是NPC(non-player character,非玩家角色),那么似乎就不需要对此进行严厉的谴责和干涉;但从美德论的角度看,则结论是相反的,因为这种行为尽管不会对现实的人产生不良的道德后果,但对该行为的实施者的美德培养是不利的。

8.3 电脑游戏的社会治理

8.3.1 治理的紧迫性

从电脑游戏的发展简史中可知,计算机软硬件技术的进步提供给电脑游戏在玩法上的更多可能性,玩法的创新也反过来促进计算机技术的革新,二者共同推动了电脑游戏的商业化和产业化。随着这一产业的快速发展,电脑游戏已经成为了人们最主要的娱乐方式之一。然而,电脑游戏在商业化和产业化的过程中也暴露出诸多社会伦理问题,引起了利益相关者(如理论研究者、游戏执业者和决策者)的关注。

当前学界对电脑游戏的伦理问题仍然争论不休,争论集中在相关伦理问题是否成立、(如果成立)其诱发机制和应对方式(该)是怎样的等问题上。引起争论的原因很可能是学者们从各自的学科背景出发研究电脑游戏的伦理问题,切入视角的不同会导致各自所看到的内容和特征之差异,从而可能从中得出迥异的结论。无论如何,这一现状反映出目前电脑游戏伦理研究依然缺乏基本一致的理论框架,即"概念真空"。在学者们争论不休的同时,电脑游戏伦理问题的影响却切切实实地发生着,决策者迫切需要根据理论研究成果去制定其治理政策(即使是那些否认相关伦理问题成立的人至少也需要论证到底是什么而不是电脑游戏引起了相应的伦理影响,即他或她仍然需要回应上述伦理影响以便于后续治理的实施)。但由于治理政策所根据的理论依然众说纷纭,决策者要么选择其中一种理论,要么参考类似媒介(如电影)的较成熟监管方式来制定政策,而这样的治理方式很可能缺乏针对性和有效性,此即"政策真空"。总之,上述"概念真空"和"政策真空"的现状从侧面昭示着电脑游戏伦理研究的紧迫性和必要性。

8.3.2 完善游戏监管体系

针对电脑游戏成瘾和操纵等问题,各国分别制定了不同的防沉迷系统和制度。国外主要通过颁布一系列相关的法律法规、制定"网络安全计划"、设置监管机构和行业自律机制等措施来保护青少年网络(游戏)安全环境。我国从2000年颁布的《互联网信息服务管理办法》开始,也一直在探索符合自身特色的网络游戏监管体系。除制度保障外,2007年"网络游戏防沉迷系统"的技术手段在全国推行。除了政府制定的法律法规和政策制度外,游戏公司也应该主动参与到严肃游戏或功能游戏中,积极开发和强化电脑游戏除娱乐之外的其他多种功能,注重平衡电脑游戏的经济和社会效益;甚至可以成立行业组织、制定行业规范。家长也应该积极参与进来,如利用智能设备的家长控制功能限制青少年的游戏时间,严格管理自己的在线支付手段。此外,玩家自身也要合理安排和管理自己的时间和金钱,把注意力更多地放在现实生活。

针对电脑游戏的暴力、色情等表征内容,各国出台了不同的评级标准和分级制度,如美国的ESRB分级制度、日本的CERO分级制度、欧洲的PEGI分级制度和中国的《网络游戏管理暂行办法》等。通过游戏分级制度,不同年龄段的玩家可以根据自己的实际情况购买对应的游戏,在一定程度上可以防止游戏的特定内容对低于其级别的玩家产生不良影响。游戏公司也可以依据这些分级标准,针对其目标客户群的年龄特征,设计游戏内容。此外,家长也应该帮助青少年树立正确的游戏观,正视电脑游戏的正负影响,尤其是告诉他们如果受到了游戏的负面影响该如何应对。

8.3.3 发挥积极应用

除了引起上述这些伦理问题外,电脑游戏也被应用在很多积极的方面。当然,本章的主要目的在于介绍电脑游戏引起的伦理问题以及学界对它们的研究成果,本小节的内容主要是为了避免给读者留下"电脑游戏只会引发社会伦理问题"的错误印象,它也可以有积极的功能。其中比较典型的诸如:第一,教育游戏(educational games),即开发电脑游戏的学习教育和培训功能。该功能较早地应用在军事训练、飞行和手术模拟等方面,在2018年美国某监狱给其中的少年犯玩电脑游戏,用于培训这些少年犯所缺失的日常生活技能(他们因常年被关在监狱而与社会脱节)。第二,开发电脑游戏的治疗功能,用于治疗玩家(患者)心理和生理上的疾病。2018年加拿大某实验室基于暴露疗法,利用电脑游戏模拟某些场景用以治疗性侵受害者的心理创伤。第三,开发电脑游戏的社交功能,玩家可以利用电脑游戏在线上或线下开展相关的社交活动——线上活动主要依靠网络游戏平台组织各类工会活动(如刷副本),线下活动最为典型的就是"局域网派对"(LAN-party)。

以上绝大部分的游戏功能都可被归结为"严肃游戏"(serious games)或"功能游戏"。严肃游戏指的是借助计算机及其特殊的规则,利用其娱乐功能以促进政府或企业培训、教育、健康、公共政策(public policy)和战略共同目标。2002年,"严肃游戏计划"的发起和"严肃游戏峰会"的举办标志着"严肃游戏"的理念被广泛使用和接受。2007年,在考文垂大学成立了"严肃游戏研究所",它意味着严肃游戏正式成为了一个学术领域。基本上可以说,功能游戏是严肃游戏的中国版本,在《文化部关于推动文化娱乐行业转型升级的意见》和《关于严格规范网络游戏市场管理的意见》等文件和政策的指导下,腾讯在2018年开始布局功能游戏,旨在推动电脑游戏的社会效益。

综上可见,在几个典型的电脑游戏伦理问题之间往往存有内在的关联,且人们对于电脑游戏伦理问题的观点变化一般会导致其治理方式的动态改变。当前,学界对电脑游戏伦理问题的论证方法通常仍基于数理统计的实证研究,但该方法无法处理诸如电脑游戏内部到底如何引起相应伦理影响的问题。对此,除了研究电脑游戏伦理问题的内部运作和诱发机制等认识论问题外,还应该从本体论层面切入问题的更深层面,即追问:对于玩家来说电脑游戏到底是什么样的存在物?在解答该本体论问题之中和之后,就很有可能会对电脑游戏伦理及其治理有更全面和更深刻的理解。

思 考 题

1. 为什么说当前电脑游戏的伦理研究具有紧迫性?
2. 暴力电脑游戏的道德困境是什么?
3. 电脑游戏在追求沉浸感的同时是否会引起成瘾?
4. 电脑游戏操纵表现在哪些方面?
5. 如何制定中国特色的电脑游戏治理体系?

进一步阅读

对电脑游戏及其相关技术的历史,读者可参阅 Steven L. Kent 的著作《The Ultimate History of Video Games: from Pong to Pokémon—the Story Behind the Craze that Touched Our Lives and Changed the World》。该书在开头罗列了电脑游戏历史的大事年表,读者可以快速了解这段历史的重要时间节点。该书更多的是站在游戏行业的角度审视这段历史。José Zagal 在《The Videogame Ethics Reader》中收录了 16 篇关于电脑游戏伦理的经典论文,这些论文被归为 4 个部分,其中第一部分主要关注电脑游戏的内容及其道德影响、后果,第二部分主要关注基于游戏规则的行为在游戏叙事中的道德效果,第三部分主要关注如何对游戏内行为进行道德评价,第四部分主要关注电脑游戏行业的生产和创新的道德影响。Zagal 强调他的这种区分标准不是唯一的,而且 4 个部分之间也总是互相重叠的。不过,除了每篇论文各自处理的具体问题之外,读者也可特别注意 Zagal 在前言中所罗列的一系列电脑游戏伦理所需处理的问题。Miguel Sicart 的著作《The Ethics of Computer Games》是他的一系列论文观点的总结和升华,该著作最大的优点是从伦理学、哲学的角度去研究电脑游戏伦理。其他的优点主要还包括提供了一个我们研究电脑游戏伦理的本体论基础,针对电脑游戏设计提出了一系列伦理的设计方法和原则,从而它的结论对电脑游戏行业来说也有很大的借鉴和参考价值。

参 考 文 献

[1] Brookey R A, Gunkel D J. Gaming Representation:Race, Gender, and Sexuality in Video Games[M]. Bloomington:Indiana University Press, 2017.

[2] Consalvo M. Cheating:Gaining Advantage in Videogames[M]. Cambridge:The MIT Press, 2007.

[3] Fogg B J. Persuasive Technology:Using Computers to Change What We Think and Do[M]. San Francisco:Morgan Kaufmann Publishers, 2003.

[4] Fox J, Potocki B. Lifetime Video Game Consumption, Interpersonal Aggression, Hostile Sexism, and Rape Myth Acceptance:A Cultivation Perspective[J]. Journal of Interpersonal Violence, 2016, 31(10):1-20.

[5] Groen M. Games and Ethics:Theoretical and Empirical Approaches to Ethical Questions in Digital Game Cultures[M]. Berlin:Springer, 2020.

[6] Kent S L. The Ultimate History of Video Games:from Pong to Pokémon—the Story Behind the Craze that Touched Our Lives and Changed the World[M]. Roseville:Prima, 2001.

[7] Sicart M. The Ethics of Computer Games[M]. Cambridge:The MIT Press, 2009.

[8] Verbeek P P, Robert P C. What Things Do:Philosophical Reflections on Technology, Agency, and Design[M]. University Park:Pennsylvania State University Press, 2005.

[9] Wolf M J, Perron B. The Video Game Theory Reader[M]. New York:Routledge, 2003.

[10] Zagal J. The Videogame Ethics Reader[M]. San Diego:Cognella, Inc., 2013.

[11] 付立峰."游戏"的哲学:从赫拉克利特到德里达[M].北京:中国社会科学出版社,2012.

[12] 刘胜枝.网络游戏的文化研究[M].北京:北京邮电大学出版社,2014.

[13] 刘雪丰.伦理学视域中的竞技体育:竞技体育道德失范问题及应对策略[M].长沙:湖南师范大学出版社,2019.

[14] 杨其虎.追寻竞技正义:竞技体育伦理批判[M].长沙:中南大学出版社,2015.

[15] 赫伊津哈.游戏的人:关于文化的游戏成分的研究[M].多人,译.杭州:中国美术学院出版社,1996.

[16] 卡斯.有限与无限的游戏:一个哲学家眼中的竞技世界[M].马小悟,余倩,译.北京:电子工业出版社,2013.

[17] 诸葛达维.社群交往与情感团结:对网络游戏社群的互动仪式链观察[M].北京:社会科学文献出版社,2021.

第9章
气候技术伦理

本章将介绍关于气候工程及其他气候技术的进展与伦理问题,气候变化及其应对在短短20年间逐渐成为全球重要议题,从伦理学的角度尤其是基于气候变化的长期性和不确定性认识考虑全球气候治理问题十分必要。本章首先简要介绍气候技术的历史与现状,然后对气候工程技术的伦理问题详细分析,主要有不确定性风险、不可逆性风险、不公平风险以及道德风险等,最后则围绕气候技术的社会治理展开分析,主要从公众参与、伦理原则和国家间治理协作3个方面展开介绍。

▶ 9.1 气候技术发展概况

9.1.1 气候工程

气候工程是一个新概念。任何一门科学只有与工程结合,才能为人类创造更大的效益,才能达到成熟的程度。如化学有化学工程,生物学有生物工程,气候学也是这样。气候工程是以控制和利用气候资源和防御气候灾害为目的的各项工程措施的总称。它将是气候学在理论与实践中开拓前进的一个重要发展领域。

气候与天气的区别不仅是时间尺度不同,而更主要的是成因不同。天气是大气环流扰动的产物,而气候则是下垫面冷热源分布不均的结果。人们虽然难以预测瞬息万变的大气环流的扰动,更不易去干预这种扰动,但人类却可以逐渐改变下垫面的物理属性,并积少成多,从而可以使在热力作用与水分交换方面发生巨大的变化。因此,人工改变气候实际上比改变天气现实得多。更何况人们还可以制造特殊的小气候环境。实际上,气候工程早已出现,只是尚没有这个术语而已。

另一个原因是气候工程不同于其他的工程,需要人们更多的理解。例如,化学工程就是用化学理论与方法,正规建厂生产。气候却不一样,气候资源作为一种环境因素而普遍存在。人们利用农业将气候资源(辐射、降水、二氧化碳等)转化为有机物。但人们未能确认这也是气候工程。其原因就是早期人口少,生产规模小,在这种社会条件下,气候资源充足够用。故人们只看到农业技术的价值,未能感到气候资源的珍贵。

但是,现在情况完全不同了。不但人口剧增,生产规模扩大,气候资源日益不足,加上行业种类不断增加,行行业业都要用到气候资源。气候资源十分紧缺,同时又具有显著的公用性。因此,气候工程就有了宏观与微观两个层次,引起了人们重视。

宏观气候工程就是开发与保护全球性、区域性、地方性的气候资源,使各行各业都能满足对这一资源的需要量,但不超过资源的供应量,做到供需平衡,并保护这一资源。因此,宏观的气候工程是一项全社会性高层次的工程,主要用在社会经济的规划、布局和管理上。

微观气候工程是具体用户(生产与生活单位)在宏观指导下,做到有效地开发利用所需的气候资源。如农业的塑料大棚、地膜,工业与生活的节水、日光能等。

这两种气候工程是互补的。宏观气候工程负责整个气候资源的监测与调控、规划、设计与管理。当前的温室气体问题即属这一范畴。因此,宏观气候工程是微观气候工程不可缺少的指导。微观气候工程是宏观气候工程的依据,又是赖以实施的基础,二者缺一不可。

2021年,对气候变化领域公司的风险投资成倍增加,达到约150亿美元。致力于应对气候危机的创新技术也越来越多,下面介绍一些具体气候技术的最新进展。

9.1.2 净水处理

全球大约有一半的人口已经面临着严重的缺水问题,而且许多地方的饮用水供应正变得越来越难以保障。随着洪水等自然灾害的增加,以及污染加剧,淡水源和卫生设施都受到了水污染的威胁。其他一些地区则由于气温升高导致降水(降雨和降雪)减少,干旱可能会增加,威胁到供水、农业、交通、能源和公共健康。

确保全球人口能够获得足够的纯净水是一项关键的气候变化应对战略。Puraffinity是一家塑造未来纯净水的公司,专注于设计环境应用智能材料的绿色技术,特别是去除受污染水和废水中的挑战性污染物(PFAS)。该公司开发了一种新型吸附剂技术,可用于地下水处理、饮用水处理、工业制造设施和商业机场。

当前全球水处理领域中,增长最迅猛的新兴技术包括纳米复合材料、生物炭和重金属。

9.1.3 碳捕集技术

联合国报告的结论显示，目前的碳排放政策将使得全球变暖升温最高达到2.7℃，远远超过《巴黎协定》规定的2℃目标。要重返正轨，一方面需要前端减少碳排放，另一方面也需要后端应用除碳技术。

其中，碳捕集和储存作为减少碳排放的一种方式，可能是减少全球变暖的关键环节之一。从化石燃料到清洁能源的过渡将是一个漫长的过程，因此加快碳捕集技术的部署对于减少发电厂和工业厂房的排放是至关重要的。截至2020年，全世界至少有26个商业规模的碳捕集项目，还有更多项目正在开发中。

Climeworks是一家有智能合约功能的开源区块链平台（ETH）的衍生公司，正在开发一种"直接空气捕集"（DAC）二氧化碳回收系统，这个回收系统从环境空气中提取二氧化碳，并根据提取的二氧化碳量建立模型。他们的第一个空气捕集厂在2017年推出，此后他们又投入了15个项目，包括2021年在冰岛建成的世界最大的DAC储存厂。

9.1.4 清洁与可再生能源

能源驱动着我们的经济发展，维持着我们的社会运转，也是气候变化的一个主要因素。能源使用约占全球温室气体排放总量的60%。这包括煤炭、原油和天然气的燃烧，它们的含碳量高，美国总能源的81%都由它们产出。化石燃料对环境有诸多不利影响，包括土地退化、水和空气污染以及海洋酸化等。从化石燃料到清洁能源的过渡将是一个漫长的过程，一份报告显示，可再生能源可以在2035年之前完全淘汰化石燃料能源。

清洁能源是指可再生的、零排放的能源，在使用时不会导致大气污染。包括风能、太阳能、水能、潮汐能和地热能等。清洁能源行业正在蓬勃发展，近年来越来越多地取代了"肮脏"的化石燃料。可再生能源的扩张已经发生在各种不同的尺度中，从家庭屋顶的太阳能电池板到巨大的海上风电场。未来，可再生能源的进一步扩张也将是遏制主要导致气候变化的危险碳污染的最佳途径之一。

mPower是一家位于新墨西哥州的创新太阳能电池技术创业公司。该公司开发了一种革命性的创新技术，称为DragonSCALES，这是一种完全灵活的相互连接的迷你太阳能电池网。该公司的产品为太阳能发电提供了新的设计方案，消除了硅和砷化镓太阳能解决方案的限制，使其设计能够以极低的成本实施。

9.1.5 耐气候作物

由于耕作和作物技术的创新改进,世界每年都在生产更多的粮食。然而,气候变化已经慢慢开始降低作物的生长速度。

随着全球气温上升,干旱成为常态,农作物和树木的死亡风险增加,导致粮食不安全和营养不良的比重增加。目前,全世界有23亿人无法获得稳定的食物来源,如果不迅速采取行动,这个数字还将增大。

Phytophorm实验室是一家生物技术公司,使用基因敲除和机器学习来解决食物危机。该实验室最近获得了570万美元的资金,用于通过人工基因组编辑技术,开发有韧性和可持续的农作物。该实验室的目标是通过减少农业排放,同时使作物适应气候变化带来的挑战,来解决农业面临的双重问题。

▶ 9.2 气候技术的伦理争论

不论是通过当前气候技术新进展的方向,还是当前气候变化的情况,都能认识到当前最大的气候问题是全球变暖。1981～1990年全球平均气温比100年前上升了0.48℃。导致全球变暖的主要原因是人类在近一个世纪以来大量使用矿物燃料(如煤、石油等),排放出大量的CO_2等多种温室气体。从自然灾害到生物链断裂,变暖的危害涉及人类生存的各个方面。

通过减少碳排放来缓解全球变暖收效甚微,因此一些学者提出了替代方案,其中一类气候工程因旨在改变地球系统从而减缓气候变化,而非减少温室气体排放,开始流行起来。这类气候工程就是地球工程(geoengineering),这一概念由英国皇家学会于2009年首先提出。它是指人类对地球气候系统进行大规模人为干涉,以应对全球变暖或部分抵消全球变暖的影响。地球工程主要采用的技术有两种:一种是碳移除(carbon dioxide removal,以下简称CDR),即通过各种碳捕获、碳封存和碳转化技术来降低大气中的温室气体浓度,主要方法有陆地生物圈封存、海洋碳封存、岩石圈封存等;另一种是太阳辐射管理(solar radiation management,以下简称SRM),即通过人工手段减少到达地表的太阳辐射来达到降温目的,主要方法有太空反射法、平流层气溶胶注入法、云层亮化(增白)法和地面反射法等。

当前地球工程尚未实施,一些科学家呼吁在不久的将来进行部署,随着环境状况的恶化,这种呼声可能会加剧。大多数人承认地球工程这种大规模的技术干预会产生社会影响。英国皇家学会的早期报告宣称"地球工程的可接受性由社会、法律和政治因素以及科学和技术因素决定,而且伦理考虑是该领域决策的核心。对地球工程成功部署的最大挑战是社会、道德、法律和政治,而不是科学技术,在适当的治理机制布置到位之前部署地球工程是非常不可取的"。因此,英国皇家学会建议将"分析和研究地球工程相关的伦理风险和社会问题"作为研究中心优先事项。

9.2.1 不确定风险

气候地球工程涉及很多不确定因素,包括气候变化及其影响的不确定因素、气候科学的不确定因素、气候地球工程技术本身的不确定因素、人类社会及其对气候变化响应的不确定因素。作为一个复杂的系统,人类对地球的认识还远远不够,地球系统未来的演化趋势尚不明确。因此,在可预见的未来,气候地球工程的不确定性还无法消除。

不确定性源于对外生变量和地球系统本身的理解不足。第一,自然界中存在着人类无法测量的外部或外生力量(如人口规模、温室气体浓度等)。第二,自然和社会系统从它们对这些外生力量的影响中衍生出许多重要的变量,如工业产量、碳排放量、气候变化及其影响等。气候变化及其影响的不确定性不仅与人类知识的局限性有关,也与太阳、地球和其他物体活动的固有随机性有关。

因此,所有气候地球工程的决策都需要在涉及风险和不确定性的情况下进行。科学的不确定性是一些人反对采取行动应对气候变化,包括减缓和适应气候地球工程的最常见理由。目前,一些科学家仍对全球变暖的理论持怀疑态度,甚至认为全球气候不是变暖,而是变冷,一个新的冰河时代即将到来,相对温和的气候期即将结束。如果气候变化本身不是不确定的,那么采取气候地球工程来应对气候变化难道不是鲁莽的行为吗?

气候变化的不确定性既有自然因素,也有人为因素。气候变化不确定性的自然原因之一是温室气体的影响潜伏期长,受多种因素的干扰。人为因素之一是气候变化很可能引起人类社会的极大恐慌,人类社会比以往任何时候都更渴望科学家的研究结果。有一种反对的声音认为,这为气候研究界创造了一个空间,让他们过度夸大他们的发现,以获得更多的资金。大气物理学家斯蒂芬·施耐德(Stephen Schneider)曾公开承认,一些科学家制造了连他们自己都不确定的全球变暖警报。在承认全球变暖警报的科学证据"不确定性"的同时,施耐德希望科学家们大力宣传这些证据,因为这是许多科学家愿望的表达:人类想要留下一个比他们发现时更好的世界。

9.2.2 不可逆风险

气候地球工程有意或无意造成的后果可能是不可逆转的,一些气候地球工程措施缺乏可行的退出或终止选项。即使气候地球工程的结果与预期不同,也为时已晚,因为许多自然环境条件一旦失去就无法恢复。气候地球工程一旦实施,即使是错误的路径,也只能按照预先设定的进行。

技术风险的不可逆性是人类无法承受的。如果可逆性意味着人类仍然有机会改正自己的错误,那么在环境变化不可逆的情况下,人类不仅失去了吸取经验教训和改正错误的机会,而且还剥夺了未来人类选择的权利和机会。地球生态系统是特殊的,实验室很难进行完全的模拟,研究结果也可能与真实的地球系统相差甚远,科学技术的潜在风险是不可避免的,如果盲目进行气候地球工程实验,会造成全球性的灾难后果,人类无异于是在玩火自焚。

但气候地球工程的支持者反驳说地球工程是可逆的。如果地球工程不起作用,人类可以停止给海洋施肥,让它恢复到自然状态,或者把反射镜移出太空轨道。然而技术反馈有其滞后性,关于技术应用的负面影响需要长时间的试验证明,在此过程中,技术不可避免的负面影响已经产生,生态环境也已经发生了不可逆转的破坏,尤其是气候地球工程的实施和终止计划,而人类地球工程对气候可能产生的负面影响还远远没有得到充分的证明。因此,即使我们能够阻止气候地球工程本身,我们可能也无法扭转它已经造成的负面影响。

除了气候地球工程技术层面存在的问题,其作用对象——气候变化本身也存在不容忽视的问题。

第一,通过气候地球工程,可以在多大程度上"恢复"地球温度?没有人能确定,如果没有人类的影响,今天的全球气候会是什么样子?地球气候的进化史表明,"气候正在变化,气候一直在变化",即使地球上没有人类,气候也会继续变化。因此,即使我们使用气候地球工程恢复到100年前的地表温度,也仍然会面临道德困境。

第二,气候地球工程的目标是"气候稳定",这一目标试图使用静态平衡取代不断变化的自然规律,问题是气候从来没有绝对稳定和平衡,即使没有人类碳排放活动,今天的全球气候也可能与100年前截然不同。按照科学家对史前地球气候演变历史规律的研究,气温或许会比100年前降低2~5℃。因此,人类排放的温室气体实际上阻止了新的冰河时代的到来。即使有一个"平衡"或"稳定"的气候,在什么条件下气候才算是平衡或稳定的?气候平衡或稳定的标准应该是什么?因此,气候地球工程试图保护的不是"自然"气候,而是人们曾经知道和适应的气候。如果气候变化本身是地球气候动态平衡的表现,那么以气候稳定为目标的气候地球工程可能会摧毁地球。

9.2.3 不公平风险

在全球范围实施地球工程有可能产生受益者和受害者。本·克拉维茨(Ben Kravitz)

等的研究表明,地球工程中的技术,例如平流层注入气溶胶技术的实施会导致全球各地降水变化、农业生产总量变化、臭氧消耗、经济损害等。由于各个国家所处地理位置不同,各自受到的影响也就不可能统一,即参与地球工程的各个国家会在不同程度上受益或受损。综合计算,有些国家会在地球工程中有净收益,而有些国家则只有净损害。更重要的是,受益或受损的国家,以及受益、受损程度可能会随着地球工程政策,如减缓、适应或正常实施的变化而变化。

地球工程的实施对下一代的公平性方面也存在一系列挑战。首先,当代人的地球工程实施对后代是不公平的,并会给其带来额外负担。马洛斯·格斯(Marlos Goes)等研究指出,如果在不减少排放的情况下实施地球工程,那么后代将不得不选择维持以避免技术失效造成的有害气候变化。因此,实施地球工程的决定可能会对后代不公平,因为它实际上迫使下一代承担了一项旨在解决并非他们造成的问题的政策的成本。对此,斯蒂芬·M.加德纳(Stephen M. Gardiner)认为这是狭隘主义作用的结果,即当代人部署地球工程是为了避免支付缓解措施的成本,却没有考虑到这给后代带来的负担和压力。

此外,地球工程实施之后还面临着所谓的"终止问题"(termination problem),即地球工程实施之后如果突然停止,将会导致迅速和极具破坏性的气温上升。菲利浦·J.拉施(Philip J. Rasch)等研究发现,在气溶胶地球工程中,注入大气层中用于反射太阳辐射的气溶胶寿命相对较短,这意味着需要定期注入新的气溶胶以维持稳定的反射效果。如果由于一些突发原因(如恐怖主义或战争)而停止补充气溶胶,那么地球气温就会迅速上升,导致全球迅速变暖。斯特赫·D.鲍姆(Seth D. Baum)等在此基础上进一步指出,地球工程面临的这种"终止风险",在未来可能导致重大经济损失和其他危害。将子孙后代置于这种风险中显然是不公平的。

地球工程实施的过程是否能做到程序公平,这是一个严重的问题。若在全球范围内实施地球工程,则会对世界各国带来巨大的风险,产生重大影响,这些影响可能是有益的,也可能是有害的。依据公平原则,面临地球工程风险或受其影响的国家都应参与实施地球工程的决策。理想情况下,只有这些国家都同意,地球工程才会被实施。对此,K.波伊斯·怀特(K. Powys Whyte)指出很多土著国家(indigenous communities)在环境问题上有巨大的利害关系,但是他们在环境问题上的声音从未被听到。完全的程序公平需要各国都同意实施地球工程,但是现实情况是各国对气候政策的偏好存在分歧,因此不大可能所有国家都同意选择相同的措施来应对人为气候变化,无论这个措施是否涉及地球工程。

9.2.4 其他道德风险

除了政治、经济、科学和生态风险,地球工程还是一种道德上的"恶",因为它会产生道德风险。人们应该重视地球工程所涉及的科技伦理问题,因为"在科技活动中介入伦理价值维度,建立和倡导科技伦理价值规范,是有效规避和治理社会风险的重要措施"。

地球工程的支持者认为它是一种"未来技术",有朝一日可以将人类从最严重的气候危机中拯救出来。他们的逻辑结论是,我们现在不需大动干戈地应对气候变化,因为随着科学技术的发展,人类会找到所有问题的技术解决方案,地球工程将终止地球系统可能产生的任何变化,将地球表面温度恢复到前工业化时期的稳定状态。如果地球工程被视为应对气候变化的可靠解决方案,那么减少温室气体排放将不再是优先选项。因此,地球工程被视为减少排放的替代方案,反而阻碍了减缓气候变化的努力。贾米森(Jamieson)指出,那些对发展地球工程有浓厚兴趣的人不愿意相信气候正在变化,认为地球系统对人类行为不像人们想象的那么敏感,我们不应该对地球工程过于担心。可见,即使地球工程取得成功,它仍然会对人们的环境道德意识产生负面影响,增加人类的傲慢,鼓励人们进一步干预、控制、支配和征服自然,最终造成范围更广、程度更高的气候灾害。从长远来看,地球工程本身比气候变化更具破坏性。

地球工程是一项"技术工程",而改变人类生活方式及其制度设计是一项"社会工程"。现代西方文明的一个主要问题是,人们普遍认为"技术工程"优先于"社会工程",人们希望通过技术手段不断改造自然以满足自身利益,却不愿意改变自己的生活方式来应对全球公共风险。弗兰西斯·培根作为16世纪英国科学进步论思想家和哲学家,他认为,知识的目标不是沉思,而是获得拥有自然的权利。在培根设想的乌托邦社会里,科学可以取代宗教。

美国政府在2002年拒绝签署《京都议定书》(《Kyoto Protocol》),转而支持地球工程研究,这表明,敢于冒险的美国人是"技术工程"优先主义和技术乐观主义的最忠实拥护者。美国在第四篇IPPC评估草案中写道:"如果减排失败,改变太阳辐射可能是应对气候变化的一项重要策略。"任何成功的气候变化战略都必须以技术创新为核心。经济学家朱利安·L.西蒙(Julian L.Simon)也认为,技术进步改善了环境,而不是破坏了环境。科技进步即使在解决其他一些问题上有一些副作用,但在进一步发展中会进一步解决自身造成的问题。因此,人类不需要担心自己的未来。

如果地球工程真的足以解决所有的气候问题,我们就不需要再付出巨大的努力来减少排放和适应,只需要等待地球工程在最后一刻拯救我们。但地球工程就足够了吗?它的工程技术完全值得信赖吗?一旦地球的降水模式被改变,水力、风能发电等技术是否足以保障人类的生存?

从根本上说,气候危机源于人类试图操纵自然来满足自己的欲望。虽然人类对自然的干预从来没有停止过,但随着科学技术的发展和人类欲望的膨胀,人类对自然的干预越来越具有侵略性。在前工业化时期,人类为了生存,也用各种方式改善自然,引水灌溉、狩猎动物、挖掘港口、填埋湿地等。进入工业化时代后,科学技术突飞猛进,人类的欲望也随之膨胀,开始试图管理和控制自然界的一切要素。然而,自然资源的有限性和人类欲望的无限性并不能单靠技术来平衡。人类必须学会尊重自然，改变生活方式。因此，为了从根源上解决气候危机，就应当提防地球工程可能引发的漠视道德风险的陷阱。

9.3 气候技术的社会治理

9.3.1 公众参与

技术中立观点认为，每种技术的发明与创造都是为了服务人类和解决特定的问题，技术只是实现目的的工具和手段，它与技术主体的内在价值无关，也与外在的政治、文化、经济、伦理问题无关。显然，在地球工程领域强调技术的中立性是得不到支持的。兰彻斯特大学的泽尔辛斯基就反对这种技术中立的主张，他认为一项技术可以在前期的有意设计或后期的无意选择中具有政治性，并且实施地球工程会改变现有机构和机制，且可能伴随产生一种新模式——"技术官僚主义"。正如前文提到的地球工程技术具有不可逆性特征，选择加入的国家或组织将很难退出，这就说明地球工程给各方带来的政治变化不可避免，最终陷入德国政治学家马克斯·韦伯所谓的"铁笼"。地球工程技术的工具性解释越来越站不住脚，正如气候变化具有政治属性一样，地球工程也被认为具有政治属性，这就赋予了公众参与地球工程治理的政治正当性。面对人类环境系统的跨界反馈风险、各国利益价值观冲突风险、决策的"燕尾服谬误"等这些由地球工程技术引发的政治社会复杂问题，公众具有参与讨论、决策的权利，而不是盲目服从企业和科学家的安排。另外，目前地球工程研究的重点是功利主义的盘算，即计算各种成本与利益，忽视了价值观领域的考量。对此，J. Barskin指出，功利主义的计算可以得出地球工程的经济成本，但它无法算出地球工程的社会成本。在审美、历史、传统等价值观领域问题上，公众拥有着自己的判断能力，科学家在这些方面的判断并不比公众更加高明。此外，地球工程是一项复杂的、专业性要求较高的工程，普通民众大多无法理解这些专业技术和理论，连相近领域的科学家也会出现理解偏差。但地球工程是以应用为目的的科学，英国学者吉本斯等提出的著名"知识生产模式Ⅱ"理论指出，知识生产方式的模式正在改变，科学知识从学科、兴趣驱动转向应用情景驱动，科学家们的研究对象也由学术兴趣导向转向应用问题导向。照此观点来看，地球工程的知识生产明显是以解决全球变暖这一应用问题为导向的，那么民众的主动参与显然能够促进这一知识生产过程。

至于公众如何参与地球工程治理，可以从以下几方面入手。首先公众需要对地球工程风险有客观全面的认识，这就要求对公众进行这方面的正确教育。联合国政府间气候变化专门委员会（IPCC）被误以为是最合适的公众教育机构，实则不然，因为IPCC致力于传达准确无争议的知识,而地球工程本身充满了风险与不确定性,目前这一角色还是政府和科学家群体更能胜任。通过何种方式让公众了解地球工程的风险,克拉维茨使用过的风险登记册技术是个好方法——标记出每种风险的概率和后果,再进行组合表示出总体风险。此外呼声较高的方式就是"红蓝对抗"法,即合理利用目前关于地球工程争论不断、立场不一的现况,让赞成和反对地球工程双方科学家之间展开辩论,公众可以在这个过程中形成对于地球工程的全面理解,这种方式确实比单一的书面学习更加立体高效。最后一个关于公众参与地球工程治理的重要问题是参与阶段问题,即公众应该在决策初期就参与还是决策末期甚至是开始实施时再参与呢?对此,伯恩斯认为公众应当在"上游"阶段就开始参与。所谓"上游"阶段是指地球工程的决策初期,这样能确保公众全程参与研究与实施。之所以公众参与宜早不宜迟,是因为只有持续参与,才能对前期的技术研发、中期的技术实施,以及后期的伦理问题都有切身的体会与感悟,从而加深公众对于地球工程的信任,也能获得更多的支持,以及其他各方面更周到的考虑。正如班内吉认为的那样,科学家、公众、政府等不同利益相关者在地球工程早期就参与评估分配影响,这对于照顾决策过程中弱势群体的利益意义重大。

9.3.2 伦理治理原则

任何会产生巨大影响的科学技术的研发与应用都必须在一定的伦理原则的指导下进行,气候地球工程也不例外。除了最有影响的"贾米森原则""牛津原则"和"收费门原则"之外,气候地球工程还必须遵循减排优先原则、谨慎应用原则和风险预防原则等伦理原则。"贾米森原则"于1996年由贾米森提出,是地球工程最早的治理原则,也是最宏观的治理原则。贾米森提出,地球工程应该在技术上是可行的、可靠的、可预测的,在社会经济上是更可取的,并且尊重有充分基础的伦理规范,如民主决策、禁止不可逆转的变化和尊重自然。"牛津原则"和"收费门原则"在地球工程的讨论中最为热烈。"牛津原则"共5条,是2009年牛津大学地球工程专家所提出的一套治理准则。它最先对地球工程提出了具有约束力的框架并且明确了地球工程责任主体的问题。在此基础上,国外学者于2018年又提出了"收费门原则",它共10条,进一步深化了地球工程的治理和伦理建议。"牛津原则"和"收费门原则"比"贾米森原则"更为具体。它们之间具有某些一致性,都回答了地球工程能不能做、由谁来做和应该怎么做的问题。如在地球工程是否应该继续的辩论中,他们认为应该在有充分的依据和尊重生态的基础上以公益性和参与性为目的进行。在地球工程由谁来做的问题上,他们提出由代表代际、全球、生态和公众的代表或组织机构来行使和管理。在如何做的问题上又提出了健全治理体系、寻求咨询和公开进程及结果的建议。比较而言,它们之间的异质性表现为,"牛津原则"从地球工程的公共属性、决策要求和部署方面做了规定,但整体上它仍然是工具性的,太过抽象,并以程序考虑为主导,尤其欠缺关于正义、尊重和合法性等价值观的问题。反观"收费门原则",它的立意和要求相较"牛津原则"更高,它从代际的角度对人类和自然提出保护,也对尚未产生的研究和风险更具前瞻性。如果从工具导向和目的指向看这两个原则,"牛津原则"更加突出地球工程的工具属性,重治理。"收费门原则"侧重伦理,其价值指向更加明显。在这一点上,二者相互补充,为地球工程提出了较为完善的框架。

虽然在风险方面没有免费的午餐,但利用缓解措施而不是气候地球工程来应对气候变化的成本和新风险实际上很低,而机会和好处可能很大。无论气候是否变暖,减少温室气体排放的压力必然迫使技术升级、能源转型和道德反思,从而使经济、社会和人类发展走上更加和谐的道路。

气候地球工程有4种可能的选择:第一,简单地禁止它。由于气候地球工程具有巨大的风险和不确定性,我们不应该试图控制气候,而应该完全禁止气候地球工程的研究或应用。但如果变暖带来的风险远远超过气候地球工程的潜在风险呢?如果气候变化将导致人类灭绝,而气候地球工程是唯一可能的选择,那么气候地球工程将是濒临绝路的人类的最后手段,无论风险有多大。即使气候地球工程的结果是人类的毁灭,人类也可以接受这个结果,因为人类别无选择。第二,支持气候地球工程作为一种有效的气候政策被广泛实施。既然我们不能通过减排来对抗气候变化,为什么不试试气候地球工程呢?但问题是,如果气候地球工程的效果与预期或气候模型的结果不同呢?全球变暖真的会毁灭人类吗?气候地球工程真的是人类的最后选项吗?就目前而言,气候变暖到毁灭人类,至少还需要100年的时间,人类还有充足的时间来准备,人类完全有可能找到更好的方法。其实,应对气候变化最好的办法就掌握在我们自己手中——减少温室气体排放,但我们不愿放弃高排放的"享受"。第三,选择近期优先使用气候地球工程,防止气温上升风险,同时减少排放,降低成本,未来停止使用气候地球工程。但问题是,有多大规模?要花多长时间?如何与温室气体减排联系起来?如果实施造成了不可逆转的负面影响,还有时间纠正吗?第四,气候地球工程只是一种备选方案,不到万不得已绝不使用。如果遵循"谨慎应用"的原则,那么第四种选择无疑是目前最明智的选择。

对于中国来说,我们应该关注气候地球工程创造的技术机遇。作为一个新兴经济体和世界上主要的CO_2排放国,中国面临着减少温室气体排放的巨大压力,气候地球工程可能为中国的技术领先创造机会,形成新的竞争优势。然而,由于研究资源有限,对这一危险的前沿技术进行大规模投资尚不可行,因为开发任何新能力,包括气候地球工程,所需的资源可能会从更具生产力的用途上转移得来,从而影响其他生产创造。

9.3.3 国家间治理协作

与《京都议定书》和气候变化《巴黎协定》这些条约不同,各个国家可以自主决定是否实施地球工程。即便目前已有统一的贾米森原则、牛津原则、收费门原则等明确了地球工程的责任主体和行动框架,地球工程还是充满争议,地球工程的不同尺度部署实施会给不同地区带来截然不同的影响。那些受害于全球变暖的国家乐意实施地球工程,而那些得益于全球变暖的国家则拒绝现阶段实施地球工程,这种利益纠纷应当如何解决?由谁来主持地球工程的全球部署与后果承担?考虑到这些,建立一个政府间地球工程治理机构就显得格外重要,可以由它来评估地球工程方案并实时监督全球范围的地球工程实施情况。此外,这一政府间机构也可督促地球工程的早日实施,如果每个国家都在等待其他国家先实施这一方案,这就有可能导致一种"双曲贴现效应"——尽管意识到了全球变暖最终可能造成的毁灭性后果,但还是只采取获得短期效益的措施,而忽视更重要的长期利益。为避免人类在这些短期利益上耗尽时间,应尽早建立政府间地球工程治理机构。

由于气候变化在全球范围内发生,并且涉及政治、科学、技术和经济等复杂问题,因此气候伦理问题是当前伦理争论的热点。为应对气候变化实施的一系列技术和工程往往在实施或实施之前就会引起巨大的伦理争论,从伦理学角度厘清其潜在风险至关重要,借助道德和政治、科学和认识论、经济学和技术哲学以及其他一系列学科可以解决这些伦理问题。在气候技术工程实施之前,合理判断其风险并将其降至最低,对于气候变化治理意义重大。当然还存在着很多有待研究的问题,包括更多新兴气候技术的伦理规范,各国之间公平分配气候技术工程风险的研究以及如何在实际操作中落实这些风险的治理措施等。

思 考 题

1. 从伦理学的角度思考气候问题有什么意义。
2. "适应"在应对气候变化中应发挥什么样的作用?
3. 比较牛津原则和收费门原则。
4. 从责任伦理的角度思考气候治理问题。
5. 尝试列出几条基本的关于气候工程技术的伦理规范。

进一步阅读

斯蒂芬·M.加德纳(Stephen M. Gardiner)等主编的《Climate Ethics: Essential Readings》(《气候伦理学:基本阅读》)收集了一系列新兴伦理和气候变化领域的经典文章,主题包括人权、国际主义、代际伦理、个人责任、气候经济学和地球工程伦理。这本书可以作为气候伦理的入门书,使读者对全球正义、环境科学与政策等方面有初步了解。加德纳和大卫·A.魏斯巴赫(David A. Weisbach)在《Debating Climate Ethics》(《有关气候伦理的争论》)中提出了支持和反对全球气候政策的主要论点。他们认为,尽管气候变化问题存在严重性和紧迫性,但迄今为止,全球应对一直处于危险的不足状态。然而,加德纳和魏斯巴赫没有达成一致的是,道德是否是构建有意义和有效的气候政策的富有成效的基础。加德纳的《A Perfect Moral Storm: The Ethical Tragedy of Climate Change》(《完美的道德风暴:气候变化的道德悲剧》)从一个全新的角度阐释了我们的危险的不作为,认为环境危机是一种道德上的失败。加德纳阐明了道德状况,指出了使我们容易受到某种腐败的诱惑。首先,世界上最富裕的国家倾向于把气候变化的代价转嫁给世界上较贫穷和较弱的公民。其次,这一代人倾向于把这个问题转嫁给下一代。最后,我们对科学、国际正义以及人类与自然关系缺乏理解,导致我们无所作为。加德纳总结道,我们应该意识到这种严重的道德失败,并要求我们的机构以及我们自己做出更多努力。

参 考 文 献

[1] Gardiner S M, Weisbach D A. Debating Climate Ethics[M]. New York: Oxford University Press, 2016.

[2] Gardiner S M. A Perfect Moral Storm: the Ethical Tragedy of Climate Change[M]. New York: Oxford University Press, 2011.

[3] Gardiner S M. Geoengineering: Ethical Questions for Deliberate Climate Manipulators[M]//Gardiner S M, Thompson A. The Oxford Handbook of Environmental Ethics. New York: Oxford University Press, 2016.

[4] Gardiner S M, Caney S. Climate Ethics: Essential Readings[M]. Oxford: Oxford University Press, 2010.

[5] Garvey J. The Ethics of Climate Change: Right and Wrong in a Warming World[M]. London: Continuum Books, 2008.

[6] Gardiner S M, McKinnon C, Fragnière A, et al. The Ethics of "Geoengineering" the Global Climate: Justice, Legitimacy and Governance[M]. New York: Routledge, 2020.

[7] Schmidtz D. Environmental Ethics: What Really Matters[M]. New York: Oxford University Press, 2012.

[8] Sandler R L. Character and Environment: A Virtue-oriented Approach to Environmental Ethics[M]. New York: Columbia Press, 2007.

[9] Wensveen L. Dirty Virtues: The Emergence of Ecological Virtue Ethics[M]. Amherst: Humanity, 2000.

[10] 德斯勒,帕尔森.气候变化:科学还是政治[M].李淑琴,译.北京:中国环境科学出版社,2012.

[11] 曹孟勤,卢风.中国环境哲学20年[M].南京:南京师范大学出版社,2012.

[12] 柳琴,史军.气候地球工程的伦理研究[M].北京:科学出版社,2016.

[13] 卢风.人、环境与自然:环境哲学导论[M].广州:广东人民出版社,2011.

[14] 卢风,王远哲.生态文明与生态哲学[M].北京:中国社会科学出版社,2022.
[15] 范德海登.政治理论与全球气候变化[M].殷培红,冯相昭,译.南京:江苏人民出版社,2019.
[16] 王子忠.气候变化:政治绑架科学?[M].北京:中国财政经济出版社,2010.
[17] 杨通进.当代西方环境伦理学[M].北京:科学出版社,2017.
[18] 余谋昌,雷毅,杨通进.环境伦理学[M].北京:高等教育出版社,2019.

第 10 章

核技术伦理

核技术自产生以来就充满了争议,早期的争议集中于核武器的试验和应用,许多知名科学家都是核武器的激烈反对者,比如爱因斯坦和罗素。在第二次世界大战之后,核武器的试验也产生了许多伦理争论。此外,多次严重的核电站事故使其成为人类面临的又一个持续的科技伦理难题。到了 20 世纪末 21 世纪初,随着生命科技、信息科技的迅速发展,以及人类在新能源领域的不断创新,很多人逐渐淡忘了这一话题。然而,2011 年的福岛核事故,使得核技术伦理问题重回公众焦点。但由于核技术和核能源问题的复杂性,以及其与政治、经济、社会、环境和国际社会的紧密联系,该领域至今依然是一个充满激烈争论、离达成共识最远的领域之一。

▶ 10.1 核技术伦理概况

10.1.1 一个持久争议的话题

2011 年 3 月 11 日,日本福岛县沿海发生大地震。不到一个小时,一场巨大的海啸席卷日本海岸,并损坏了福岛第一核电站的核能反应堆。虽然地震对反应堆造成的破坏相对较小,并且尚可控制,但随后而来的海啸使核电站的所有紧急冷却系统停止工作,从而大大加剧了破坏。缺乏冷却导致反应堆堆芯和燃料池多次熔毁,引发多次爆炸,使得大量放射性物质释放到周围环境中。至今十几年过去了,人们仍不清楚反应堆和该地区的彻底清理需要多长时间,可能几十年,可能更久。福岛第一核电站的灾难性事件使核能的安全性问题再次成为人们争议的焦点。在日本试图避免发生进一步灾难的同时,许多国家也在重新考虑核能的未来。德国是对这一事件反应最迅速的国家之一,默克尔政府决定立即关闭其国内一半老旧能源反应堆,并且不再延长另一半的使用寿命。此外,瑞士和意大利等多个国家也在全民公投中投票反对扩大核能使用。这次事故不仅使整个日本的核系统深受影响,还使许多人相信核能需要被逐渐替代。然而,表象总是具有欺骗性的。实际上,除了福岛第一核电站的6座受损反应堆外,全球只有少量反应堆因福岛第一核电站事故而永久关闭,而且这些反应堆大都位于德国。这可能意味着只有少数反应堆将永久关闭。更重要的是,人们在福岛第一核电站事故前后对核能的预测并没有什么改变。

根据世界核协会(WNA)公布的数据,截至2021年1月,全球有32个国家在使用核能发电,共有441台在运核电机组,总装机容量约392.4GWe。当前,想发展核能的国家数量也正在大幅增长。出乎人们意料的是,福岛核事件并没有预示核时代的结束,核能很可能在世界未来的电力供应中持续发挥作用。这些发展让社会面对的伦理问题更加紧迫,例如核能是否或在何种情况下都是一种理想的能源形式等。本章将涉及与核能生产和核废料处理相关的广泛的伦理问题。

10.1.2 核技术伦理的现状

是否存在一个类似生命伦理研究领域般的核伦理研究领域?目前看来,还不存在。迄今为止,还没有一个专注于与核技术相关的伦理问题的既定且发展良好的研究领域。此外,当前的问题是我们是否需要发展一个新的应用伦理学领域,该领域只关注与核能、核技术相关的伦理问题。许多学者认为这种领域非常有必要,其原因有三。

首先,核设施发生事故后可能发生的损害程度和性质不同于其他技术。过去发生的重大灾难性事件,例如切尔诺贝利事故,证明了这一事实。其次,核废料的寿命对我们的后代提出了新的问题。有人可能会争辩说,气候变化也提出了类似的问题。但是,放射性核废料带来的复杂问题是前所未有的,因为核废料污染期的持续时间可能远远超过人类本身已存在的时间。最后,在核技术中,民用核能所需的特定技术也可以用于生产核武器。与其他通常不具有如此明显和潜在高影响双重用途方面的能源生产技术相比,这又是核能的一个独特方面。

此外,与其他类型的武器技术相比,核武器具有最独特的地位,因为它们具有前所未有的巨大的破坏力。考虑到核风险的性质和规模,我们迫切需要广泛关注核伦理。在过去的几十年中,核安全和核扩散风险在哲学和社会科学文献中受到了普遍关注。过去对核伦理的关注焦点主要是关于核安全和军备控制的讨论,例如20世纪五六十年代随着核军备竞赛而出现的许多有关"核伦理"的文献,早期核伦理学者大多关注于核武器的开发、拥有和使用。在有关伦理和国际安全的文献中,大家特别关注核威慑,这可能因为核威慑是第二次世界大战后国际关系中最重要的特征之一。核威慑的高潮是1962年10月苏联与美国在古巴的弹道核导弹危机。正是双方强大的力量阻止了它们互相进行战争攻击。尽管有《不扩散核武器条约》(《Treaty on the Non-Proliferation of Nuclear Weapons》,简称

NPT)等强有力的国际协议,但新的扩散国依然持续不断地被添加到拥有核武器的国家名单中。

此外,一些国家或公开或秘密地追求核研究,要么通过发展核武器的计划,要么作为为军事计划打开大门的民用计划。许多军民两用核技术特别麻烦,围绕伊朗核计划的争议生动地说明了这种核技术双重使用的复杂性。

10.1.3 核技术与社会的复杂性

核能的社会和环境影响需要在其生命周期过程内进行评估。在1968年第一台商用核发电机投入运行近50年后,许多第一批设计的反应堆寿命已接近尾声。尽管如此,它们仍在继续运作并盈利,其中许多也已经申请了许可证,以便在其设计寿命之后继续运营。例如,自2000年以来,美国核能管理委员会(Nuclear Regulatory Commission,简称NRC)已批准对该国的73座核电站进行延期,另外约30座将在近期更新延期。许多反应堆的延期许可证更新申请将超过60年,2008年NRC和能源部(DOE)的联合研讨会上,相关人员探讨了要求未来的技术和研究需持续超过60年的延期认可。与许多其他大工程选址一样,再许可由于与社区和环境影响等有关的原因而普遍存在争议。它们也是环境正义问题突出的案例,包括利益和负担的分配以及决策过程中的承认和地位问题。其中一个典型案例是位于马萨诸塞州普利茅斯的流浪者核动力设施。2006年1月,核电站的当前所有者和运营商安特吉公司(Entergy Corporation)向NRC提交了许可证更新申请,以将流浪者核电站的运营延长。NRC于2012年5月29日批准了该申请,给予了安特吉公司20年的许可证延期。由于公众对许可证的更新存在争论,流浪者核电站经历了创纪录的许可证审查时间,类似的审查通常在两年半,而该审查则耗时6年。

核电站的许可评估项目程序的可行性:它需要检查该项目是否满足所有监管要求,并且不会对人类健康或环境构成不适当的风险。由于许可更新的利害关系,这个过程通常非常有争议。它充满了关于监管权限、权利、自然价值、风险和收益以及正义问题的争论。

风险评估或环境影响评价是各国用于许可决策、制定监管标准和执行的主要工具。风险的计算是基于已知的危害、危害的大小和危害发生的概率以及成本效益分析的。然而风险在很大程度上是从非后果论的角度来看的,这尤其体现在评估老化反应堆时。评估、解释和应对核电站的风险不仅涉及科学和经济因素,还涉及社会、政治和法律因素。社会政治因素是理解现代技术风险的核心,因为可计算性和安全性的构建是具有主观和社会背景的因素,这些因素本身就具有高度的不确定性和争议。许多机构也正在努力让公众参与到技术开发中,然而,这种努力往往带来更激烈的争论。

10.2 当前核技术伦理的核心问题

10.2.1 核辐射防护伦理

核辐射防护伦理是当前核技术伦理的一个核心问题,包括其在核工业中的应用、集体和个人辐射剂量之间的关系等,这个主题非常清楚地指出了剂量最小化和善的最大化之间的关联,以及现行做法(对工作场所的暴露限制比在非职业环境中的暴露限制要高得多)的合法性问题。还有不同亚群之间辐射敏感性的差异与其伦理影响,以及对后代潜在的风险的评估等。

辐射防护伦理是一个新兴的领域,也是应用伦理学的新领域,充满了既与实际相关又与伦理学中更普遍的基本问题密切相关的问题。以下是来自这一新领域的可能与核辐射防护相关的问题:辐射剂量的耐受性或可接受性不能仅基于自然科学来确定。将潜在损害与其概率成比例分配的标准方法没有明确的伦理基础。应始终考虑概率估计的不确定性,当我们看到严重事故的低概率估计时,就可以发现仅考虑该概率本身是否可接受是不够的,我们还必须询问概率估计是否足够可靠;与自然辐射的比较不能用于确定可接受的辐射风险,某物是天然的这一事实并不能证明它是无害的,也不能证明它的人为复制在伦理上是可辩护的;有充分的理由应同时考虑个人和集体剂量,若仅仅关注其中一个可能会导致最终的决定存在道德问题,辐射敏感个体以及男女之间辐射敏感度的差异也应考虑在内。行业人员倾向于认为,目前不考虑核废料处理的潜在未来影响的做法是合理的。然而,对于核工业和监督它的机构来说,这些问题是与公众进行公开对话的伦理基础,伦理讨论也需要获得可靠科学信息的支持。

10.2.2 核技术的风险伦理

核技术的风险伦理虽不存在一致的规范,但是核风险专家都明确承认核技术需要遵循风险伦理的规范。例如,框架问题和复杂的不确定性等。与此同时,核风险认识论的争论与建模不确定性的观点相关。然而,核工程实践却没有认识到这一点的重要性。例如,国际原子能机构(International Atomic Energy Agency,简称IAEA)在一份关于核技术应用风险评估的文件中概述了"风险不确定性"的困境后,只是简单地声明这种类型的不确定性不可能明确解决,然后继续我行我素。对其他不确定性也只字未提,只是指出它们可能会通过较大的误差和不确定性研究得到部分解决。简单地记录这些不确定性的行为掩盖了大多数官方报告的责任。然而,尽管意义巨大,但这些不确定性的研究尚未开展。

核风险评估是能源选择政策制定的基础,涉及从经济成本效益分析到风险认知的方方面面。然而,核风险评估研究一直都是缺乏实质用途的。它们以形式可靠性计算为前提,利用核裂变的社会技术系统开展分析。这些系统必须包含远远超出工程师传统权限范围的事件,例如恐怖行为、武装冲突和自然灾害等。对核事故可能性的任何全面计算都必须逐项列出和量化所有变量。任何试图用于证明潜在事故不太可能被忽略的计算都必须以几乎无法想象的精确度来分析变量。因为在运行数十年且一旦故障就可能危及城市生存的背景下,即使是最不可能的巧合、模棱两可和不可测事件也变得有意义。

这种风险的研究高标准在于其性能的研究,将核技术与其他工程领域区分开来。在绝大多数工程环境中,考虑十亿分之一概率的疏忽、错误或巧合是不切实际的。然而,在计算关乎着城市命运的可靠性时,不这样做才是不切实际的。尽管我们用思考其他工程系统相同的方式思考核电站是通常的做法,但正是这种分析使许多国家在制度上对核危机的可能性视而不见。

现实的核事故记录准确地反映了其监管评估中存在的结构性缺陷。这表明,基于其他工程的可靠性计算,以及依赖于这些计算的风险评估是有问题的。如果核风险评估本身有问题,那么它们所提供的许多建议也是有问题的。这意味着监管、政策和公共辩论经常忽视主要地区的生存威胁。由此可见,核风险伦理研究是当前尤为缺乏的一个领域。

10.2.3 核废料处置伦理

由于核电站的电力生产会不断地产生有害的核废料副产品,因此与其他电力生产相比,核废料的价值为负值。当实施者启动对选址过程和场地的探索时,对潜在核废料储存的强烈抵制就出现了。反对的原因是多方面的:认为放射性泄漏存在高风险,特别是对实施者缺乏信任、普遍反对使用核能等。当人们意识到安全储存核废料确实存在很大问题并且不容易解决时,伦理正义问题就出现了。分配的正义涉及分配或交换的特定社会资源时公平份额的问题。重点在代际和代内正义,这反过来又意味着核能投机者与受影响的后代之间利益的不匹配,以及投机者和部分当代人的关系问题。程序正义问题也容易被大家忽视,负责任的机构开始意识到开放式、透明、逐步参与式的过程是很有必要的,而且应该是使寻找适合核废料存储的地点取得进展的必不可少的先决条件。核废料的处理需要技术和管理技能,以确保核废料能在适当设施中安全储存。此外,在特定社会的成员之间平等或公平地分配废料是不切实际的或不可能的。因此,鉴于核废料不太适合公平分配而出现的问题是,公平的选址程序是否以及在多大程度上会影响人们对分配正义的看法。

对情况总体公平性的主观评价取决于年龄、性别和价值观等个人特性以及社会、文化等背景因素。其他影响公平判断的因素也包括分配资源的性质和结果的效价。需要考虑的是与我们研究相关的具体背景,例如核废料存放的安全考虑是否会影响公平性。未来的研究计划需要分别关注安全和公平考虑的相对权重和重要性,以决定应如何选择核废料储存库。该框架应包含相互关联的4个主要变量:① 安全问题,例如运输、重新包装与长期储存等;② 程序原则,例如透明度和一致性等;③ 分配原则,例如公平、平等、需要等;④ 社会资源,例如信息、服务和金钱等。这组不完整的变量设计还需要进行大量的研究,重点是比较安全性与公平性的相对权重,对其中程序、分配的不同组合的重要性评级,并且还需要对每种安全考虑的重要性等级进行比较。

此外,社会心理和社会规范理论在很大程度上也是需要关注的,我们应该采用跨学科研究方法,以便让各种利益相关者的观点和想法都能被纳入其中并分别进行考量。核废料处置伦理研究不仅可以做出理论贡献,还可以有助于解决在选择核废料储存库时出现的社会问题。

▶ 10.3　核技术的社会治理

10.3.1　信息公开和知情权

核能正处于十字路口。一些关注气候变化的人敦促迅速扩大核电的应用以促进能源依赖方式的转变,其他人则主张应果断拒绝核能,特别是在福岛核事故之后。有趣的是,双方的许多争论都围绕公众道德展开,即强调对最弱势群体和后代的义务。核技术界也承认其工作产生了许多伦理问题,并根据明确的伦理原则促进各种标准的制定来解决这些问题。鉴于核能对国家和国际能源政策的影响,随着支持和反核立场之间的争论愈演愈烈,核能系统在未来几年可能会接受越来越多的审查。尽管如此,核技术界似乎对目前的方法感到满意,目前看来,这种信心还为时过早。

目前的原则在如何制定、理解和实施方面仍然存在严重的问题,因此,需要一种新的方法来保护核政策免受若干长期威胁的影响。在这里,我们应该诉诸一种多元的、自下而上的战略来确定核伦理的指导原则。

大多数国家一般并未规定让核电站所有者对核电站可能造成的伤害承担法律责任,因此,许多公民失去了从正当程序进行损害赔偿的权利。此外,即使在存在污染者责任的情况下,理论上它也常常无法在实际案例中实施。这是因为,如果官方不资助研究来评估各种污染物的影响,那么通常没有足够的证据来制定适当的法规,并对污染者定罪。导致环境污染的其他一些因素还包括污染者倾向于将危害归咎于受害者,福岛和切尔诺贝利事件都已经说明了这一点,那些有罪的人经常试图将责任从自己身上转移。污染者会提出造成当地污染的另一个原因,还试图转移人们对自己罪行的注意力。对污染者来说,指责受害者通常也是权宜之计,因为受害者通常不太了解科学。受害者经常无法解释某些污染物如何使他们生病,尤其是当污染者试图操纵相关科学知识的时候更是如此。也就是说,污染者经常使用特殊利益科学,即具有预定结论的科学知识,特殊利益科学往往是由寻求私人利润的行业、特殊利益集团资助的,而不是像公共健康的知识这样的公共产品。特殊利益者经常资助科学家给他们想要的东西,包括不完整、有偏见的科学,确认资助者的污染或产品是安全或有益的等,它也解释了为什么这么多行业资助对科学特别感兴趣。

由此可见,信息公开和知情权问题,需要认真对待,并且需要进行深入研究,以保证普通公众能够获得真实可靠的信息。

10.3.2 落后地区的核能问题

在现代落后的地区中,我们应该如何思考核能发展。在特定情况下评估可使用核能的第一步是确定与核能相关的风险是否满足可接受的阈值。一般的阈值并不适用于与核能相关的风险,因为这些核能的风险往往是长期的且不可逆的。

在许多发展中国家中,指定可接受风险的阈值是一项额外的挑战。在这些情况下,问题就变成了何时以及在什么条件下,为了可能提高当前的能力水平,允许引入一定水平的潜在风险。就核能而言,在做出这种判断时必须考虑多种不同类型的风险,重要的是当前和未来几代人的安全以及短期和长期安全的风险。

如果核能超过可接受的风险门槛,第二步是评估核能对其发展目标的贡献,相对于追求核能的成本和可持续性,将该贡献与其他能源路径进行比较,来分析发展中国家可能的选择。例如核能是不是能为这些地区提供其他能源所无法提供的效益,这些地区是否能够承担起潜在的环境风险等。

鉴于许多发展中国家对核能的依赖相对较低,对于绝大多数发展中国家来说,问题是与核能相关的启动成本是多少,他们是否能够承担这些启动和维持成本。核能的启动成本很高,需要对工程技术以及核结构和基础设施进行大量前期与持续投资,通常许多落后地区不存在核能生产所需的基础设施和专业知识。必须首先建立生产和维持核能所需的基础设施,包括一定规模的电网以及相当大的可用核能反应堆。必要基础设施的其他组成部分包括从技术先进国家吸收技术转让和合格人才,以及建造和运行核能生产所需的设施的资源和知识等。核设施一旦建成,必须得到维护,并配备必要的支持和监控系统。由于气候变化,发展中国家最容易受到海平面上升和洪水增加的影响,这进一步加剧了安全风险。在这种情况下,落后的发展中国家可能没有用来投资核能的相关资源,作为提供和满足能源需求的长期解决方案,无论是基础设施准备还是需要专业知识的前期投资问题,都是潜在的难题。因此,在不同的国家和地区,核能所带来的风险和机遇是非常不同的。

10.3.3 以非人类为中心的核能伦理

大多数关于核能伦理的讨论都是以人类为中心的,即关注核能对人类的影响。我们应采取更广泛的观点,即考虑它对与我们无关的非人类生命的影响。传统伦理也是以人类为中心的,它们规定了尊重人类,承诺促进人类福利的行动或政策;它们也往往是短期的,只考虑现在或未来几代人。然而,当代人类的核技术使用,对人类和非人类的威胁都要长久得多。人类中心伦理仅在直接或间接对人类造成伤害或利益的情况下,才认为伤害或利益具有道德意义。非人类中心伦理认为对某些非人类生物的伤害和利益也具有道德意义,且与它们如何影响人类无关。人类中心主义之于非人类中心主义,正如利己主义之于利他主义。非人类中心伦理是人类中心伦理的升华,它保留了对人类的道德考虑,并将其扩大到包括一些非人类实体上。

能源的使用应该对非人类无害,或者产生的客观福利大于所造成的伤害。一个简化的、长期的、以生物为中心的后果主义伦理使我们得出了关于核能的几个主要结论:可再生能源是最理想的选择。就人类和非人类的客观福利而言,核裂变的预期价值比它们低。在可再生能源的数量不足以减少碳排放或减轻赤贫的情况下,核裂变仍可以促进长期客观福利,但它的使用应仅限于这些目的。在考虑核聚变等未来能源选择的时候,如果某些替代能源政策会产生更高的人类和非人类的整体福利,则应该追求能带来更高福利的能源。

核技术的发展充满着很大的不确定性风险,由于它本身所涉及的科学知识的复杂性、影响时间跨度之长、地理空间影响的持续性,以及社会关联影响的复杂性,核技术伦理成为了目前为止最为棘手的科技伦理问题之一。我们在此之前所掌握的所有伦理学知识在核技术面前都显得相形见绌,因此亟须将核技术伦理作为一个重要领域进行研究。核技术伦理学应该重点关注其风险伦理、辐射防护伦理和核废料处置伦理等几个方面的问题,并且需要重点关注信息公开与知情权和发展中国家核能管理,同时非人类中心主义的立场也是一个非常值得认真对待的伦理立场。

思 考 题

1. 你的周边有哪些核技术设施呢?

2. 核辐射危害为何如此大?
3. 风险既然无法预知,为何还需要风险分析?
4. 核废料处置为何充满了争议?
5. 核技术应用中的知情权有多重要?

进一步阅读

对于核能和核技术的著作非常多,然而科普类和科技传播类的知识,以及案例分析居多,严肃的伦理研究相对较少。其中值得推荐的与核技术伦理相关的书籍包括:Taebi 等的《The Ethics of Nuclear Energy》、Jasper 的《Nuclear Politics》,关注核技术历史的书籍很多,例如 Badash 的《A Nuclear Winter's Tale Science and Politics in the 1980s》。

中文书籍方面,冯昊青的《核伦理学引论:核实践的伦理神视》与倪世雄的《战争与道义:核伦理学的兴起》是两部比较好的专著,一些核能的历史的翻译作品,以及核战略文献也很具有可读性。

参 考 文 献

［1］ Badash L. A Nuclear Winter's Tale Science and Politics in the 1980s[M]. Cambridge:The MIT Press,2009.

［2］ Easterling D,Kunreuther H. The Dilemma of Siting a High-Level Nuclear Waste Repository[M]. Berlin: Springer, 1995.

［3］ Eerkens J W. The Nuclear Imperative:A Critical Look at the Approaching Energy Crisis[M]. 2nd ed. Dordrecht:Springer, 2010.

［4］ Garrett B C, Hart J. Historical Dictionary of Nuclear, Biological and Chemical Warfare[M]. Lanham: Rowman & Littlefield, 2017.

［5］ Hecht D K, Oppenheimer J. Robert Storytelling and Science:Rewriting Oppenheimer in the Nuclear Age[M]. Amherst: University of Massachusetts Press, 2015.

［6］ Harrison R M, Hester R E. Nuclear Power and the Environment[M]. Cambridge:RSC Publishing, 2011.

［7］ Jasper J M. Nuclear Politics:Energy and the State in the United States,Sweden,and France[M]. Princeton: Princeton University Press, 2014.

［8］ Taebi B, Sabina R. The Ethics of Nuclear Energy:Risk, Justice, and Democracy in the Post-Fukushima Era[M]. Cambridge: Cambridge University Press, 2015.

［9］ 施洛瑟.指挥与控制:核武器、大马士革事故与安全假象[M].张金勇,译.北京:社会科学文献出版社,2021.

［10］ 郭占青,杨建辉.核武器史话[M].保定:河北大学出版社,2013.

[11] 冯昊青.核伦理学引论:核实践的伦理审视[M].北京:红旗出版社,2012.
[12] 里德.曼哈顿计划:核武器物理学简介[M].哈尔滨:哈尔滨工业大学出版社,2021.
[13] 海斯特.核能与环境[M].朱安娜等译.北京:高等教育出版社,2015.
[14] 倪世雄.战争与道义:核伦理学的兴起[M].长沙:湖南出版社,1992.
[15] 瓦尔登,普拉卡什,乔希.风险指引的工程分析技术[M].王航,译.哈尔滨:哈尔滨工程大学出版社,2020.
[16] 邢继.世界三次严重核事故始末[M].北京:科学出版社,2019.
[17] 塔巴克.核能与安全:智慧与非理性的对抗[M].王辉,胡云志,译.北京:商务印书馆,2011.
[18] 中国工程院我国核能发展的再研究项目组.我国核能发展的再研究[M].北京:清华大学出版社,2015.

第11章

动物研究伦理

本章将介绍关于动物的科学研究和技术应用的伦理问题,包括将动物用于实验和医学、科学等目的研究的道德问题,这些活动我们称之为动物研究。这些问题非常具有争议性,因为这与将动物用于服装、娱乐甚至食物有着很大的区别,并且人们普遍认为动物研究为人类提供了显著的益处。本章首先将介绍动物的哲学争论的简要历史、现状,以及这些伦理争论的根源。然后分析支持动物研究观点的利益立场和必要性立场,同时介绍对这些立场的反驳。最后对传统的动物伦理和动物道德地位立场进行介绍。

▶ 11.1 动物研究概况

11.1.1 动物哲学简史

尽管在当前文学中占主导地位的关于动物的大多数道德和科学问题都是在近代起源的,但动物哲学可以追溯到古希腊时期,其中一些哲学家已意识到关于动物的心理和道德问题。最广泛和最令人印象深刻的是新柏拉图主义哲学家波菲里在他的论文《禁食动物食品》中的记述。文中分析了我们应该或不应该食用动物,尤其是当我们将它们视为达到我们自己目的的手段时。波菲里寻求一种公正的哲学方法,他意识到这种方法很少被采用。他反对在非动物性食物来源同样或更好的情况下杀死动物,并且他支持改善他所认为的高度智能生物的福利。也许最具革命性的古代资料是普鲁塔克所提出的"陆地或海洋动物更聪明"和"野兽是理性的"。他生动地描绘了许多生物有多聪明,我们应该如何评估吃另一种动物的做法,以及动物是否有比人类更先进的思维方式。然而,亚里士多德关于只有人类有理性的论点和斯多葛学派声称重要的语言、理性、美德,甚至真实的情感都不能正确地归因于动物,这在古代世界非常有影响力。

这种对动物进行反思的古老传统被带到了现代哲学中。由皮埃尔·培尔(Pierre Bayle)撰写的具有里程碑意义的《历史与批判词典》，涉及整个讨论历史中许多人物的思想。培尔列举与总结了古代和现代作者讨论动物是否有灵魂，它们是否值得某种形式的道德考虑，以及动物是否存在某种形式的理性。在17~19世纪的几位哲学家的著作中发现了对动物的不太全面但最终更有影响力的思考，其中最著名的是勒内·笛卡儿、大卫·休谟、伊曼纽尔·康德和杰里米·边沁。

毫不奇怪，在这漫长的历史中，动物权利的概念几乎被忽视了。直到17世纪，连普遍的自然权利都没有明确的学说。然而，随着雨果·格劳秀斯、托马斯·霍布斯和约翰·洛克等哲学家发展的国际权利和自然权利理论的出现——今天经常被重新定义为人权——为动物权利的解释铺平了道路。第一个重要的此类理论是18世纪弗朗西斯·哈奇森(Francis Hutcheson)的理论。然而，在动物权利理论中，道德哲学真正具有开创性的发展要到哈奇森之后的几十年才出现。

只有少数哲学史家将持续的注意力转向了几个世纪以来讨论动物的文献，近年来有几位学者开始恢复这段历史的细节。就主要哲学流派而言，影响范围较大的有前苏格拉底、雅典黄金时代、希腊化时期和古代晚期，包括教父哲学范畴下的基督教思想。但在克拉克的评估中，即使是这些类别也并不完全令人满意，因为古代世界的文化和哲学多样性是如此广泛。虽然所谓的西方传统确实继承了植物为动物、动物为人类所统治的观点，但古人的概念比这种概括所捕捉到的更为微妙。一个确实成立的概括是，非人类动物通常被视为陪衬——在习惯上是野兽，没有道德意义上的思想。一般来说，动物被视为与我们完全不同，但人类也被视为能够堕落到野兽行为，以至于人类实际上也能被视为动物。在古代世界，动物也被认为是由外部刺激和习惯推动的，那些未能超越本质上动物性的人类也是如此。

亚伦·加勒特考察了早期现代哲学的历史，主要是17世纪和18世纪。他以18世纪的实验家罗伯特·玻意尔(Robert Boyle)和他的论文《有义务在动物身上进行实验》作为一个有启发性的例子。对玻意尔的这项研究使加勒特对阻碍动物权利理论发展的哲学概念进行了解释。他描述了对玻意尔观点的拒绝和我们对动物负有道德责任的观点的稳步发展。最终，加勒特认为，这一历史趋势导致了苏格兰道德哲学家弗朗西斯·哈奇森提出的动物权利概念的出现。然而，就在哈奇森对后来的动物权利理论有所期待之际，哈奇森所依赖的自然法和自然权利的理论框架却受到了攻击。加勒特还讨论了18世纪末和19世纪初的动物福利问题如何产生了一些关于动物利益和需求的想法，从而加速了英国和德国动物福利立法的到来。

11.1.2 动物研究的现状

尽管人类出于许多不同的目的而利用动物,但在科学研究中,尤其是在故意伤害动物的研究中使用动物,长期以来一直在哲学界之外引起激烈的争论。可以将动物技术定义为与分子知识和当代生物学相关的特定技术。虽然传统的动物选育主要基于外观和性情,但20世纪动物科学的专业化以及遗传学和统计分析的改进使得选育具有相当程度的可塑性,这种技术变革也是战后西方工业化国家动物产品产量大幅增进的重要原因,生物技术可以被视为在这些定性和定量意义上扩展了这个遗传选择工具包。随后的养殖动物基因组测序有望让肉类科学家知道他们正在选择哪些基因,并增进对基因型和表型之间关系的了解。在这里定义为生物技术的分子技术是标记辅助选择、基因组选择、转基因或遗传修饰和克隆。通常的动物实验类型包括军事实验、食物实验、消遣药物实验、干细胞实验、遗传学、化学测试、产品测试、食品毒理学、大脑研究、医学研究、药物检测、饮食失调研究等。每年数以亿计的非人类动物被用于各种实验研究,动物实验正引起全世界的公众和政治关注。当前需要对核心伦理问题进行新的评估,即此类实验在道德上是否合理。我们特别考虑了最近对动物地位、动物感知的道德相关性以及道德对有感知动物的治疗施加限制的讨论而改变的伦理观点。

动物研究应该与动物没有受到伤害的纯粹观察性研究区分开来,伤害研究指违反他们个体利益的程序,包括故意造成痛苦、伤害或死亡的程序。有人估计全世界每年至少使用1.153亿只动物。两个原因使得我们很难准确估计全球研究中使用的动物数量。第一,只有相对较少的国家对使用的动物数量或使用目的进行了统计。第二,在那些确实保留动物研究统计数据的国家中,动物和使用这两个术语的定义差异很大。例如,美国曾公布用于研究的动物的统计数据,但这些统计数据不包括小鼠、大鼠、鸟类、鱼类、爬行动物和两栖动物,而这些是使用的绝大多数动物。

全球范围内正在使用各种各样的动物进行研究,具体类别因国家而异。在欧盟,动物类别包括所有种类的哺乳动物——哺乳类、鸟类、爬行类、两栖类、鱼类,以及头足纲和环口动物门。许多进行动物实验的国家没有公布动物使用的统计数据,例如,埃及、伊朗、印度和泰国。尽管许多国家没有公布实验中动物使用的统计数据,但我们可以得出两个一般性结论。第一,在研究中使用动物是一种世界性现象,几乎每个国家都允许这样做。第二,在许多国家,没有提供关于动物数量或实验数量的信息或实际数字。此外,还可以得出两个结论:一是动物的使用范围非常广泛;二是动物的所有生物学类别都在被利用。然而,几乎所有动物都是有感觉的。事实上,感知能力是根据英国法律和现行欧盟指令获得实验许可的先决条件。众生会经历痛苦、苦恼、伤害和死亡,如前面的例子所示。由于许多实验不仅会造成身体或心理伤害,还会造成死亡,因此它们需要强有力的道德支撑,即研究人员是否可以获得这样做的理由。

11.1.3 争议的根源

与许多其他生物伦理问题一样,关于动物研究的争议是复杂的,并且有很多思想来源。其中一些来源是哲学的,而另一些则不是。

其中最主要的是政治和经济因素,在任何时候对普遍和根深蒂固的做法构成根本挑战时起作用。许多人和机构对于动物研究继续有增无减,并且有明确的经济和专业利益,而其他人可能对改革这种做法甚至完全废除它有同样多的兴趣。这在价值数十亿美元的全球产业中最为明显,该产业涉及捕获、培育、基因定制、运输、安置和销售研究动物及相关用具。然而,它也体现在单个研究人员身上,他们建立了涉及动物实验的职业生涯研究议程,以及寻求保留、改革或废除这种做法的各种利益集团。

第二个根源是历史性的。在大部分有记录的历史中,研究人员经常忽视和损害研究对象的利益和福利,无论是人类还是非人类。有时这是以科学进步或一般社会效用的名义进行的,其他时候是为了简单的好奇心或个人声望。然而,无论出于何种动机,过去的科学和医学研究通常将弱势群体作为研究对象,并且几乎不受任何伦理考虑的限制。在这段历史中,动物研究已经成熟到可以批评和愤怒也就不足为奇了。

第三个影响因素是文化,它与人文科学和自然科学之间存在的普遍鸿沟有关。这种普遍的紧张关系表现在科学家和伦理学家之间的关系中。从历史上看,科学家一直不愿接受对研究实践的任何伦理限制。部分原因是担心即使朝这个方向迈出的最微小的步子也可能导致未来出现更严重的限制。部分原因在于一定程度的科学自信(有些人可能会说狂妄自大)源于过去三四个世纪科学的不可否认的成功。因此,科学家有时认为他们的工作只对其他科学家负责,并且只根据科学内部的标准和价值。

最后一个因素是价值观,这是最根本的问题。几乎每个人都会同意,医学进步是真正的善,减轻人类和动物的痛苦是值得的,我们应该有效利用社会资源,反对残忍、虐待和不必要的伤害。然而,在考虑如何理解和排列这些价值时,又会出现判断上的差异。由于可以提出真正的价值观来捍卫每个立场,因此发现相互冲突的承诺都被强烈持有也就不足为奇了。

11.2 动物研究的主要争论

当前,需要提出与动物实验几乎所有方面相关的基本伦理问题,不仅研究程序本身,还要解决动物实验的历史、科学有效性、哲学、制度化和治理，包括立法、法规、检查、许可和监管。在这样做的过程中，我们不得不挑战许多传统观念和许多标准理由。检查证据并跳出条条框框思考并非易事。最重要的是，要忠实于我们认为道德论证的重要性。希望它能引发对动物实验道德性的更进一步的讨论。

11.2.1 支持者的立场

在讨论动物实验的道德性时要记住的一点是，科学不能回答道德问题。任何类型的实验所带来的好处本身并不表明某些实验在道德上是合理的。这与道德原则和道德理由一起发生，而这些不是由科学决定的。

1. 理论基础和无原则的回应

解决道德问题的一种方法是求助于道德原则和道德推理的一般理论：哲学家经常以这种方式处理问题，因此通常很清楚他们的道德论点是什么以及给出的理由是什么。然而，许多动物实验的捍卫者并没有遵循这种模式，因此我们必须使前提和结论清晰准确，如果需要，可以添加揭示完整推理模式所需的缺失前提。以下是一些为动物实验辩护的常见论点：利益论证和必要性论证。

2. 利益论证

许多人认为，动物实验对人类有医疗益处，例如疾病的治疗和治愈、健康的改善等，因此，动物实验在道德上是允许的。其主要的论点是这样的：由于动物实验有益于人类，因此动物实验在道德上是允许的。这个论点有很多问题。首先，说所有动物实验有益于人类是不准确的，因为许多动物实验是在没有任何期望它会给人类带来益处的情况下完成的，所以应该声称某些动物实验有益于人类。例如每天约有3万人死于饥饿、营养不良和缺乏基本的医疗保健。这些人，以及至少数以百万计的其他人，并没有从动物研究中受益，只有少数人群才受益于动物研究。因此，只有某些人从某些动物实验中受益。有些人似乎认为这自动表明动物实验在道德上是允许的。奇怪的是，他们似乎经常认为这支持了一个更准确的结论，即所有动物实验都是允许的，即使是那些不会给人类带来任何好处并且预计不会带来好处的实验。但由于许多原因，无法得出这样的结论。首先，仅仅某些人从某事中受益并不意味着他们在道德上是允许的，例如，有些人可能会从极其昂贵的医疗程序中受益，或者从健康人身上取出的重要器官中受益。但这些好处并不能自动证明将这么多钱用于获取这些器官是合理的。假设动物案例有所不同，即在道德上允许严重伤害动物以造福人类，只是假设动物实验是允许的，它没有给出任何支持的理由。正如我们在上面看到的，关于权利、重要性和道德地位的常见主张并不能证明这一假设的合理性。

3. 必要性论证

要评价这个论点,我们首先要问"必要"是什么意思?动物实验显然是必要的,有一种说法是:要在动物身上做实验,就必须在动物身上做实验。这是正确的,因为要执行任何精确的特定操作,就必须执行该操作。无论"必要性"的真正含义是什么,这些论点的倡导者都假设了一个道德前提:如果做某事是"必要的",那么它在道德上是允许的。对于"必要性"动物实验倡导者对该主张的某些含义,说所有甚至大部分动物实验都是"必要的"可能是错误的。对于这些意义,这个道德原则将没有应用。"必要"还有其他含义,例如,说某事是"必要的"可能是说"它无法以任何其他方式实现"。在这个意义上,很多动物实验都是"必要的"。但是,在这个意义上,一些活体解剖也是"必要的",因为它的一些好处也"不能以任何其他方式实现"。与"别无选择"的论点同样的批判性观察也可以从据称是动物实验"别无选择"的论点给出:这很可能是错误的,而且这似乎也不会自动做一些道德上允许的事情。虽然动物伦理,尤其是关于动物实验的相关问题,可能是一个热门话题,但逻辑可以帮助你保持冷静。找出结论,询问原因,并要求对这些原因进行公平公正的评估。保持道德和科学的正确性,并记住科学结果仅在道德原则的情况下才具有道德含义。

11.2.2 反对者的争议

近年来,随着对动物实验有效性的科学批评的出现,旧论证的观点受到了挑战。如果我们要理解为什么重新评估动物研究的道德性如此重要,我们就需要关注这些批评。

一是动物实验的不可靠性。对动物实验进行科学批评的第一个因素是关于动物实验效用的辩论。在将动物实验合法化之初,功利主义正当性问题还处于起步阶段。当时不可能确切地知道动物实验是否会产生许多人声称的结果并明确地导致科学进步。在中间的几年里,许多人还认为,这种功利主义的理由对新发现做出了如此决定性的贡献,以至于这个问题几乎没有受到进一步的审查。但是这个假设现在已经从两个方面受到了根本性的质疑:第一个是越来越多的动物实验证据,这些证据并没有证明动物实验是有益的,第二个是"动物模型"是否有益,它们有时被称为"人类疾病的令人满意的模型"。近几十年来,"循证医学"已成为健全、以科学为基础的医学研究和实践的口头禅。循证医学几乎在健康研究、伦理和实践的各个方面都得到了实施,除了使用动物实验来告知人类健康这个方面。动物实验通常被视为默认或"黄金标准"的测试方法。然而,尽管如此,动物实验并没有得到确定其与人类健康相关性所需的严格检查。因此,缺乏已发表的、经过同行评审的证据来支持动物实验的有用性和有效性,已经完成的工作倾向于证明动物实验的不可靠性。2014年发表在BMJ上的一篇综述发现,在过去的十年中,尽管对动物实验中的上述问题进行了严格的讨论,但这些问题在整个领域仍然无处不在,检验动物实验有效性的系统研究仍然很少。因此,几乎不可能依靠大多数动物数据来预测干预措施是否会对人类受试者产生有利的临床效益。即使某项研究完美无缺,我们从动物模型预测人类反应的能力也将受到分子和代谢途径的物种间差异的限制。正如BMJ的文章中所强调的那样,虽然动物研究的偏见和低质量肯定会发挥作用,但在实验中使用动物所固有的不可改变的因素更有可能解释测试结果的不可靠性质。这些因素包括:① 实验室环境和程序对实验结果的不可预测的影响;② 人类疾病与疾病的"动物模型"之间的不一致性;③ 生理和遗传功能的种间差异。

二是人类疾病与疾病的"动物模型"之间的不一致性。动物模型与人类疾病之间缺乏足够的一致性是另一个常见且重大的障碍。在实验室中,人类自然发生的疾病被人为地诱导为动物的替代疾病。无法在动物中复制人类疾病的复杂性是使用动物的关键障碍。即使动物实验的设计和实施是合理和标准化的,但由于"动物模型"和临床试验之间的差异,将其结果转化为临床可能会失败。例如,在脑卒中研究中,常见的差异包括导致脑卒中的人类预先存在的疾病,如糖尿病和动脉粥样硬化,使用额外的药物来治疗人类的这些危险疾病,以及疾病病理学在动物中不存在的细微差别。由于对这些差异的认识,一些出版物认为需要使用同时患有人类自然发生的共病的动物,并且给予的药物是人类患者标准临床护理的一部分。然而,复制这些共同疾病也会导致障碍,因为无法复制这些共同疾病的复杂性。例如,大多数动物不会自然发展出明显的动脉粥样硬化,如血管变窄。为了在动物身上重现动脉粥样硬化的影响,研究人员夹住它们的血管或人工插入凝块。然而,这些诱发疾病的机制并不能复制动脉粥样硬化的复杂病理学及其背后的原因。试图在动物中复制人类疾病的复杂性时,必须复制诱发疾病和生理的复杂性,这被证明是难以实现的。每次发现缺少"动物模型"时,都会提出很多理由来解释问题所在——方法不完善、发表偏倚、缺乏共同疾病和药物、错误的性别或年龄等。认识到"动物模型"和人类疾病之间的每一个潜在差异,就会重新努力消除这些差异。经常被忽视的是,这些"模型"本质上与人类疾病缺乏相关性。

三是生理和遗传功能的种间差异。生理学、新陈代谢、药代动力学和遗传功能的种间差异在转化为人类生理学方面造成了不可逾越的障碍。例如,在脊髓损伤中,由于神经生理学、解剖学和行为方面存在许多种间和株间差异,药物检测结果会因使用的物种,甚至物种内的菌株而异。同样,脊髓损伤的微病理学、损伤修复机制和损伤恢复在不同品系的大鼠和小鼠之间差异很大。即使是同一品系的老鼠,从不同的供应商处购买,也会产生不同的测试结果。一种药物可能被证明可以帮助一种小鼠恢复,但不能帮助另一种。尽管我们与其他哺乳动物共享大部分基因,但我们的基因实际的功能存在巨大差异。为了规避这些差异,实验者改变动物的基因,试图让它们更"像人"。小鼠被广泛使用是因为它们与人类表面上的遗传相似性,并且因为它们的整个基因组已被绘制出来,它们的基因被修改以使它们更"人性化"。然而,如果将人类基因插入小鼠基因组,该基因的功能可能会与它在人类中的功能完全不同。基因工程"动物模型"没有实现它们的设想。当将"人源化基因"引入小鼠体内时,该基因的表达方式可能与人类的表达方式截然不同,并且会受到小鼠特有的生理机制的影响。

总而言之,除了诸如发表偏倚和动物实验质量差等外在因素外,此类测试失败的3个主要原因如下:一是动物产生的数据不佳。不自然的实验室环境和程序会给动物带来巨大的压力。它们的痛苦会导致它们的生理机能发生变化,从而以非常不可预测的方式影响研究数据。二是动物不会自然发展出大多数人类疾病。无法在其他动物身上准确地重现人类疾病是使用动物实验的一个根本缺陷。三是动物不是微型人类。尽管尝试对动物进行基因改造以模仿人类生理学或使用更接近的遗传物种,但物种多样性固有的生理和遗传差异仍然是使用动物预测人类结果的不可逾越的障碍。

四是开发基于人的更具预测性的测试。对动物实验有效性的科学批评的另一个因素是开发动物实验的替代品。开发替代品的整个想法可以追溯到20世纪六七十年代。通过动物保护组织的努力现在已经出现了这种替代技术和方法。动物保护主义者开创了新的科学研究领域,并在此过程中贡献了数百万英镑。动物研究的替代品范围提供了新的可能性。例子包括成人干细胞研究、人体器官芯片、实验室培养的人体器官和系统生物学。目前,许多这些测试方法在临床试验之前与动物实验结合使用。然而,同时使用基于人类和动物实验的问题在于,动物实验可能与基于人类的测试结果相矛盾。当这种情况发生时,动物实验结果可能会受到错误的导向,因为它们代表了"整个动物系统"的结果。因此,动物实验会提供医学错误的完整系统。由于不可改变的遗传和生理原因,动物实验的可信度甚至不如人体的不完整系统。尽管人类医学没有完美的预测方法,但结合以人体为基础的测试方法,包括体外测试,将比动物实验更接近真实答案,动物实验本身就有缺陷。以人为基础的体外测试可能并不总是能准确预测人类反应,但它们有很大的潜力变得更加准确,特别是随着新方法的开发,其更接近于描述整个人类系统。也许最令人兴奋的新发展是人体器官芯片,由微流体通道连接的人体细胞排列的微芯片,可以彻底改变医学测试和药物开发。此外,还有一系列可以替代动物的新兴方法,例如微剂量给药等。

11.2.3 其他领域的争论

拉福莱特(Hugh LaFollette)在《生物医学研究中的动物实验》一文中,讨论了允许和建议在生物医学实验中使用动物的条件。他相信大多数人会认为,我们应该遵循一些共同观点:① 我们可以对某些非人类动物做的事情存在道德限制;② 人类可以利用它们来促进重大的人类利益。这种观点认为动物具有一定的道德地位,但没有要求很高的地位。他还认为,大多数人认为使用动物进行的医学实验最终会造福于人类。最后,这种观点认为,当这些条件成立时,动物实验的做法在道德上是合理的。拉福莱特将共同观点与在生物医学实验中使用动物的较为宽松的观点和对其使用的严格观点区别开来。他还认为,即使动物有道德价值,它们的价值也是微不足道的,人类几乎可以以任何我们希望的方式和任何我们希望的原因使用它们。苛刻的观点认为动物的道德价值是如此之高,以至于它几乎禁止在生物医学研究中使用动物。在这些争论中,有两个主要的道德考虑在起作用。一是道德地位的问题,二是动物研究对人类有益程度的问题。拉福莱特发现,动物实验虽然可以经受住最严厉的批评者的话,但这种做法的好处也没有捍卫者声称的那么引人注目。为这种做法辩护的道德论据有一些优点,但这种做法的道德成本很高,鉴于我们对动物的道德状况的了解以及很多研究经常这样做,拉福莱特认为,这种做法的捍卫者承担了道德责任但不一定产生人类利益。捍卫者需要提供比我们通常看到的更多的证据,证明生物医学研究的价值超过了其道德成本。

Robert Streiffer 和 John Basl 在《将生物技术应用于农业动物的伦理问题》中讨论了20世纪90年代初期出现的关于在农业中使用现代生物技术的道德问题,重组牛生长激素是一种使用基因工程微生物生产的化学物质,注射到奶牛体内以增加产奶量。然后出现了转基因大豆、玉米、油菜和棉花,以及转基因动物和克隆动物,这些动植物被用作农业的食物或种畜。他们为评估现代生物技术的这些新应用提供了道德框架,因为它们会影响食品供应。他们指出,关于转基因牲畜的问题主要集中在牛、绵羊、山羊、猪、鸡和鱼身上,饲料效率、生长速度、脂肪与肌肉的比例以及对病虫害的抵抗力是该计划的主要目标。他们认为,公众的兴趣更多地集中在动物生物技术上,而不是在植物生物技术上。他们指出,所有的牲畜都是具有可确定福利水平的生物,这确保了它们一定程度的道德地位。他们指出,鉴于畜牧业动物的数量,动物的道德重要性具有重大意义。畜牧业也是造成全球环境问题的最重要因素之一。他们通过考虑动物福利问题以及动物生物技术是否会改善或恶化现在农业中出现的动物福利问题来解决这一复杂情况。为了评估这个问题,他们认为需要深入了解动物福利的本质,以及什么会改善或恶化它、动物生物技术的各种应用如何影响福利和环境问题,例如水污染、用水和生物多样性丧失等。

罗文(Andrew Rowan)在《毒理学研究中动物的使用》中,解决了我们使用动物来评估各种药物、清洁剂、杀虫剂、化妆品等带来的毒理学风险的实际问题。罗文在许多动物实验数据对人类风险评估的有用性问题上提出了科学质疑。他认为,现在已经达成共识,即动物实验在预测对人类或环境的危害方面并不是特别有效。这种共识正在迅速引起人们对毒理学的兴趣从动物实验转向更快、更便宜的替代试验系统,但罗文认为我们需要更快地远离在试验中使用动物。他还批评了现行的机构审查委员会制度,该制度原则上由被选为各方的合理代表的人组成,他们与动物的决定利害攸关。罗文认为,理论上这样的系统可以很好地保护实验动物的利益,但在实践中这些系统不起作用。他还认为,目前缺乏关于动物疼痛和痛苦的数据意味着,即使审查委员会决定认真尝试评估毒性研究的成本和收益比,也几乎没有经验数据可用于评估一种合适的方式。因此,大多数审查委员会将注意力集中在实验设计问题上,而不是伦理问题上。他们倾向于批准被他们评估为由研究人员精心设计的那些研究,但随后他们不加批判地依赖研究人员向审查委员会提供的关于该研究如何最大限度地减少动物痛苦的报告。罗文认为这是一种道德上不令人满意的情况,它受到信息不足和调查员偏见的影响。

▶ 11.3 争论中的伦理范式

我们现在转向最重要的变化,即新的伦理范式的出现。在过去的40年里,关于动物伦理地位的学术研究有了长足的发展,伦理学家和哲学家对于根本变革的必要性越来越达成共识,我们今天讨论动物问题的知识背景与100年前甚至50年前的知识背景大不相同,动物的道德关怀已经成为与"道德人类中心主义"和"工具主义"分庭抗礼的动物伦理主义立场。

11.3.1 道德人类中心主义

道德人类中心主义是指人类的需要、欲望在我们的道德计算中应该具有绝对或接近绝对优先权的假设。当然,反对的观点也可以追溯到前苏格拉底时代,几乎每个时代都有思想家挑战道德人类中心主义,但这些思想往往缺乏组织或制度支持,因此社会影响力有限。道德人类中心主义最明显的例子源于正义与友谊之间的感知关系。亚里士多德很清楚,统治者和被统治者之间不可能有友谊,因为统治者和被统治者之间没有任何共同之处,他们之间没有友谊,也没有正义。亚里士多德为此提供了人类与无生命物体之间没有正义的例子,因为每个案例都受益于使用它的事物。他进一步解释说,人无论是对马还是对牛,甚至是对作为奴隶的人都没有友谊。亚里士多德认为,所有者和奴隶也可以成为朋友,因为只要他们是人类,他们就可以共享法律体系或成为协议的一方,但动物显然不包括在这些规定中。亚里士多德的伦理学分析成为人类中心主义的标准解读。1000多年之后,中世纪精通亚里士多德研究的神学家托马斯·阿奎那通过提出友谊只能延伸到上帝和人类同胞发展了这一思路,因为我们不能与非理性动物建立友谊。但他也规定我们可以出于慈善去爱非理性的生物,但前提是我们将它们视为对其他人好的东西,即我们希望它们得以保存,以供人类使用。简单地说,动物被认为是非理性的,由于缺乏理性,人类无法与它们成为朋友,动物本身也不值得享有正义或慈善。

尽管面临各种挑战,但这个亚里士多德-托马斯主义的观点仍然是传统动物哲学思想的核心思想。例如,17世纪的英国哲学家托马斯·霍布斯认为,因为人与动物没有社会契约,所以人类对它们没有义务。大卫·休谟认为,不存在动物的社会,因此动物也不可能平等地诉诸正义。我们与动物的交往不能称为社会,它假定一定程度的平等,但一方面是绝对的命令,另一方面是服从。20世纪哲学家约翰·罗尔斯认为,动物超出了适当的正义理论的范围,认为只有人类才有权获得平等的正义。他指出对动物残忍是错误的,让整个物种的毁灭可能是一种大恶,但似乎不可能通过扩展契约原则使动物也享有正义。从根本上说,契约主义者将道德视为一套规则,这些规则源自理性、自利的个人的一致同意,这些个人的共同目标是生活在一个鼓励人类繁荣的稳定社会中。在这样的画面中,动物缺乏这样一个社会所需的理性,被赋予间接的和衍生的道德地位。当然,契约主义并不总是对动物有如此低的看法。如果允许理性主体可以代表其他非理性生物的利益,则契约主义可以包括动物。但是,总体上契约主义与大多数传统哲学思想一样,在道德上一直以人类为中心。

道德人类中心主义的明显弱点是它没有考虑动物的利益,或者如果它承认动物有利益,它就否认这些利益具有任何道德分量。如何平衡对人类的义务与对其他生物的义务的问题是通过不解决它们来解决的。这样一来,道德就变成了人类独有的事情,其他动物被拒之门外。道德人类中心主义的任意性可以通过选择人类或特定种族或国家的某些其他特征,然后仅基于该特征建立一个排斥系统表现出来。所有这样的排斥都有一个明显的自私方面,这掩盖了该行为假定的客观性。最重要的是,这种排斥通常忽略了人类和动物经历痛苦的共同能力。

11.3.2 工具主义

工具主义是指动物为人类而存在的假设,以服务于人类的利益和需求。这个想法也有着悠久的思想史,并已成为人类感知其他物种的主要方法之一。我们拥有动物的概念是这一假设的直接结果,并且已被编入全球几乎所有立法中。工具主义与道德人类中心主义一样,有其哲学根源。工具主义的哲学根源也可以追溯到亚里士多德,他有句名言:既然自然没有任何目的,那么一定是自然为了人类创造了它们。阿奎那则将亚里士多德的观点改为:根据上帝的旨意,动物是按照自然规律供人类使用的。因此,人类利用它们并没有错。在亚里士多德那被认为是"自然的"或"根据自然"的东西,在阿奎那这也变成了"天意"的问题。他指出动物与植物在非理性方面处于同一水平,同时理性是完全为人类保留的领域。换句话说,动物是自然地行动的,或者是由他人引起的,而不是通过特定的意志。而这方面的证据就是它们"自然地被奴役"和"适应人类的使用"。可见,西方哲学的传统非常强调工具主义。另如,康德(Immanuel Kant)认为,由于农作物和家畜是人类劳动的产品,我们可以说它们可以被使用、消费或被杀死。康德将道德世界分为人和物:人是理性的存在者,物是非理性的存在者。从这个观点来看,道德是人与人之间的一种互惠关系。因此,我们对被理解为非理性生物的动物没有道德义务。康德的绝对命令是人应被视为自身的目的,而不仅仅是达到目的的手段。这个原则不适用于我们与动物的互动,因为它们是物,或者仅仅是达到人类目的的手段。

然而,这并不意味着我们可能不对动物承担一些涉及人类利益的间接义务。例如阿奎那认为,如果虐待动物使施暴者失去人性,那么虐待动物可能是错误的。康德也有同样的判断:我们对动物的义务是对人类的间接义务。他举了一个例子,说明杀死一条不再提供服务的狗是没有错的,但主人必须小心不要扼杀人道主义感情,因为对动物残忍的人也会在与别人打交道时变得严厉。一些当代康德主义者,试图通过考虑如果让动物同意,动物会同意什么来将动物纳入道德世界。

同样,工具主义的明显弱点是它的循环论证,即动物是奴隶,因为它们是可以奴役的。因此,这个论点似乎只不过是对可能是正确的概念的自我论证,例如权力就是它自己正当的理由。人类中心主义和工具主义都拒绝认为我们对动物负有直接责任,以及我们应该独立于人类的需求来考虑它们的利益。

11.3.3 动物的道德地位

西方思想中的前两个主导倾向正在发展转向,伦理学家们已经转向接受第三个立场,承认动物的道德地位,即承认动物本身具有价值,可以称为内在价值。它们有自己的内心生活,值得尊重。这种观点将价值延伸到作为个体的事物,而不仅仅是作为人类集体或社会的一部分。有许多考虑因素为给予动物道德关怀提供了理由:

一是动物不能进行同意或拒绝。人们普遍认为,当任何人希求凌驾于他人的合法利益之上时,需要事先征得他人的知情同意。如果没有这个因素,至少需要我们格外小心和深思熟虑。动物不能同意它们被赋予的目的这一事实增加了我们的责任。可以说,虽然动物不能在自愿和非自愿的情况下说话,但它们的行为可表明同意或不同意,它们可以在行为上,甚至在声音上表现出它们同意或不同意。尽管我们不能否认这些行为指示的重要性,但它们显然没有人类所说的自愿知情同意的含义。从逻辑上讲,只有当一个人被呈现出替代的可能性并且知道这些可能性代表什么以及可以自由地选择其中一种,同时在没有强制的情况下这样做时,同意才有意义。当动物在痛苦中哭泣、嚎叫或打瞌睡时,它会对自己的困境表现出不悦,但表现出不悦并不是自愿同意。简而言之,我们有时可以知道动物对其状态的感受。从这个意义上说,我们经常假定同意,但假定同意距离我们所知的人类之间的自愿口头同意仍有很长的路要走。二是动物不能代表或表达自己的利益。动物不能表达自己的兴趣,除非通过行为指标,如前所述。不能充分代表自己的个人必须依靠他人来代表他们。动物的困境,如同患有痴呆症的儿童或老人的困境,应该唤起一种高度的责任感,正是因为它们无法表达自己的需求或代表自己的利益。然而可以说动物可以而且确实代表了它们的兴趣,例如,一只在垃圾桶里寻找食物的动物可以说是"代表他对获取食物的兴趣"。三是动物在道德上是无辜的。有些动物可能具有道德意识,但我们可以确信它们不是道德主体。因为动物不是具有自由意志的道德主体,所以它们不能被视为有道德责任。那是理所当然的,所以它们永远不应该受到痛苦或因此在道德上得到改善。"动物永远不会受苦",对这种考虑的认识使得对它们施加任何痛苦都是有问题的。关键是,我们需要为故意给动物造成痛苦辩护,就像我们需要为给人类造成痛苦辩护一样。四是动物是脆弱的并且缺少防御能力。动物完全或几乎完全在我们的控制范围内,完全服从我们的意志。动物基本不会对我们构成威胁,也没有任何进攻或防御手段。道德关怀应该与相关主体的相对脆弱性相关并与之相称。动物相对于人类的巨大脆弱性与其他脆弱性相似,例如儿童、昏迷的患者和精神疾病患者的脆弱性。事实上,我们对动物所做的几乎所有事情都是在未经同意的情况下完成的。此类行为涉及对主体自身利益的计算时,特别是当活动涉及伤害时,会产生重大责任。动物脆弱性的体现是它们几乎完全脆弱并受到剥削,尤其是受控养殖的动物。我们对动物生活的控制是无与伦比的。我们几乎完全控制了数十亿只动物,如果按照对待人类脆弱者的理解,我们对动物应该负有近乎全部的道德责任。

对有知觉的动物进行蓄意和例行的虐待,包括伤害、痛苦、操纵、贸易和死亡,是存在道德问题的,动物实验就是这样的典型行为。这些问题构成了我们这个时代伦理争论的一个领域,在过去的50年里,关于动物伦理地位的研究有了长足的发展。不幸的事实是,现有法规、指南和研究实践继续反映生物医学行业的一个重大矛盾。一方面,生物医学行业已经认识到实验室中受苦的动物的经验以及将动物实验结果应用于人类生物学的内在障碍。另一方面,该行业根深蒂固地坚持长期存在的做法,尽管这些做法与不断增长的科学证据不符。科学正在展示其他动物如何在道德相关的方面与我们相似,是时候改变我们的道德观并要求以更公正的方式处理我们与动物的关系了。

思 考 题

1. 在动物身上进行实验在道德上是否是允许的?
2. 在现实的医学、科学和工业实验与研究中是如何对待动物的?
3. 思考不涉及动物研究并能改善人类健康和治愈疾病的办法。
4. 反思人类中心主义和工具主义。
5. 尝试列出几条基本的关于动物研究的伦理规范。

进一步阅读

Peter Singer 的《Animal Liberation》是开启动物伦理学和应用伦理学的经典之作,

Tom Regan 的《Empty Cages: Facing the Challenge of Animal Rights》和他与 Peter Singer 的《动物权利与人类义务》也是该领域的早期经典之作。Rollin 的《动物权利与人类道德》结合个人经历写成,有许多动物轶事。Taylor 的《动物与伦理:哲学辩论概述》是一本很好的文献综述。Armstrong 和 Botzler 主编的《The Animal Ethics Reader》是一本全面的动物伦理选集,包括动物能力、灵长类动物和鲸类动物、食用动物、动物实验、动物和生物技术、伦理与野生动物、动物园和水族馆、动物伙伴、动物法和动物行动主义等部分。Tom Regan 的《动物权利辩论》《动物权利,人类错误:道德哲学导论》是很好的教材。里根的《动物权利案例》包括丰富的案例分析,除了许多动物拥有道德权利的论点之外,这本书还讲述了动物倡导者的个人发展故事,并讨论了媒体和动物使用行业对塑造人们如何处理道德和动物问题的影响,是对伦理和动物问题的最佳介绍。Lori Gruen 的《Ethics and Animals: An Introduction》提供了超越上述作者的原创论点,以及对辛格和里根的许多理论的见解和评论。

参 考 文 献

[1] Armstrong S, Botzler R. The Animal Ethics Reader[M]. 3rd ed. New York: Routledge, 2017.

[2] Beauchamp T L, Frey R G. The Oxford Handbook of Animal Ethics[M]. Oxford: Oxford University Press, 2011.

[3] Garner R. Animal Ethics[M]. Cambridge: Polity, 2005.

[4] Gruen L. Ethics and Animals: An Introduction[M]. Cambridge: Cambridge University Press, 2011.

[5] Hubrecht R C. The Welfare of Animals Used in Research: Practice and Ethics[M]. New York: Wiley-Blackwell, 2014.

[6] LaFollette H, Shanks N. Brute Science: Dilemmas of Animal Experimentation[M]. London: Routledge, 1996.

[7] Linzey A, Clarke P B. Animal Rights: A Historical Anthology[M]. New York: Columbia University Press, 2004.

[8] Linzey A. Why Animal Suffering Matters: Philosophy, Theology, and Practical Ethics[M]. Oxford: Oxford University Press, 2009.

[9] Nobis N. Animals and Ethics 101: Thinking Critically About Animal Rights[M]. Open Philosophy Press, 2018.

[10] Rollin B. Animal Rights and Human Morality[M]. 3rd ed. New York: Prometheus Press, 2006.

[11] Taylor A. Animals and Ethics: An Overview of the Philosophical Debate[M]. 3rd ed. Peterborough: Broadview, 2009.

[12] 辛格,雷根.动物权利与人类义务[M].曾建平,代峰,译.北京:北京大学出版社,2010.

[13] 辛格.动物解放[M].祖述宪,译.北京:中信出版社,2018.

[14] 崔拴林.动物地位问题的法学与伦理学分析[M].北京:法律出版社,2012.

[15] 德格拉齐亚.动物权利[M].杨通进,译.北京:外语教学与研究出版社,2015.
[16] 贺争鸣,等.实验动物福利与动物实验科学[M].北京:科学出版社,2011.
[17] 西蒙东.动物与人二讲[M].宋德超,译.南宁:广西人民出版社,2021.
[18] 哈里森.动物机器[M].侯广旭,译.南京:江苏人民出版社,2019.
[19] 卡拉柯.动物志:从海德格尔到德里达的动物问题[M].庞红蕊,译.武汉:长江文艺出版社,2021.
[20] 沈红,张永红,崔德凤,等.动物伦理与福利[M].北京:中国农业出版社,2017.
[21] 雷根.动物权利研究[M].李曦,译.北京:北京大学出版社,2010.
[22] 吴易雄.转基因动物伦理与公共政策[M].长沙:湖南人民出版社,2013.

第12章

空 间 伦 理

▶ 12.1 空间探索及其哲学

广义的空间指人类活动的所有场所,包括实在的个人空间、住所、建筑、道路、公园、地球、太空等,也包括虚拟的赛博空间、身份空间、思维空间、数学空间等,这些都会产生哲学和伦理问题,比如建筑伦理、城市伦理、赛博伦理、环境伦理等,我们不可能在一章之内把这些都包括进来,因此本章只关注与人类未来密切相关的太空开发及其哲学和伦理问题,这也是人类面临的终极问题之一。

1960年,在苏联发射第一颗人造卫星三年后,在尤里·加加林起飞前一年,德国人沃尔特·庞斯发表了一篇题为《Stehtuns der Himmel off?》(《天空对我们开放吗?》)的文章。这可能是最早对航天事业进行的哲学研究之一,一旦这成为现实,人类可能牢牢掌握自己的命运。然而,是否有天空、宇宙或在此称为空间的东西?我们在宇宙应该占有怎样的空间?人类的本性、力量和极限在哪里,渴望达到它是否可能甚至合理?我们可以从自己身上学到什么?这些都是空间伦理需要关注的问题。

12.1.1 什么是空间

在开始哲学和伦理讨论之前,我们必须首先问自己空间到底是什么,并定义这个词的含义。国际法语委员会(International Council for the French Language)在其《航空航天技术词典》中给出了以下定义:外层空间的常见缩写形式;与外层空间有关的人类活动领域。我们应该如何理解外层空间?宇宙区域位于地球大气层之外,飞机可以在其中活动。空间法中使用"外层空间"这一表达方式,但没有具体的定义或界定。外层空间的具体下限并不明确,但一般认为是50千米左右;而外层空间的上限也一般认为是370千米左右,然而,"航天器可能会在更高的高度上经历由大气引起的减速或温度升高"。没有具体的定义或界定,但这本词典的官方定义可能会让你感到惊讶,但它是完全正确的。实际上,虽然我们可以为外层空间设定一个下限,但上限仍然未知,并且这也是许多科学推测的主题:宇宙是有限的,还是无限的?放弃我们前辈的观点——相信实体空间或实体以太,或任何其他过于物理或过于地理的空间定义,转而采用更技术性的定义:空间首先是一组移动的物体,不仅是自然天体,现在还有人造装置甚至人类,是一套轨迹和运动、知识和技术、交流和关系。空间不仅是一个地方,也是人类实践的场所以及实践的对象。空间的限制不仅包括由它的地理或自然特征强加的限制,还包括我们对科学和技术的知识与无知所造成的限制。

可以说,这是一种有趣的情况。一方面,我们的想象力随着空间科学知识和技术专长的不断增强,为我们提供新的灵感来源;另一方面,利用探索和观察技术,空间在我们眼前初现雏形,比我们祖先想象的球体、本轮甚至多个宇宙与我们更为接近。这种与可追溯到几个世纪甚至几千年的想象和现实中不断更新的成分之间的重叠,既会引起惊讶和兴奋,也会引起挫折和失望,但很少会有人对此置若罔闻。

然而,一个重要的问题亟待我们讨论:我们该把地球置于何地?我们的地球仍然非常符合我们祖先所说的,以及我们今天继续称为"宇宙"内的东西。它只是构成太阳系的行星之一,是天文学家已知和观测到的数百颗行星之一。在尊重人类中心主义观点的同时,我们该如何解释这个共同的分类?我们可以在地球和太空之间设想和建立什么样的关系?如何从技术、法律、文化,最后是道德上解释地球与太空的关系?我们能否将太空视为地球的某种郊区,一个边界未定的郊区?反过来说,地球是否应该沦为一个小点,迷失在最重要的"无所谓的无边无际"中?在这种情况下,我们又该如何评价人类的航天成就?我们应该把它描述为巨大的飞跃还是自命不凡、荒谬的跳蚤般的跳跃?当提出这样的问题时,我们离道德这个概念就不远了。

12.1.2　为什么要有空间伦理

空间是地球周围和地球之外的一切,它是人类探索的"最终疆域"。宇宙浩瀚,跨越数十亿光年。相比之下,地球是一个很小的地方。然而,我们每个人都生活在这片土地上。所有的人类伦理体系都是在这里发展起来的,所以我们的视野是有限的。

但人类正在离开地球,慢慢地走向太空。在1969~1972年的阿波罗任务中,人类登上了月球。此后,我们用卫星填充了环绕地球的轨道,并将探测器发送到太阳系边缘之外。太空曾经有关政治地位和"大科学",但现在它也变成了"大生意"的对象,太空探索的性质正在发生变化。当然,这也引发了许多问题,将太空探索这一特殊的探索置于地球探索历史的背景下研究是有益的。最早的人类祖先起源于非洲,然后传播到世界各地。在技术创新的推动下,后来的人类浪潮也从地球上的各个地方扩散开来。基于政治、宗教和经济利益和人口压力,地球上几乎没有人类尚未涉足的地方。近几十年来,几乎没有土地可供探索,人类通过科学和技术进行了更深入的探索,加深了我们对宇宙的认识。继探索地球、登陆月球并进行了几十年的研究之后,现在似乎是朝着太空迈出下一步的时候了。

对于探索者和被探索者来说,探索并非没有风险。虽然克里斯托弗·哥伦布在1492年被认为是"发现"了新大陆,但他并没有意识到他发现了什么,他真正做的是连接处于不同技术和发展水平的多个文明。几十年之内,新大陆的土著帝国分崩离析,新帝国崛起,财富失而复得又失,数百万人死亡。尽管新大陆的发现带来了巨大的好处,例如新的食物和资源、卓越的经济增长、科学发现和新的治理形式,但也产生了极其负面的影响。种族灭绝、掠夺性殖民主义以及疾病和入侵物种的引入提供了负面的例子。在探索的历史中,回想起来,人类期望许多案例可以做得更好。虽然太空的"新世界"似乎与地球西半球和其他殖民土地的"新世界"大不相同,但人类应该吸取过去的教训,并为比以前做得更好做好准备。探索者面临的问题通常是道德问题,而我们在面对新的机遇和挑战时决定如何采取行动,将为我们在太空的努力方向定下基调。尊重过去,本章不提及太空"殖民化",而是提及太空"定居","殖民化"不仅具有攻击性,而且可能并不准确。

12.1.3 无止境的空间探索

人类是充满好奇的物种,一旦我们选择探索,探索就将会成为我们的第二天性。到目前为止,我们探索的收益——更长寿、更健康、改善通信和交通、减轻痛苦等——似乎超过了成本:环境恶化、严重的社会不平等、危险武器和新兴技术等。也许有一天,一场技术引发的灾难可能会降临到我们身上,我们会希望我们从未离开过去贫穷、软弱和无知的"家园"。我们的后代可能还会诅咒我们的探索。但那一天尚未到来,希望永远不会到来。探索前沿充满机遇和危险,这两者可能都很诱人。有利于我们进入太空的是科学知识和开发有益的新技术,而这两项已经开始为人类带来戏剧性的、难以预料的影响,但这些知识让我们对我们的宇宙有了前所未有的了解。

但太空活动也为我们地球的大量科学知识做出了贡献,包括对环境状况、栖息地转变和破坏的测量、人为气候变化的详细知识,以及关于地球和地质学的许多知识。我们还了解到很多关于太阳系行星的信息,例如,金星大气中失控的"温室效应"使地表灼热,而火星上的温室效应太少则使地表相当寒冷。在人体受到辐射、微重力、营养限制等影响时,医学科学也做出了重大贡献。

在技术方面,美国全球定位系统(GPS)、俄罗斯Glonass、中国北斗卫星导航系统,还有其他全球导航系统——适用从智能手机到军用车辆——都依赖于我们上方通过火箭放置的卫星网络。太空探索和使用开创了如此多的技术,其中一些重要的技术包括气象卫星、通信卫星、太阳能光伏(PV)电池、电子计算机的进步、材料科学的进步等,其他很难一一列举。

太空也是地缘政治和军事意义上的国家利益争夺的重要场所。作为战斗中的终极"高地",太空允许某些资产类别(如间谍卫星)存在于许多或大多数对手无法攻破的位置。虽然联合国外层空间条约(OST)禁止永久性武器和大规模杀伤性武器进入太空,但人们并未停止开发非永久性武器(如导弹、导弹拦截器和反卫星武器)或研究和开发可能的天基武器平台,例如美国前总统罗纳德·里根的战略防御计划所设想的、绰号为"星球大战"的计划。虽然军事和政治利益最终似乎是探索和使用太空的一个不那么崇高的理由,但相对权力、安全和保障无疑是非常人性化的利益,对于那些感到自己受到保护的人来说是有价值的。

空间活动也是促进国际合作和全球意识的重要途径。虽然"太空竞赛"的国际竞争推动了一些国家一路奔向月球,但不久之后,阿波罗-联盟计划宣布解冻这一竞争,并开启了美利坚合众国与欧盟之间的合作。目前,国际空间站继续开展这种跨国太空合作,有5个航天机构(加拿大国家航天局、欧洲航天局、日本宇宙航空研究开发机构、俄罗斯联邦航天局和美国国家航空航天局)参与其中。除了太空探索本身的合作,此动作本身也有助于在地球上产生一些团结的感觉,著名的"蓝色大理石"和"地球升起"图片展示了地球的一体性和空间科学支持的科学发现,例如促进国际合作有利于解决有关气候变化的问题。

获得新的重要资源可能是进入太空的另一个原因。地球是一个有限的星球,地球上的某些元素在地壳中非常稀有,尤其是铂族金属,它们非常致密且嗜铁,因此在地球的自然运动中倾向于向地核下沉。然而,小行星和太空中的其他物体(如行星、彗星和卫星)有时可以在更多方便接触的位置拥有大量这些元素,使其成为这些有价值材料的潜在绝佳来源。现已倒闭的小行星采矿初创公司 Planetary Resources 曾估计,一颗富含铂的500米宽的小行星包含的金属是已知地球铂族金属(钌、铑、钯、锇、铱和铂)储量的1.5倍。除了将元素返回到资源匮乏的地球之外,进一步探索和开发太空将需要获取并非纯粹来自地球的资源。特别是,有必要获得水,这在太阳系内部相对罕见,而且从地球表面大量运输的成本太高。

人类可能想要探索太空的另一个原因是创建一个"备用地球",以"对冲"地球上的全球灾难性和生存风险。作为进入太空的最后一个原因,许多人发现探索太空的经历本身就足以激发人们的热情。迄今为止只有12个人曾经在月球上行走过,而这些人,在极大地鼓舞了自己的同时,也鼓舞了全世界无数其他人。

12.2 空间伦理的核心议题

12.2.1 空间伦理的范围

空间伦理体现了跨学科性。其讨论者从天体生物学家到科幻小说作者,从地质学家到哲学家,从律师到政治学家,从工程师到行星科学家。因此,空间伦理这一研究领域拒绝简单、统一的描述也就不足为奇了。相反,它由广泛的问题组成,这些问题包含了同样多样化的知识资源。

在这个学科光谱中更偏"理论"的一面是典型的规范问题和元伦理问题,即与伦理理论的构建、地位和评价有关的问题:空间环境具有内在价值吗(即其价值在于其本身吗)?或者空间仅仅是满足我们私好的工具吗?我们与太空环境各个方面的道德关系是什么——例如,我们是否有道德义务尊重或限制我们在小行星、彗星、卫星或行星等实体上的活动?如果发现了地外生命(包括微生物生命),它们是否属于道德考虑范围?如果是,以什么方式?出于什么原因?到什么程度?简而言之,太空环境会影响我们对应该做什么和"什么更重要"的判断吗?同时,在更"实际"的方面,对现有和拟议的太空活动的伦理评估存在各种问题:

(1)国家和全球在太空探索方面的支出是否合理?现有的支持是充分的、不足的还是多余的?这种支持应该如何在人类和机器人的探索之间分配?

(2)各种形式的太空旅行,包括长时间的太空飞行,有哪些风险?太空旅行参与者是否充分了解这些风险的信息,他们对这些风险的评估是否足够客观?

(3)我们应该在多大程度上保护原始太空环境,例如小行星或行星表面?那些可能是外星生命家园的遗址是否更值得保存?我们为防止可能在地外环境里生存下来的地球微生物污染地外环境应该做多大的努力?我们为什么要保护小行星或行星表面或外星生命形式,是为了科学研究,还是因为它们本身就有价值,因此值得为它们本身的利益而保护?

(4)对空间中特别"流行"的位置,如低地球轨道(LEO)和地球静止轨道(GEO),进行管理的最公平和最有效的方式是什么?LEO中的轨道对地球观测卫星特别有用,LEO还是载人航天的主要环境。同时,GEO对全球电信卫星特别有用。进入地球轨道上的位置是否应该被允许以先到先得的规则进行,或者进入地球轨道是否应该受到某种社会契约的约束?

(5)近60年人类太空活动产生的碎片对地球轨道上的人类和远程操作构成越来越大

的威胁。我们有什么责任限制这些碎片的产生？如果我们有这种能力，我们是否有义务"清理"这些碎片？

（6）是否应该将财产权授予那些对开发太空资源感兴趣的人，例如授予行星资源公司等有兴趣从小行星中提取矿产资源的公司？这些太空资源应该基于先到先得的原则，还是应该基于平均分配的原则？是否应该允许对行星进行地球化改造，即使用地球物理工程将以前不宜居住的行星变成适合人类居住的行星？

（7）太空殖民地和定居点的居民将面临哪些挑战？在必须制造水和空气等基本资源的极其恶劣的环境中，什么样的治理或社会组织形式可以最大限度地提高殖民者的安全和个人自由？

我们目前要强调的是，上述问题都不单属于任何一门科学或哲学（或其他文科）专属范围。例如，为太空行为构建伦理理论的"理论"任务不仅应该借鉴哲学（如规范伦理）的讨论，还应该借鉴太空科学——天体生物学、天文学、行星科学等。毕竟，在讨论空间伦理时，应该对空间环境的构成进行最低限度的考虑。外星生命的道德地位这一具体问题也同样如此，它不仅涉及天体生物学和规范伦理学，还涉及科学中的化学和生物学，以及生命伦理学、环境伦理学、科学哲学和语言哲学等。

关于更具特色的"实际"问题，解决（1）中的问题主要依赖于空间和社会科学。空间科学用于限制探索可能性和扩展科学知识，社会科学（人类学、经济学、哲学、社会学）用于评估和预测太空探索过程将如何影响社会。毕竟，更普遍的科学研究，特别是太空研究的价值，往往不是不言而喻的——它需要人类的视角。详细说明（2）中涉及的风险需要广泛的生物学和医学知识，了解减重和微重力环境对生物体的影响。因此，对太空旅行参与者所面临风险的任何伦理评估不仅需要生物伦理学和商业伦理学，而且需要生命科学。除了已经提到的许多学科之外，（3）~（6）中确定的问题与空间法律和法规有关，因此需要空间律师和政策制定者的建议。最后，如何最大限度地提高太空定居点的自由和安全的问题，（7）提出了工程师、政治哲学家、政治科学家、心理学家和社会学家感兴趣的问题。

12.2.2 空间探索有无止境

空间伦理作为应用伦理学的一部分，是讨论如何把事情做好的伦理学。我们虽然可以用任何道德分析工具来分析空间伦理问题，但是最终做出决定的还是人类自己。我们也应该去尽可能使用任何可行的道德工具，如果能找到更好的工具，请试着使用并向大家分享。没有哪一个人能对太空伦理得出全面的结论，但人们集思广益结果将会有所不同。

为了解决太空带来的问题，我们需要从人类所有不同的文化传统中寻找和汲取智慧。这种空间科学与人类意义和价值观之间的对话，也是一种弥合科学与人文之间"两种文化"鸿沟的绝佳方式，正如C.P.斯诺在60多年前就曾讨论过的。这些文化与传统，学科与领域之间的融合、差距的弥补,有助于我们将人类的知识和经验统一为一个更加人道的整体。

空间伦理不是一个简单的问题,事实上,它甚至可能是人类伦理学涉及的最复杂的领域之一,因为它深入讨论人类在宇宙中存在目的与核心意义。太空有关的事情并非易事,太空探索肯定也有错误的方法。为了使太空探索与道德并驾齐驱,人类必须小心谨慎。

作为地球上的一个物种,人类可以仅仅满足于留在地球上,照顾地球和人类自己,从而避免探索的危险和成本。然而,这种未来的对空间的回避存在于理论之中,而且需要积极压制各种渴望探索空间的组织和个人。实际上,这种压制不仅代价高昂,而且容易适得其反。太空探索和使用最终可能会给地球上的人类带来巨大的好处,尽管它相对昂贵和危险。也许太空探索和利用的最大好处是它可以让人类在太空中的其他地方定居,从而在灾难降临地球时为人类和地球生命提供"后盾"。目前,人类及整个地球生态圈的鸡蛋实际上都在一个篮子里,随着技术危险的增加,我们有必要追求不仅能提高地球安全和保障,还能提供应对灾难的终极保险技术。

从另一个角度来看,人受其周围环境的影响非常大。通过与作为人类认识对象的地球的互动,人类塑造了我们独特的文化、精神和意识。同样,如果我们放眼茫茫宇宙,看向更广阔的无限世界,我们对世界和对自己的认识将大大不同。从一种后人文主义的角度来说,地球与宇宙之间没有严格的区分,地球生命与宇宙生命也是如此。我们探索宇宙,就好像探索地球那样自然,所以我们看待宇宙也应该像看待地球万物那样谨慎,这足以让我们告别人类中心主义的限制,坦然地迎接我们的未来。

▶ 12.3 空间伦理带来的反思

12.3.1 来自太空的信号

1977年8月15日,从当地时间晚上10点15分开始,俄亥俄州哥伦布市俄亥俄州立大学的"大耳朵"射电望远镜探测到人马座方向的持续72秒的强烈信号。后来,天文学家杰瑞·埃尔曼(Jerry Ehman)看到了信号的打印输出,该信号的峰值强度是背景噪声的30倍,他把它圈了起来,并在旁边用大字母写下了"WOW(哇)"。这是他见过的最强烈的地外信号。这个由埃尔曼的惊讶引发的命名,已经成为这起事件的官方名称,该信号现在被称为"WOW"信号。虽然"WOW"信号有许多可能的来源,从一块太空垃圾一路反射的地球无线电信号到外星智能向地球发出的信号,但目前没有一个是确凿的,它的来源仍然成谜。

第12章

空间伦理

地外智能生物搜索利用射电天文学和其他工具,试图了解宇宙中是否存在其他智能生命。这其中存在许多问题,包括最基本的问题:"我们是孤独的吗?"还有其他问题:"我们对智能生物有足够的定义吗?""我们应该害怕发现地外智能生物还是害怕发现它们不存在?"

当然,我们没有确凿的证据证明地外智能的存在,然而,即使地外智能不存在,这个思想实验也不是徒劳的,因为它可以进一步启发和澄清我们如何看待智能,无论是动物、人工智能还是其他智能。

无论是地外生命还是地外智能的发现,都会对人类和所有生命在宇宙中的地位提出重要问题。发现地外生命将具有重要意义,因为它将意味着生命并不只存在于地球。那么,生命显然不是一种侥幸或一次性的发生,而是一种可重复的、"原生"于宇宙的东西。生命将是宇宙自然形成的东西。我们发现的生命越多,生命似乎就越"自然"。然而,当然也有相反的证据来证明生命应该并非是常见的。以物理学家恩里科-费米命名的"费米悖论"问道,如果太空中有这么多行星,而且生命似乎应该很普遍,那么为什么我们没有探测到地外智能?

智能生命的发现将也许包含以下场景,其中一些场景在伦理上令人担忧。

(1) 地外智能太远了,意义不大。我们会通过信号知道它们的存在,但这些信息对我们的日常生活没有影响。这将是伦理上最不复杂的情况。

(2) 地外智能很友好,希望它们能够帮助我们。它们的友好是一种帮助。当然,友好也可能并不能提供帮助,正如地球上许多案例所证明的。

(3) 地外智能是中立的或不想与我们有任何关系。如果它们知道交流会伤害其他智能物种,那么它们拒绝交流可能是在试图保护我们。

(4) 地外智能不易归类或难以理解。也许地外智能不是不愿意,而是实际上没有能力与外人交流。也许他们不使用我们能够破译的模式进行交流。

(5) 地外智能想要灭绝我们。就如同刘慈欣的"黑暗森林法则"所表述的那样,这种魔鬼般的行为纯粹是一种先发制人的自卫,因为它们知道如果其他人知道它们的存在,那么它们也可能被消灭。

(6) 地外智能有能力实施第(5)种情况,但它们不打算这样做。它们要么不愿意实施,要么它们的对手在技术上与它们不相上下,因此不太可能轻易对我们实施灭绝。

(7) 有多个地外智能,它们符合以上其中几种情况,共同组成一个有趣而复杂的宇宙。

鉴于此,我们该如何对待天外来信? 如上所述,地外智能可能给我们带来援助,让我们走向更光明的未来,但同样,它们也很有可能给我们带来毁灭性的灾难。所以,我们是应该被动地接受消息,还是应该主动地联络? 追求太空知识会不会太危险或太邪恶? 对太空知识的追求是否应该受到限制? 我们是应该始终寻求太空知识,还是应该在某些条件下掩耳盗铃？如果我们选择继续探索，这也将无疑是一项牵动整个社会的"大科学"，那么，按照成本-效益来看，这一切值得吗？谁又将为此买单呢？

最后，我们应该再次问：对于这种可能不存在的问题，我们应该做怎样的准备？这种努力是在浪费时间，还是为人类提供良好的"保险"？也许只有未来才会知道。

12.3.2 太空旅行的风险

美国亿万富翁丹尼斯·蒂托（Dennis Tito）是史上第一位太空游客，由他发起的灵感火星基金会（Inspiration Mars Foundation），致力于送两名私人太空参与者执行飞越火星的任务，然后让他们返回地球。蒂托本人和其他几个人一起起草了该项目的可行性研究报告。不幸的是，这个项目最终没有进展。这次任务的一个问题就是飞行的后勤保障：需要携带500天的食物、完全依赖生命保障系统和辐射的危险等。虽然灵感火星的想法并未落地，但是对一些人来说这仍是鼓舞人心的。随着太空技术的进步，这类提议将会激增，最终有一个可能就会成为现实。

自从我们意识到有可能实现到其他行星、天体和空间地点旅行以来，宇宙旅行一直是人类的梦想。虽然我们已经将许多机器人探测器送入太阳系以及一些更远的地方，但人类从来没有在月球以外的地方旅行过，即使我们登月已经几十年了。然而，现在人们对这些探索活动重新产生了兴趣，这次不仅是送机器太空旅行，而且是送人。我们应不应该考虑这些极其困难和危险的任务？

长时间的空间旅行无疑是非常艰难的，无论是技术上还是宇航员的身心承受上。关于太空飞行，风险可以分为急性风险和慢性风险。急性风险是突然的，会迅速造成严重伤害，如碰撞或爆炸。慢性风险是持续的或长期的，危害是持续的，而且随着时间的推移而累积。慢性风险伦理比急性风险伦理更复杂，因此需要进行更多的讨论。长期暴露于有限的营养、微重力、辐射等都会对人体造成伤害。在实践中，所有这些长期风险都需要技术系统来缓解；然而，除非采取非常有力的技术干预措施，否则将风险降至零的可能性不大，而且此类干预措施往往规模大、重量大、成本高和能源密集。宇宙飞船越大，拥有的东西越多，它可能越安全，但移动起来越困难，移动它所需的能量也越多。安全系统需要满足这些要求，这就需要权衡取舍。

在未来，人类的太空探索可能会持续超过一个人的一生。这种探索可以通过某种形式的休眠技术来完成。休眠虽然目前对成年人来说不可行，但对胚胎和人类配子来说已经是可能的。这就产生了"胚胎宇航员"的概念，而且还有一些非常极端的问题，如在没有成年人照顾的情况下将孩子抚养成人，即使通过机器人和人工智能，也可能导致孩子严重的心理创伤，而且他们的一生也可能只能生活在宇宙飞船上，这对他们来说是否公平？

太空环境复杂又艰苦，有一些哲学家如康拉德·西西克（Konrad Szocik），建议应该利用人类生物学,以使人类更适合太空。比如通过改变我们的胃,使其能够在没有重力辅助的情况下发挥作用,增强我们的骨骼和肌肉系统,无论重力如何,都能产生更多的骨骼和肌肉,从而提高人类对微重力的耐受能力。然而也许不远的未来,这些科幻梦都很有可能成为现实,哪怕大多数人都不赞成。这也会引发一个更深层次的伦理问题:即使我们能做到这一点,我们也应该这样做吗?还有更深一步的问题:我们为什么要这样做?我们想要什么?

太空飞行,无论是长期还是短期,都将涉及计算机系统,随着计算机系统越来越智能,人工智能将与太空飞行紧密相连。人类在太空中将如何与复杂的人工智能交互?这一担忧在电影里也有所体现,在1968年斯坦利·库布里克和亚瑟·C.克拉克执导的电影《2001:太空漫游》中,一项探索木星的长时间任务出了差错,而这导致船上的人工智能HAL9000做出杀死人类的决定。人工智能的伦理方面有许多严重的问题,其中有几个问题与太空密切相关,比如安全问题、偏见和依赖等。随着人工智能技术的逐渐成熟,它们不仅能帮我们进入太空,同时也能给我们带来各种棘手的难题。

此外,长时间的太空旅行还存在其他伦理问题,例如太空旅行是有助于保护人类和地球,还是只是把人类置于被外星智能生命发现的风险里;在为未知的未来个人和后代做出长期不可逆转决定的情况下,如何考虑知情同意问题等。

思 考 题

1. 列举你生活中的空间想象。
2. 空间伦理应该包括哪些领域?
3. 为何要不断进行太空探索?
4. 你觉得我们应该持续寻找地外智能生命吗?
5. 长期的太空旅行有哪些风险?

进一步阅读

Schwartz 等的《The Ethics of Space Exploration》是一部很好的、内容全面的文集,Green 的《Space Ethics》是一本非常不错的读物,Valtonen 等的《Ethics and Politics of Space for the Anthropocene》是一本新近的研究性著作,Warner 的《The Other Side of Nothing》分析了他者的问题。

专门分析太空探索的伦理问题的中文著作目前还未出现,有几个相关主题的文献可参考,例如焦维新的《空间天气与人类社会》、周祝红的《思辨的宇宙:霍金量子宇宙学思想的哲学分析》,研究空间伦理其他议题的文献相对较多,例如施锜的《城市公共空间中的安全伦理》、袁超的《城市空间正义论》、秦红岭的《追寻建筑伦理》等,对于太空探索的历史和科普的中外文著作种类很多,可以选择学术性强的进行阅读。

参 考 文 献

[1] Catena M,Masi F. The Changing Faces of Space[M]. Cham:Springer,2017.

[2] Galliott J. Commercial Space Exploration:Ethics Policy and Governance[M]. Surrey:Ashgate,2015.

[3] Green B P. Space Ethics[M]. Lanham:Rowman & Littlefield,2021.

[4] Grohmann S. The Ethics of Space:Homelessness and Squatting in Urban England[M]. Chicago:HAU Books,2020.

[5] Özkan D,Büyüksaraç G B. Commoning the City:Empirical Perspectives on Urban Ecology[M]. New York:Economics and Ethics-Routledge,2020.

[6] Schwartz J,Milligan T. The Ethics of Space Exploration[M]. Cham:Springer,2016.

[7] Valtonen A,Rantala O,Farah P D. Ethics and Politics of Space for the Anthropocene[M]. Cheltenham:Edward Elgar,2020.

[8] Warner B. The Other Side of Nothing:The Zen Ethics of Time,Space,and Being[M]. California:New World Library,2022.

[9] 坎尼夫.城市伦理:当代城市设计[M].秦红岭,赵文通,译.北京:中国建筑工业出版社,2013.

[10] 卡西尔.文艺复兴哲学中的个体和宇宙[M].李华,译.北京:商务印书馆,2021.

[11] 焦维新.空间天气与人类社会[M].北京:知识产权出版社,2015.

[12] 陆继宗.嫦娥飞天:中国人的太空探索之路[M].石家庄:河北科学技术出版社,2020.

[13] 克拉克.人类探索太空大冒险[M].黄婷,译.北京:新时代出版社,2014.

[14] 秦红岭.追寻建筑伦理[M].北京:中国建筑工业出版社,2016.

[15] 施锜.城市公共空间中的安全伦理[M].上海:上海书店出版社,2015.

[16] 泰勒.建筑伦理学的前景[M].王昭力,译.北京:电子工业出版社,2016.

[17] 吴红涛.大卫·哈维与空间伦理研究[M].北京:中国社会科学出版社,2020.

[18] 袁超.城市空间正义论[M].北京:中国社会科学出版社,2020.

[19] 张玉涵.走出地球摇篮:人类飞天梦想的实现和对太空的探索与利用[M].北京:科学出版社,2015.

[20] 周祝红.思辨的宇宙:霍金量子宇宙学思想的哲学分析[M].北京:科学出版社,2006.

第13章

纳 米 伦 理

纳米科技是20世纪下半叶兴起的一个新兴科技领域,是在纳米尺度上操纵物质的研究。一开始,它就与伦理问题有着密切的关联,早期纳米伦理主要关注纳米毒理学研究,然而随着纳米技术的发展,它所带来的环境、军事、医学等伦理问题越来越突出,纳米伦理学正成为一个重要的学科交叉的科技伦理研究领域。

▶ 13.1 纳米世界的来临

13.1.1 纳米技术的起源

纳米技术是在纳米尺度上操纵物质的研究,纳米尺度指的是几纳米(1纳米等于10^{-9}米)的尺寸。在这种规模下,材料的特性可能与更大尺度上的特性有很大不同,并且有可能创造出具有独特性能的材料和设备。纳米技术的一些潜在应用包括开发具有更高强度、更好导电性或其他理想特性的新材料,创造新的医疗和诊断工具,以及创造更高效的能源生产和储存系统。纳米技术是一个涉及物理学、化学、生物学和工程学的跨学科领域,它有可能彻底改变社会的许多方面。与任何其他成功的技术一样,纳米技术有许多来源。从某种意义上说,化学领域从一开始就一直在研究纳米技术,材料科学、凝聚态物理学和固态物理学也是如此。纳米级并不是那么新鲜。但是,以特定的眼光对纳米尺度进行研究和设计是新的,也是革命性的。

纳米技术一词可以追溯到1974年。谷口典夫(Norio Taniguchi)在一篇题为《关于纳米技术的基本概念》(《On the Basic Concept of Nano-Technology》)的论文中首次使用了它。在文中,谷口典夫将纳米技术描述为在纳米级别设计材料的技术。然而,纳米技术的起源还可以追溯到1959年费曼在加州理工学院发表的题为《底部还有很多空间》(《There's

Plenty of Room at the Bottom》)的演讲。在这次演讲中,费曼谈到了小型化和原子级精度的材料,以及这些概念如何不违反所有已知的物理定律。他提出,可以通过开发逐渐缩小的机械来制造纳米级机器人,一直持续达到纳米级,当然,这并不是纳米技术研究实际遵循的路径。

费曼还讨论了自然界中无须人工设计即可实现原子级精度的系统。此外,他还列出了一些可能需要采取的精确步骤,以便在这个未知领域开展工作。其中包括开发更强大的电子显微镜,这是观察的关键工具。他还讨论了在生物学和生物化学中进行更基本研究的必要性。

在关于纳米技术基本概念的论文中,谷口典夫更详细地发展了费曼的想法。他表示,纳米技术是获得超高精度和超精细尺寸的生产技术。对于材料而言,切削、流动或设计的最小单位是一个原子(通常约为1/5纳米),材料的细度限制在1纳米量级。在论文中,谷口典夫基于材料的微观行为讨论了他在材料加工中的纳米技术概念。谷口典夫认为离子溅射将是该技术最有前途的工艺,开发许多工具和技术用于开发这种类型的纳米技术。然后,1987年,K. 埃里克·德雷克斯勒(K. Eric Drexler)出版了他的著作《创造的引擎》(《Engines of Creation: The Coming Era of Nanotechnology》)。德雷克斯勒的书是一部高度原创的著作,不仅吸引了非技术性的读者,也吸引了科学家的关注,描述了一种基于分子"组装器"的新技术形式,该技术能够将原子以几乎任何合理的排列方式放置,从而形成自然法则允许的任何东西。这听起来是一个离奇的想法,但正如德雷克斯勒指出的那样,这是大自然一直在做的事情。关于现在所谓的"分子制造"的可能性、前景和问题,一直存在重大争论,甚至这些机器的可能性也引起了广泛的争论。

《创造的引擎》标志着纳米技术和相关科学研究的一个明显的起点。尽管这项研究大部分与分子制造无关,但对研究对象规模的关注成为最重要的因素。为处理单个原子而开发的工具,例如IBM的扫描探针显微镜,使研究人员能够以前所未有的程度研究和操纵单个原子和分子。在一张非常著名的图片中,IBM的研究人员使用扫描隧道显微镜在镍基板上移动了氙原子,使其拼出公司的徽标"IBM"。电子显微镜已经发展到可以在越来越多的环境中进行使用,研究人员也开始研究开发其他原子精确的材料和设备。

1991年,随着NEC的Sumio Iijima发明碳纳米管,纳米材料成为研究的热点。从那以后,一种又一种新型纳米级材料不断被报道出来。纳米技术现在被认为是未来的技术。2000年后,各主要国家纷纷制定国家纳米技术计划,并将纳米技术发展界定为21世纪的重点技术。

13.1.2 纳米技术的现状

目前纳米技术的研究涉及3个主要方向:纳米科学——研究纳米级相互作用和行为

的科学;纳米材料开发——纳米材料的实际实验开发,包括其在其他设备中的应用;纳米建模——通过计算机为纳米材料的相互作用和性质进行建模。了解纳米级相互作用的基础科学对纳米技术的发展极为重要,这些相互作用构成了纳米技术的主要研究领域之一。在纳米尺度上作用于物体的物理定律结合了控制日常物体操作的经典力学和控制非常小的物体相互作用的量子力学。尽管已经发现了许多在这个层面上起作用的基本自然规律,但发展这种规模的科学仍然非常困难。量子力学尽管在这种规模下有效,但纳米级材料中大量原子之间的相互作用可能使预测这些相互作用的实际结果变得困难。此外,经典力学在这个尺度上也起作用,但是材料的小尺寸和相互作用的尺度会使计算出的力的值过大或过小。此外,了解纳米技术中起作用的力和理论只是纳米科学的一个方面。

纳米科学的另一个非常重要的方面是了解纳米材料和器件的形成。在观察纳米尺度时,传统材料、结构和设备通常被称为大技术。这种大技术已经带来了许多伟大的成就。然而,这种创造是通过对材料进行切割、削片、捣碎、挤压、熔化和执行其他此类散装程序以创造新的设备、结构或材料来完成的。与纳米技术的主要区别在于这种创造过程。使用纳米技术,我们从原子尺度开始,控制原子和分子的位置和排列,我们将技术构建成独特的设备、材料和结构。此外,许多材料在以纳米级开发时具有极其独特的特性。许多材料以不同的原子排列配置自身,而这在相同材料的块状形式中是看不到的。了解这些材料在较小规模形成时所经历的变化对于开发这些材料在设备中的用途至关重要。在纳米尺度上,材料、器件和结构之间的这种关联只会放大,因为在这个尺度上它们几乎无法区分。纳米材料也可以与其他材料结合使用,从而增强其他材料的性能。例如,纳米级炭黑颗粒一直用于增强轮胎强度。另一个更常见的例子是材料的沉淀硬化。沉淀硬化是一种热处理技术,用于强化材料,尤其是某些金属。它依赖于产生精细的、不纯的纳米级颗粒,然后阻止材料内缺陷的移动,这种处理会使材料变硬。

材料是纳米级技术的本质。技术的规模、种类和结构不仅定义了材料的特性,也定义了器件的功能。此外,当不同的材料在纳米尺度上操作时,它们与环境的相互作用也不同。散装材料以某种方式与其环境相互作用,因为它们的绝大多数原子都在材料的体积内部而不是在表面上,这种材料表面与体积的比非常小。当原子被其他原子包围时,它们对环境的反应不同于它们在表面上的反应,并且表面上原子的相对数量可以极大地影响材料整体的性质。对于纳米级材料,许多原子位于材料表面,因此表面与体积的比要大得多。例如,半径为100微米的球形颗粒将具有约30000的表面体积比,半径为10纳米的粒子的表面体积比是300000000。在这里,材料表面上的原子百分比要大得多。这可以从根本上改变材料的特性、它与环境的交互方式以及它在设备中的使用方式。

纳米技术的另一个重要方面是纳米级设备、材料和相互作用的计算机建模。最初科学家们会在他们的办公室里建立分子和结构的实际物理模型,通过这些模型,他们为原子执行计算,在模型上移动它们,然后不断尝试。

13.1.3 纳米技术的未来

纳米技术的未来一直是无数书籍和文章的主题,经典书籍包括前文提及的德雷克斯勒的《创造的引擎》和霍尔(John Storrs Hall)的《纳米未来》(《Nanofuture: What's Next for Nanotechnology》)等。纳米技术正在朝着更广泛的方向发展,未来的纳米科技将包括纳米技术对计算机和机器人技术、医学和分子加工的影响。我们会发现这些影响之间有很大的重叠。纳米计算机的发展有两种方式:第一种方式是开发具有更好计算电路特性的更小设备,这种计算的发展允许更高密度的电路和更新的架构,从而提供越来越强大的计算能力。纳米技术对计算机产生影响的第二种方式更具革命性——更小、更强大的计算允许开发纳米机器人。这些机器可以是自主的,也可以通过外部控制。这些机器的小型特性将具有比大型机器人更多的优势。例如,纳米机器人可以冒险进入以前机器无法想象的地方,比如进入血液或进入细胞。它们可以用于救援,到对于大型机器人或人类冒险而言太危险或太小的地方进行搜索。它们可以在芯片上进行实验,并被送往研究对人类有害的环境,例如火山、龙卷风和飓风内部,甚至地球大气层之外。我们可以用更少的材料制造更小规模的机器人,这最终会使它们更便宜且损耗更少的能源。

尽管单个纳米机器人可能无法达到大型机器人所能达到的分析水平,但这些协同工作的机器网络可以通过有效的并行处理来进行更多研究。纳米机器人也可以协助医疗,如可以对纳米级机器进行编程,使其通过血流并寻找患病细胞,然后专门破坏这些细胞。或者,可以开发仅针对特定的细胞或身体部位的高选择性药物,以消除其他治疗的副作用。化疗将是一种可以从中受益匪浅的典型治疗方法,能够仅针对肿瘤细胞进行治疗将是对抗癌症的一大福音。此外,可以开发包含纳米级的传感器测试芯片,用于选择性地检测血液中的疾病和异常情况,以在体内并行检测不同的疾病。当然,纳米医学的概念不仅仅限于治疗疾病。使用纳米机器人辅助手术可以实现更精确、更安全的手术,现在比人类更稳定的机器人已经被用来进行某些手术。纳米机器人可以进入人体并对单个细胞、组织或器官进行受控手术,且无须外部切口。人类增强是纳米医学正在关注的另一个领域,人类在使用工具和技术来增强人类的自然能力方面有着悠久的历史,很容易想象纳米技术可以增强人类的许多不同方面,从记忆到身体能力等。

德雷克斯勒详细描述了分子制造,他提出使用生物组装器来证明以极其精确的排列方式组装原子和分子的可行性。大自然本身表明分子可以充当机器,因为生物就是通过这种机器工作的。例如酶是分子机器,可以制造、破坏和重新排列,将其他分子结合在一起。肌肉也由分子机器驱动,这些机器将纤维相互拉扯。DNA 用作数据存储系统,将数字指令传输到制造蛋白质分子的分子机器,这些蛋白质分子构成了大部分分子机制。这一愿景充满了挑战,主要争论在于分子制造的可行性。

13.2 纳米伦理主要领域

纳米伦理主要处理纳米技术领域出现的伦理问题和挑战,由于纳米技术的潜在应用也引发了一些伦理问题,包括可能产生意想不到的后果,可能被误用或滥用,以及可能出现利益和危害分配不均的情况,此外纳米隐私问题也正成为关键领域之一,纳米技术用于监视和跟踪的潜力引起了人们对隐私和滥用个人信息的担忧。

13.2.1 纳米环境伦理

当谈到纳米技术对环境的影响时,既有潜在的好处,也有潜在的害处。由于纳米技术对环境的影响,我们几乎可以肯定不会在所有结果已知的情况下做出决定。我们生活的环境系统是复杂和非线性的,我们既不知道将新技术引入系统可能产生的所有结果,也不知道我们目前所知道的可能结果的概率,或者说我们需要在不完全了解结果及其概率的情况下做出决策。

以这种方式概念化纳米技术对环境的影响有助于以多种方式阐明问题。大多数人会承认,我们永远无法知道新技术将对环境产生的所有影响,总会有无法预料的后果。在讨论环境时尤其如此,因为许多后果发生的时间跨度太长,无法在使用新技术之前在实验室环境中进行合理预测。知道在复杂系统中行动时会出现不可预见的后果,并不妨碍我们以合理的方式对这些系统采取行动。事实上,技术使用长期以来一直是一个迭代过程,一代技术的失败和伤害可能会影响下一代。我们必须在帮助一代人与可能损害下一代人之间取得平衡,尤其是当我们知道使用一种技术会产生无法预防的有害后果,我们也知道这种有害后果在几代人之后才会显现时。假设我们也知道使用这项技术会以某种方式极大地改善当前的社会状况,相信大多数人会考虑把这个问题留给后代用未来的技术去解决。

我们需要努力了解和衡量技术对环境的影响,对新技术采取合理的预防措施。如果我们意识到使用纳米技术产品会对环境造成某些损害,那么即使我们缺乏直接的因果关联,我们也应该尽最大努力防止它们发生。防止这些损害可能包括禁止使用有问题的技术,但也可能包括在有问题的层面上设置一个技术层来纠正它。在评估纳米技术对环境的潜在影响时,我们现在已经知道要关注纳米毒性,并且我们知道影响毒性的技术特性,例如颗粒大小、结构和特性、涂层和颗粒行为等。此外,鼓励以新颖的方式研究新技术的影响也是谨慎的做法,例如有害纳米材料的潜在遏制问题、纳米粒子在生物体血液中的扩散以及纳米材料的负责任处置等。

我们目前并不能提供一份详尽的清单，列出纳米技术将带来的潜在环境利益和危害。任何假装提供这样一份清单的人都表现出对技术和环境历史的极度无知。相反，我们需要展示技术与环境相互作用的一些方式，表明对技术和环境的讨论具有悠久的历史，对纳米技术发展增加的新问题给出一个总体概念讨论，并为继续开发和评估新技术提供一些可能的框架。

13.2.2　纳米军事伦理

战争和军事中一直充满着伦理问题，而军事技术承载了这些伦理问题的大部分争论。最明显和最熟悉的例子是将原子武器引入战争。即使在核武器问世70多年后的今天，关于核武器及其发展的伦理辩论仍在继续。这场辩论不仅限于核武器，还延伸到所有的核技术。在许多国家，对核技术的担忧导致了非常强烈的反对建造核设施的倾向，尽管它们能够提供更清洁的电力。从历史看军事技术对社会的影响以及围绕这些技术的辩论，可以检查几个主要的伦理问题，将阐明正需解决的更广泛的问题。

目前，人们还没有确定纳米技术可能应用于军事目的的可靠途径。我们将重点考虑纳米技术影响军事的问题框架。第一类问题是所使用的技术的本质，纳米技术是否预示着增量的变化，从其小尺寸获得其新颖的应用，充满了更多新颖的特性，或者说纳米技术是否预示着革命式的变化，不仅革新了技术，而且革新了变化的速度。第二类问题是纳米技术的用途，例如它是进攻性的还是防御性的。第三类问题是由纳米技术的社会使用而产生的，包括它是由个人、团体还是由整个社会使用。第四类问题专门针对军用纳米技术，例如该技术在非军事应用中的可转移性如何，易于转移到非军事应用的技术不一定会比其他技术对社会产生更大的影响。还有许多其他问题需要进行考虑，而且关注这些问题的许多人在审查纳米技术的道德使用时都有自己的衡量标准。

总体而言，纳米技术可能具有很强的变革性，将会带来更强大的军事力量。当前，纳米技术在军事中的正确使用只能通过话语互动来实现。此外，纳米技术在战争中的伦理使用需要整合到其他战争伦理的学说中并与之保持一致。例如包括《日内瓦公约》之类的法律学说，或诸如源自正义战争传统的战争伦理学说。当然，随着当代恐怖主义的出现，这些惯例和传统也正受到挑战。然而，无论我们如何发展战争伦理，我们都应该注意到可能用于军事目的的纳米技术的影响。

13.2.3　纳米医学伦理

纳米技术在医学上的应用已经在发展中，并为医学带来了巨大的希望，这些应用通常被冠以"纳米医学"或更普遍的"生物纳米技术"的名号。其内容包括探索纳米医学最为显著的医疗诊断和治疗两个领域,包括手术和药物传送。我们需要分析这些应用程序中可能出现的一些社会和伦理问题。与纳米医学有关的其他社会和伦理问题还包括医疗记录的隐私问题、人类增强伦理等。自始至终,我们也需要关注纳米医学是否会引发新的社会和伦理问题,或者至少是现有技术尚未表现出来的问题。例如,隐私问题可能会因RFID的普及而改变。

纳米医学的伦理问题最多体现在风险方面,例如毒性和安全性,以及分配正义等。从社会和伦理的角度来看,纳米医学之所以有趣,是因为它具有极高的盈利能力。例如制药公司会因此每年赚取数百亿元的利润,这导致了与其他纳米技术应用不同的资本激励。就药品而言,一个主要的伦理问题是,对发展中国家的健康至关重要的一些药品之所以没有开发出来,是因为它们不会盈利,例如发展中国家一直缺乏对挽救生命的抗疟药物的投资。这并不是说在发展中国家不能盈利,但它不会像其他领域那样盈利。纳米技术在RFID标签中的应用引起了人们对隐私的担忧,特别是考虑到RFID行业的盈利能力和产品扩散。RFID技术也有其他经济影响,包括扫描仪、制造、培训等,但即使综合起来,这些影响也远远低于纳米医学的经济影响。

让环境盈利总是很困难的,特别是政府而不是消费者或行业需要资本支出。修复或保护环境也会有收益,但我们认为它的规模远小于制药公司通过投资纳米医学所获得的收益,因此纳米医学的盈利范围和盈利能力都非常高。无论如何,纳米医学很可能是纳米技术最有利可图的应用领域,而且,这也是致力于盈利的制药公司主要追求的应用之一。这些问题正引发许多社会和道德问题,因为它们预示着市场第一、道德靠后的规则。其实在医药竞争中,无论药物是否包含纳米技术,都会有利润,从这个意义上说,这并不是什么新鲜事。我们关注的点是,这些道德压力在纳米医学中比在其他方面的应用上更为显著。而且,其中一些影响可能多年后才会显现出来,因为我们还没有关于纳米技术如何与身体相互作用的长期研究。

13.3 纳米技术的社会治理

13.3.1 知识产权管理

知识产权可能有助于激励和保护科学家和工程师的辛勤工作,但过度热心地行使和执行知识产权也会产生令人不安的影响,这会扼杀纳米技术等新兴领域。纳米科学家和工程师创造的基本工具和流程——任何帮助我们驾驭这些未知领域的工具——似乎对于向前发展至关重要,因此,如果研究人员过度阻碍他人使用或利用他们的发明和发现,那么发展进度可能会减慢。如果基本的光学显微镜或者它的前身眼镜已经获得专利,并且其发明者向其他使用者收取高昂许可费,那么我们的生物学和医学知识不会发展到今天这样,无数人将因此而失去生命。这似乎是现在纳米技术面临的问题,这需要拥有更多法律和监管专业知识的人进行调查研究。

已经有许多和纳米技术相关的知识产权方面的讨论,因为纳米技术的应用正在超越一般的技术产品,是一种变革性的技术。这些新兴的和未来的应用也正引发需要考虑的严重的社会和伦理问题,我们也无法预料到其可能应用的整个范围。例如,纳米技术可以创造"智能尘埃",数以百万计的沙子大小的传感器可以随风携带,例如覆盖战场并定位敌人的行动和建筑物,或创建一个大城市的Wi-Fi网络,或绘制荒凉星球的地形图。我们需要根据环境、隐私和其他道德领域的可能风险来衡量这些潜在的技术应用。

13.3.2 评估和监管

新兴技术的挑战在于我们已经知道了很多我们过去不知道的新情况,但我们还不知道我们尚不知道的许多事情。这使得纳米技术的风险评估和政策制定成为一门不精确的科学,它充满了可能的错误,包括在我们开发纳米技术时过度谨慎或过度忽视,要么不必要地阻碍技术进步和经济增长,要么愚蠢地任其冲向危害。因此,对什么是其潜在的风险以及什么是可以容忍的风险的概念性理解有助于为政策或监管问题提供信息。

我们对评估与监管的讨论需要与对适用于纳米技术的实际法律法规的评估联系起来;这些都在不断发展,它们需要的法律专业知识比我们在这里所能提供的会多很多。此外,从强制性数据报告到产品标签再到全球法规,需要考虑所有可能的补救措施及其效果。

就全球范围内的法律而言,并没有规定将一定比例的纳米技术投资应用于人道主义,例如创造提供清洁水、负担得起的能源等解决方案。这是值得注意的,因为关于纳米技术的大量讨论是关于它如何帮助社会和减轻痛苦,尤其是在贫困地区。但当前商业利益正在推动纳米技术的研究和开发,例如集中在药理学领域以及军事利益,这些纳米技术最终将在多大程度上流向最迫切需要它们的人身上,是一个悬而未决的问题。因此,公平和准入是社会和伦理上需要评估的突出问题。

13.3.3 协同合作

有几种方法可以促进纳米技术的全球合作:一是政府和研究机构可以鼓励和促进在纳米技术领域工作的科学家和研究人员之间的国际合作,这可以通过交流计划、联合研究项目以及国际会议和研讨会来实现。二是为纳米技术的开发和使用制定明确一致的法规有助于促进合作并降低与该技术相关的风险,这包括关于纳米材料生产和处理的规定,以及纳米技术在各种应用中的使用指南。三是提高公众对纳米技术的认识和理解有助于建立对该领域全球合作的支持,可以通过教育计划、公开讲座和研讨会以及与行业、学术界和公众等各种利益相关者的互动来实现。四是制定伦理准则,确保纳米技术的开发和使用遵循伦理原则,有助于在不同利益相关者之间建立信任与合作。可以包括考虑纳米技术对社会和环境的潜在影响,并确保以负责任和透明的方式使用该技术。

纳米技术的应用领域正揭示它们的社会和伦理维度,然而纳米技术在产生可能的和显著的益处和危害方面都体现了它的影响。虽然纳米技术正带来大量的军事伦理和环境伦理问题,但是也许近期纳米技术最有价值的应用是彻底改变医学和药理学。但这种应用依然会引发伦理困境,例如人类增强困境。为了有效地关注纳米技术的社会和伦理影响,我们不仅需要纳米科学家与伦理学家合作,还需要与社会学家、经济学家、历史学家、生物学家、毒理学家、律师、政策制定者、商业人士和其他专家的协同合作。我们还需要全球公众的参与,他们将在很大程度上从这项强大的、可能改变世界的技术中获利或受害。我们必须负责任地、自信地让纳米技术走向光明的未来,而不是任其在黑暗中摸索。

思 考 题

1. 你身边有哪些纳米产品?
2. 你知道哪些纳米科技元素的科幻影视作品?
3. 纳米如何影响我们的隐私?
4. 纳米伦理有哪些核心议题?
5. 如何规范纳米科技企业的研发行为?

进一步阅读

国内学者对纳米伦理已经做了不少研究,其中有特色的文献如下:王国豫等主编的《敬小慎微:纳米技术的安全与伦理问题研究》对该领域做了非常全面的审视;胡明艳的《纳米技术发展的伦理参与研究》和李三虎的《小世界与大结果:面向未来的纳米哲学》是哲学和伦理维度的专门研究;刘松涛的《纳米技术的伦理审视:基于风险与责任的视角》、李士的《纳米科技应用发展与纳米技术安全研究》、赵迎欢的《设计伦理学:基于纳米制药技术设计的研究》分别关注了纳米技术的责任问题、安全问题和设计伦理问题。

Allhoff 等的《What Is Nanotechnology and Why Does It Matter?》和 Bennett-Woods 的《Nanotechnology: Ethics and Society》是该领域的两本很好的入门级读物,内容全面。Trottier 等的《Ethics and Nanotechnology: A Basis for Action》是一个很有可读性的行动纲

领性文件。Arnaldi 等主编的《Responsibility in Nanotechnology Development》、Gordijn 等主编的《In Pursuit of Nanoethics》、Jotterand 主编的《Emerging Conceptual, Ethical and Policy Issues in Bionanotechnology》和 Schummer 等的《Nanotechnology Challenges：Implications for Philosophy, Ethics and Society》从不同角度探讨了纳米伦理的具体主题。Dalton-Brown 的《Nanotechnology and Ethical Governance in the European Union and China》研究了欧洲和中国的纳米技术伦理治理案例。此外，本章中提及到霍尔的《Nanofuture：What's Next for Nanotechnology》和德雷克斯勒的《Engines of Creation》依然是非常好的读物，另外后者在 2006 年再版为《Engines of Creation 2.0》。

参 考 文 献

[1] Allhoff F, Lin P, Moore D. What Is Nanotechnology and Why Does It Matter? From Science to Ethics[M]. Malden：Wiley-Blackwell, 2010.

[2] Arnaldi S, et al. Responsibility in Nanotechnology Development[M]. Dordrecht：Springer, 2014.

[3] Hornyak G L. Nanotechnology：Ethics and Society[M]. Boca Raton：CRC Press, 2008.

[4] Dalton-Brown S. Nanotechnology and Ethical Governance in the European Union and China：Towards a Global Approach for Science and Technology[M]. Cham：Springer, 2015.

[5] Drexler K E. Engines of Creation 2.0：The Coming Era of Nanotechnology[M].[S.l.]：Wowio Books, 2006.

[6] Drexler K E. Engines of Creation：The Coming Era of Nanotechnology[M]. New York：Anchor Books, 1986.

[7] Gordijn B, Cutter A M. In Pursuit of Nanoethics[M]. Dordrecht：Springer, 2014.

[8] Hall J S. Nanofuture：What's Next for Nanotechnology[M]. Amherst：Prometheus Books, 2005.

[9] Jotterand F. Emerging Conceptual, Ethical and Policy Issues in Bionanotechnology[M]. Dordrecht：Springer, 2010.

[10] Schummer J, Baird D. Nanotechnology Challenges：Implications for Philosophy, Ethics and Society[M]. Singapore：World Scientific Publishing Co. Pte. Ltd., 2006.

[11] Trottier E, Duquet D. Ethics and Nanotechnology：A Basis for Action[R]. Gouvernement du Québec, 2006.

[12] 福布斯,格里姆塞.无穷小的巨人[M].刘天峰,译.长沙：湖南科学技术出版社,2019.

[13] 玛拉诺.应该害怕纳米吗[M].吴博,译.北京：中国文联出版社,2018.

[14] 胡明艳.纳米技术发展的伦理参与研究[M].北京：中国社会科学出版社,2015.

[15] 李三虎.小世界与大结果：面向未来的纳米哲学[M].北京：中国社会科学出版社,2011.

[16] 刘松涛.纳米技术的伦理审视：基于风险与责任的视角[M].北京：中国社会科学出版社,2016.

[17] 何亨伯格.纳米医学：科学、产业及其影响[M].夏志,朱燕楠,译.北京：科学出版社,2017.

[18] 高瑟,安德烈夫,冬布雷.体内机器人：从毫米级至纳米级[M].曹峥,译.北京：机械工业出版社,2015.

[19] 鲍里先,奥西奇尼.认知纳米世界:纳米科学技术手册[M].董星龙,李斌,译.北京:科学出版社,2015.
[20] 孔特拉.纳米与生命[M].孙亚飞,译.北京:中信出版社,2021.
[21] 王国豫,赵宇亮.敬小慎微:纳米技术的安全与伦理问题研究[M].北京:科学出版社,2015.
[22] 赵迎欢.设计伦理学:基于纳米制药技术设计的研究[M].北京:科学出版社,2016.

第14章

神经技术伦理

本章将介绍与神经技术相关的伦理问题,神经技术是直接记录人类大脑活动,或是直接影响、修改大脑活动的新兴技术。由于其作用对象是与意识和认知密切相关的神经系统,所以神经技术的伦理研究和讨论非常重要。本章首先介绍了神经技术的历史与现状,以及神经伦理学的发展。由于不同的神经技术作用方式和技术后果差别较大,因此本章进一步论述了脑成像技术、经颅电刺激技术、深部脑刺激技术、脑机接口技术和神经干细胞疗法等主要神经技术的临床应用和可能存在的伦理风险。最后关注神经技术的社会治理,寻求在合乎道德和法律的神经技术研究和应用规范,以及思考政府监管和制度化等问题。

▶ 14.1 神经技术概况

14.1.1 神经技术简史

神经科学是专门研究神经系统的结构、功能、发育、遗传、病理、医疗等方面的一门学科。神经科学也是21世纪发展最为活跃的学科之一。神经技术是随着神经科学的发展而蓬勃发展的新兴技术,是将神经生物学、信息论和工程学方法结合在一起的技术方法的总称。神经技术是多种与神经相关技术的统称,从广义上讲,它也可以被视为任何获取个人大脑活动的信息,或者影响和修改一个人的大脑活动的设备或软件,借助这一技术,我们可以直观地理解和研究人的思想和行为。与其他技术相比,神经技术对自我、个性、意识和认知的介入更深。

人类对大脑干预的历史最早可以追溯到旧石器时代,早期人类通过开颅去除一块头骨的方法来治疗癫痫等神经疾病。公元43年的古罗马医生博纽斯·拉格斯(Scribonius

Largus)将一种放电的鱼放在患者患处来治疗头痛和痛风。1801年,乔瓦尼·阿尔迪尼(Giovanni Aldini)使用早期形式的直流电刺激来改善患有抑郁症的青年的情绪,这是直流电刺激用于治疗神经和精神病的首批实例记录之一。19世纪50年代,电刺激干预大脑区域正式成为治疗神经疾病和神经障碍的方法。在美国精神病院工作的西班牙神经科学家何塞·德尔加多(José M. R. Delgado)开始通过植入电极研究电刺激对动物和人的影响,他对电刺激技术的发展做出了突出贡献。20世纪是神经技术发展的重要时期,1929年,汉斯·贝格尔(Hans Berger)首次成功记录了脑部的电活动,标志着脑电技术取得了里程碑式的发展。1935年由葡萄牙神经学家埃加斯·莫尼兹(Egas Moniz)发明的前额叶白质切除手术(Lobotomy)曾一度在神经外科领域广受欢迎,他也因此获得了1949年诺贝尔生理学或医学奖。但该方法破坏了大脑额叶的关键区域,使许多人因严重的脑损伤变得虚弱瘫痪,也丧失了正常功能和性格。20世纪60年代,电痉挛疗法(Electroconvulsive Therapy,简称ECT)被用来治疗重度抑郁症和顽固性癫痫。但是似乎更加安全有效的新药理化合物的发现使这一时期以药物治疗为重点的生物精神病学占了上风。同一时期,神经干细胞被发现,神经干细胞的相关研究开启。20世纪70年代,核磁共振技术的发明是医学影像学的一次革命,促进了18世纪出现的神经外科手术技术向更加精准的方向加速发展。同时药物治疗的种种弊端开始显现,长期被精神药理学边缘化的电刺激干预技术重新回到人们的视野。

随着科技进步和社会发展,人们对生活质量和健康状况的要求日益增高。然而一系列与神经系统功能紊乱相关的疾病,如帕金森病、肌张力障碍等运动障碍性疾病、癫痫、精神障碍、药物成瘾症,严重影响了人们的正常生活,也阻碍了人们对健康幸福的追求。这类疾病患者数量庞大:权威数据指出,我国帕金森病平均患病率为2.1‰,65岁以上人口达5‰,而癫痫的发病人口超千万人。这类疾病往往没有明确的致病灶,通常只表现为神经系统功能异常。同时,因意外引发的大脑损伤也会造成个体运动平衡失控,自主神经功能紊乱,记忆、情绪和行为改变,随之而来的还有心理上的极度痛苦。在神经技术出现之前,神经相关疾病主要依靠药物治疗,或以简单粗暴的外科手术毁损脑内神经核团来治疗。然而,传统药物治疗或非药物康复疗法解决此类问题的能力是有限的。药物干预的不足逐渐显现,出现这种情况的部分原因是我们对大脑潜在机制的理解尚不完整。通过科技手段干预改变大脑的尝试是必要且合乎伦理的。21世纪以来,原有神经技术越来越受到重视,不断改进创新,各类更加具体精细的神经技术分支也开始不断涌现。神经科学技术已经成为各国政府重点扶持领域。中国、美国、欧盟、澳大利亚和日本等国家或组织都开展了国家级大脑研究计划,这些计划合计拟投资超过70亿美元。随着神经技术的发展,神经技术开辟了人类增强的新方向,以改善人类身体机能、调节认知水平和精神个性特质为目的的非治疗神经技术不断崭露头角。围绕神经技术开展的伦理研究和讨论已成为技术伦理学研究的重要内容。

14.1.2 神经伦理的发展

神经伦理学(Neuroethics)在过去的35年里快速发展,正成为独立的学科。神经伦理学家阿迪娜·罗斯基(Adina Roskies)在2002年提出将神经伦理学分为神经的伦理学和伦理的神经学两个部分。神经的伦理学着重研究神经科学技术的发展和应用中的研究、法律、社会等各个方面存在的伦理挑战,属于生命医学伦理的分支。而伦理的神经学是从神经角度去审视传统的伦理学。基于神经科学的新发现和神经技术的新发展,人们对于一些重要的哲学问题,比如意识的来源,自我本质都有了新的观点和思考。所以,这部分内容偏向于神经哲学。本章将兼顾神经伦理学的双重性特征,对神经的伦理学和伦理的神经学均有论述。

神经技术发展带来的伦理学问题是本章的重点。1973年,精神病学家Anneliese Pontius首先将神经伦理学描述为"伦理关注的新的和被忽视的领域"。几年后,神经学家罗纳德·克兰福德(Ronald Cranford)将"神经伦理学家"定义为一位具有生物伦理学专业知识的神经学家。发展初期的神经伦理学聚焦于生命医学伦理角度,主要解决临床研究和医疗保健中相关伦理问题。而近几年的文献中增加了评估神经技术相关研究结果可能或应该对现有社会产生的社会影响的伦理思考,也就是伦理的神经学方向的思考。伦理的神经学相关思考主要围绕着其对大脑的调控。脑在哲学研究中被赋予了重要的意义。先哲们最痴迷的"意识""自我"和"逻辑"等话题都离不开大脑和神经系统。神经技术对大脑干预的哲学价值很大程度上取决于它们对人的定义和意识本质的影响。

▶ 14.2 主要伦理争议

本节主要围绕神经技术讨论主要的伦理问题,首先从应用伦理问题出发,从安全性、自主性和公平性3个方面讨论神经技术面临的伦理问题。由于不同的神经技术具有不同的特点,它们涉及的问题也有所不同,因此在本节后三部分选取了具有代表性的三种神经技术,即观察大脑活动的脑成像技术、改变大脑活动的电刺激技术和实现大脑与外部交互脑机接口技术,重点梳理它们面临的伦理问题。

14.2.1 应用伦理问题

神经技术帮助相关神经疾病的患者减轻痛苦、症状缓解甚至恢复他们与周围世界的正常互动,提供了解决身心问题的新途径。但是我们对于大脑如何工作的认识仍然非常有限,目前依靠这些技术难以挽救生命或治愈疾病。同时,整个大脑的复杂性以及与身体和外部环境的关系动力学,在很大程度上超出了单一科学的范畴。目前我们对于与神经技术相关的生理心理影响仍然知之甚少,尚未有系统的研究或记录影响。尤其是心理和社会风险的主观性使它比生理风险更难量化。总之,神经技术的不确定性是多方面的,不仅包括技术应用的安全性,而且包括其对人体、对社会的影响。

1. 安全问题

在讨论神经技术的伦理和社会影响时,潜在治疗益处必须与使用它们产生的任何可能的意外伤害一并考虑。非侵入性神经技术(如脑成像技术和经颅电刺激技术)给患者带来的风险较小。需要神经外科手术的侵入性神经技术(如深部大脑刺激技术和神经干细胞疗法)存在较大风险,包括与手术本身相关的感染和出血。非侵入性神经技术效果是可逆的,而侵入性神经技术带来的损伤一定程度上是不可逆的。当然,非侵入性神经技术在低成本和普及方面做得更好。成像技术和非侵入电刺激技术的大范围使用让更多的用户暴露于该技术的风险下,同时由于其副作用相对较低,人们会倾向于忽视其存在的安全风险(如经颅直流电刺激),这可能会更易造成伤害性后果。

神经技术治疗中的安全风险不仅在于干预方法,更重要的是其干预靶点是人的大脑。大脑是意识和思维的中枢,人体的控制中心,针对脑的干预存在更大的风险性。第一,神经技术可能对患者的健康和大脑功能产生潜在的影响。神经刺激的可能后果包括癫痫发作(尽管较为罕见)、体重增加和认知中断。不论是经颅电刺激、深部大脑刺激还是脑机接口都被证明在干预结束后一定时间内依然会影响大脑活动,这种影响甚至可能长期存在。而神经干细胞技术使用后难以去除干细胞,干细胞带来的损害目前是不可逆的。由于人类并未充分理解大脑产生意识的机制,干预手段对大脑是否存在未知的影响还没有答案。第二,治疗会影响相应脑区的认知功能,比如植入电极或干细胞导致大脑功能变化,引发的认知行为运动的改变或损伤会造成巨大的健康风险。

2. 自主性

自主性是基于我们自己认同和认可的原因而采取行动的能力。首先,神经技术应用于治疗可以被视为自主性的增强。神经技术大脑的修复能力抵消部分大脑损伤的影响,神经技术不仅可以带来健康益处,还可能通过恢复患者的运动控制能力和提高他们的认知能力来改善其情绪和提高其生活质量,自主性随着个体身心控制能力的增强而获得提升。但是神经技术具有其复杂性,治疗的意外或者偶发的强烈副作用可能会破坏个人运动能力、认知能力和自我觉知。比如在帕金森病的治疗中,使用深部大脑刺激技术后患者出现抑郁症或强迫症的症状(无法排除存在其他社会和心理因素)。技术引发的情绪行为的改变,可能导致人格的改变,这无疑是对自主性的巨大威胁。

研究参与者通过知情同意权自主决定是否进行研究、实验或治疗。知情同意的要求被广泛认为是保护患者和研究参与者的自主权,神经技术面临的知情同意问题有其特殊性。神经技术治疗干预可能存在一些计划外的后果,公开其不确定性是十分必要的。一个人迫切希望减轻自己或亲人的痛苦可能会使他们忽视不良结果的可能性。同时治疗经常面对的是患有严重神经或精神健康障碍的患者,无法取得本人完全的知情同意。值得注意的是,神经技术有可能恢复患者的部分认知功能,帮助他们表达意愿,恢复一定程度的知情同意能力。然而,任何一方都无法"预先"就患者潜在的可能承诺给予有效的同意,如何有效地实现知情同意需要伦理和法律的共同配合。

3. 公平

针对用于治疗目的的神经技术,分配正义的问题应当得到关注。因为科研和医疗发展与地区经济情况紧密相关,所以神经技术的开发和优先应用往往在发达地区。但脑疾病带来的问题在欠发达地区常会导致更加严重的后果,落后地区的公共卫生基础设施较差,精神疾病的治疗条件非常有限,且更可能引发污名化现象。同时,脑疾病对社会中的弱势群体的影响尤为严重。技术的研发本应服务最需要的人,所以如何使神经技术更便宜、更易使用和获得成为解决分配公平问题的关键。

精神疾病的污名化现象广泛存在于社会之中,这就意味着接受神经技术的人,可能会面临着相比于其他疾病更复杂的心理和社会压力。有些人难以找到有意义和有价值的社交活动,部分原因是疾病本身,但很多时候也是因为伴随疾病而生的耻辱、恐惧和焦虑。新的神经技术使用与社会污名和歧视难以完全隔开。治疗本身可能就是歧视的原因,虽然神经技术使用是本着帮助患者改善社会功能的目的,然而,通过神经技术使某人变得"更正常"本身可能就具有歧视性。

每一项神经技术研发的初衷都是用于治疗疾病或缓解病患痛苦,但是技术的开发和使用往往会超出人们原先设想的目的,可能蕴含着让人意想不到的潜力。如果神经技术被推广应用于健康人群的能力增强,那势必会引发谁来用、怎么用等问题。Charlie Kauffman的《美丽心灵的永恒阳光》(《Eternal Sunshine of a Spotless Mind》)发行于2004年,影片里虚拟了一家神经技术公司利用神经科学正在把我们推向一个新世界,那里对个人生活独裁式的控制越来越强,社会上较富裕的三分之一人口的"选择"范围会越来越大,可以通过遗传筛选和脑成像剖析并预测胎儿人格。如果神经技术成为上层阶级的特权,该技术就会成为扩大贫富差距、损害社会公平的工具。值得注意的是,仅仅应用神经技术不一定会导致社会公平的损伤。正如《自然》杂志一篇文章所讨论的,当认知增强能暂时提高成绩(例如,用于考试目的)时被视为作弊,而当其被用于长期学习时,它的使用可能被认为是公平的。这就类似于人们在工作疲惫时喝咖啡,被认为是一种提高大脑兴奋的常规手段。如何使神经技术在维护社会公平的条件下实现人类增强,促进人类福祉是目前伦理讨论的热点问题。

4. 隐私

神经技术的应用都需要以足够的完整的使用者或者患者的数据为基础,如脑机接口设备通过获取和传输有关大脑活动的数字数据来发挥作用。可以想象,在未来,植入式神经设备,例如用于深部大脑刺激的设备,还可以记录患者的大脑活动以增强他们的治疗效果。我们目前对大脑的理解意味着读取大脑活动的数据等于去直接阅读某人的思想。从神经装置收集信息的目的是揭示他们异常的大脑活动,但是由于思维的特性,计算机读取的数据也可能会超越治疗本身的需要。一些敏感信息可能在患者未意识到的情况下就被提取出来,同时,因为神经技术收集的信息涉及患者隐私(尤其神经疾病信息涉及严重的社会歧视问题),所以负责任的临床和研究实践应确保患者与研究参与者的信息隐私和神经设备收集敏感的个人数据以及由此衍生的其他隐私信息得到充分保护。

14.2.2 脑成像技术

在神经技术的发展中,直接观察大脑结构和功能的脑成像技术是当代神经科学研究最重要的成就之一。成像技术的发展使认知神经研究的精度大幅提高,也使其他更加具有针对性的神经治疗和调控技术快速涌现。脑成像技术由于能够直接探测大脑正常结构和功能的神经基础,特别是高分辨率、实时性的功能性脑成像,在疾病的监测、预防和治疗过程中,在疾病靶部位定位、手术前评估以及药物药理的分子水平进展监测等方面发挥了重要作用。脑成像技术主要包括脑电图(electro-encephalogram,简称EEG)、脑磁图(magneto-encephalography,简称MEG)、事件相关电位(event-related potential,简称ERP)、正电子发射断层扫描术(position emission topography,简称PET)、核磁共振成像(magnetic resonance imaging,简称MRI)、功能性核磁共振成像(functional magnetic resonance imaging,简称fMRI)、核磁共振波普学(nuclear magnetic resonance spectroscopy,简称NMRS)和功能性近红外光谱技术(functional near-infrared spectroscopy,简称fNIRS)等。脑成像已经成为疾病诊疗决策的重要依据,为可控的精准的神经外科手术提供了可能。同时脑成像的相关疾病研究,也成为生物医药研究的核心方向之一,为新药开发和疾病治疗提供了重要支撑。脑成像将主观的意识情感活动以客观的形式呈现出来,引发了相关争论,为以神经科学研究为基础的人类行为的道德性判断提供了新的视角。

脑成像在形式上与其他神经技术不同,它只观察神经结构和功能活动,不改变神经活动本身。但是其依旧面临一定的伦理风险。精神疾病患者往往面临较为消极的社会舆论环境且没有特效的治疗手段,因此以神经成像为基础的早期精神疾病如阿尔茨海默病的诊断,可能会对患者产生长久的心理压力。同时以神经成像为主要手段的神经数据的收集,易产生隐私保护、知情同意等诸多伦理学问题。目前以人为研究对象的认知科学研究依赖于多种神经成像手段。但是以科研为目的的神经成像信息的收集又是重要的科研伦理话题。科学的开放性,使个人神经数据的保护遇到了多重障碍,信息的自主使用权受到了明显伤害。

14.2.3 脑刺激技术

脑刺激技术包括两种:经颅脑刺激和深部大脑刺激。

经颅脑刺激(transcranial brain stimulation,简称TBS)是指一组非侵入性神经技术,包括向头皮上的电极施加微弱电流刺激大脑的经颅直流电刺激(transcranial direct current stimulation,简称tDCS)和经颅交流电刺激(transcranial alternating current stimulation,简称TACS)或者通过使用放置在头部的磁线圈感应电场刺激大脑的经颅磁刺激(transcranial magnetic stimulation,简称TMS)。它是一组无创的电刺激技术,通过电极将特定的、低强度电流作用于特定脑区,能够改变刺激区神经元静息膜电位和自发神经元放电水平,以及相互连接的神经网络,从而调节皮层兴奋性。这些技术已成为脑研究的重要工具,其最成熟的应用是治疗耐药性抑郁症。近年的研究不断证实经颅电刺激在精神分裂症、妥瑞氏综合征、疼痛、成瘾、癫痫、焦虑、偏头痛、强迫症、睡眠、运动障碍和脑卒中等生理与心理疾病治疗方面具有巨大的潜力。

经颅脑刺激技术的制作门槛较低,尤其是经颅直流电刺激设备的制作较为简单。甚至有人声称一段电线、一块9伏特电池、几个电阻和稳流器,再加上几个用盐溶液浸泡过的电极海绵就可以制作出最简易的经颅直流电刺激设备。由于经颅直流电刺激的低成本、易制造和对人无明显伤害的特点引发了所谓"DIY-tDCS"运动,即自己制作经颅直流电刺激设备刺激自己大脑。但是可想而知,非专业的制作和不恰当的使用该设备面临极大的安全风险。目前的研究水平并不能完全了解电流穿过人体所引发的可能后果。

与大多数神经技术一样,经颅电刺激技术的最初应用是治疗精神疾病。目前的相关研究发现经颅电刺激技术具有改变认知的潜力,但是随着其发展,电刺激技术在认知增强方面的作用越来越受到认可和重视。现阶段,经颅电刺激技术通过调控冲动性决策、记忆和注意等高级认知活动,已经成为科学研究中探究大脑认知机制的重要手段。

深部大脑刺激(deep brain stimulation,简称DBS)于1987年在法国首次被发明,原理是神经外科医生使用热探针烧伤和永久性地损害大脑中出现故障的小区域。它将消融手术的立体定向技术与涉及插入小脑刺激的新技术相结合,将电极插入用于治疗精神健康障碍的病变区域以治疗相关疾病。现在,深部大脑刺激是最广泛使用的治疗性脑刺激神经外科手段。深部大脑刺激通过植入大脑深处的电极来改变脑细胞和神经网络的功能电流。它通过深层神经刺激治疗运动障碍以及神经性疼痛。对于相对复杂的认知神经领域深部大脑刺激还在初始阶段,有证据表明,深部大脑刺激可能会改变个人的情绪、记忆和性格。这种改变是可逆的,当刺激中止时相关改变会逐步消退。

深部大脑刺激技术是一种侵入的技术,相对于非侵入的经颅电刺激技术,风险性更大,对人体的损伤风险更大。将电极植入到深部脑区可能需要数小时的外科手术。手术所带来的风险包括感染、颅内出血和脑组织损伤。深部大脑刺激系统可能会出现故障或损坏,从而导致更换一个或多个必要的组件,因此还需要反复做小手术更换植入式脉冲发生器。目前针对神经手术对人体的副作用尚未有完整的研究,具有可行性的手术和治疗标准还没有达成完全的共识。

无创的深部大脑刺激技术是该技术的重要发展方向。用组合功能磁靶向深部大脑刺激共振成像可能有助于提高这项技术的精度。低强度聚焦超声脉动(low intensity focused ultrasound pulse,简称LIFUP)是一种新的非侵入性脑刺激的方法,它使用超声波通过颅骨无创地聚焦在大脑的任何地方,连同同步成像功能磁共振成像。该技术仍处于临床前测试阶段,但前景广阔。

14.2.4 脑机接口

脑机接口(brain-computer interfaces,简称BCI)使用电极(植入大脑或放置在头皮上)来记录用户的大脑信号,随后被转换为操作计算机控制设备的命令。大多数的脑机接口技术都基于脑电技术。使用者主动发出大脑信号,计算机识别处理用户发出的脑电信号,并依据信号给相关设备发出指令,帮助用户间接控制这些设备。脑机接口研究的一个关键目标是实现更高效的控制设备。计算机与大脑的接口通常是单向的,反馈一般通过正常的感官手段识别输出。用户依靠视觉、听觉或触觉来确定是否达到了想要的控制结果。脑机接口技术的临床应用目前局限于研究环境,其中非侵入性技术最为普遍。2022年发表在《自然》杂志的文章介绍了新型脑机接口帮助丧失表达能力的患者实现与外界沟通的研究。一名高位截瘫的患者仅需想象自己的手写体,就可以借助脑机接口解码手写内容,实现高速高准确率的无接触写字。而一名完全闭锁综合征患者借助侵入的脑机接口选择需要的字词,恢复了和外界进行语言交流的能力。目前,非侵入性脑机接口一个明显问题是用户必须投入时间和精力来学习如何产生运动以控制设备的图像信号。用户的表现受疲劳、分心和潜在疾病的影响。

脑机接口技术原则上可以帮助用户进行交流、控制假肢或轮椅、助力康复训练或识别意识。但是植入电极的脑机接口技术同样面临神经手术引发的相关风险。同时,在解读翻译大脑信号时可能会由于噪声或者设备问题导致理解错误。尤其当使用者自身无法很好地表达或者中止错误,就会引发非期望的后果。由于不同用户的敏感性不同,相似的大脑信号所表达的意愿也会有所不同,信号识别并不一定表达了其真实意图。

脑机接口对于认知的影响也引发了人们对于认知本质的讨论,认知是仅仅存在于人的意识之中,还是也可以借助脑机接口设备进行延展?脑机接口对人的影响是否可以等同于一般的工具?

14.3 社会治理

14.3.1 知情同意与隐私保护

神经技术投入到更大范围的应用应首先考虑以下问题:一是要保证研究和实践中的知情同意,二是要建立收集、共享和使用大脑活动数据的标准。

知情同意是进行临床研究的伦理和法律要求。知情同意程序必须包括以下基本要素:① 信息披露,必须披露有关受试者的医疗状况、治疗选择以及参与研究的潜在风险和益处等信息;② 决策能力,受试者必须有能力理解并获得充分的信息,合理地做出是否参加研究的决定;③ 自愿性,参与的决定必须是自愿的,且没有受到任何不当影响。

新神经技术治疗应用的伦理使用问题中,第一个应关注的是使用技术的人。治疗中不仅要关注治疗的有效性,而且要保护和促进患者的自主权,保障患者的健康和福祉,保护患者的隐私,主要避免产生不必要的不可持续的希望。

神经技术的知情同意面临特殊挑战。使用神经技术干预大脑具有不确定性,但一些神经系统疾病缺乏替代疗法。神经技术在部分条件下会短暂干扰被试的决策能力,限制被试的知情同意能力。所有这些都对负责任地支持患者或参与者以及与他们的亲人的决策和知情同意提出了挑战。作为医生和研究者应当提供尽可能多的信息让技术使用者可以获得更大的选择权限,在使用过程中和受试者保持良好的沟通,确保患者及其护理人员了解程序的不确定性。值得强调的是,实验性疗法不应被描述为患者的"最后和最好的希望"。责任单位应当审查临床所有患者的治疗后果,确保整个流程不存在欺骗等问题。尤其对于前沿新技术,仅基于现有结果来论证尚在实验期神经技术的功效和风险存在很大局限性,所以整个过程必须由专业人士评估,论证实验治疗的合理性和紧迫性,强调患者保护和有限授权,并全程监督。

在临床中,临床医疗团队或研究人员有正当理由和权利从神经设备访问、收集或共享数据,以提供更好的治疗。但是神经设备中个人信息可能在使用中存在隐私泄露风险,例如神经设备被恶意干扰或者出现意外情况,敏感信息就可能受到未经授权的拦截或无线传输。为防止此类情况发生需要从设计、制造到医疗公司多方主体责任协调。信息加密可以增强信息安全,但需要更多的电力,可能需要频繁手术更换电池。基于此,隐私的合理保护需要各方共同平衡设备的风险收益。在任何情况下都应该以患者的利益至上。同时,为避免滥用应该禁止匿名获取和使用神经信息。

在神经数据存储和共享过程中,公民有权利要求他们的各项神经数据得到严密保护。

个人需要明确是否共享每一个渠道产生的神经数据,对于神经数据提供者,随时可以选择退出数据共享。数据使用应当是一个安全可靠的过程,整个过程都应当受到严格监管,包括明确规定谁将使用数据、用于什么目的以及使用多长时间的完整同意程序。另一个保障措施是限制神经数据的集中处理。

14.3.2　负责任创新与研究

科技创新是提高生产力、增长经济和增加人类福祉的主要引擎。尽管创新对于解决一些社会最紧迫的挑战至关重要,但创新也可能对个人和社会产生负面影响。因此使用"负责任的研究和创新"的概念系统地讨论以科学和技术为基础的研究的公共利益很有必要。第一,要从公共利益出发证明创新的合理性和重要性。神经技术的发展首先要满足治疗需求,给患者带来福音的目标要高于为自己的利益或者追求新技术本身的需要。第二,安全性是医疗技术负责任创新与研究的核心。神经技术临床应用的风险评估要考虑该技术在治疗方面的功效和优势。神经技术的发展不太可能遵循简单的线性创新轨迹,反思—研究的发展方向有助于防止创新偏离为公共利益服务的道路。神经设备的创新,如脑机接口,通常是多学科合作,这就要求不同学科之间进行协调,以防止跨学科带来的潜在技术风险和监督漏洞。

历史表明,企业界追逐利润往往会胜过对社会责任的关注。而科技人员也可能会遇到事先没有预料到的复杂道德困境。因此,通过将道德行为准则嵌入工业和学术界创新活动中,可以改变其思维方式,让行业和学术研究人员更好地承担责任和进行创新。

实现这一目标的第一步,是让工程师、其他技术开发人员和学术研究人员了解道德准则和相关法律规范,将其作为他们加入公司或实验室的标准培训的一部分。引导员工或科研人员更深入地思考如何追求进步和对社会做出建设性贡献,而不是破坏社会。这种方法基本上遵循医学中使用的方法。医学生被教导对患者信息保密、不伤害患者以及应该践行的善行和职责,并被要求将遵守希波克拉底誓言作为该行业的最高标准。

同时,为神经技术负责任创新设计框架和提供系统倡议也是一种重要手段。例如,英国工程和物理科学研究委员会提供了一个框架,鼓励创新者以"促进科学和创新机会"的方式"预测、反思、参与和行动,为社会需要和公共利益而进行负责任创新"。2019年世界经合组织(OECD)发布了关于神经技术负责任创新的建议,设计原则包括预期、包容度和目标导向三个维度。这些要素可以通过规范引导技术的发展过程塑造技术,使其能够在信任的条件下健康发展。毫无疑问,神经技术可能带来的临床和社会效益是巨大的,但为了收获效益,我们必须以尊重、保护和实现人类利益的方式来引导它们发展。

14.3.3 伦理审查与监督机制

现代科研伦理的诞生,始于保护参与研究项目人类主体的愿望。1946~1947年,为了起诉被控犯有暴行的纳粹医生,制定了《纽伦堡法案》。在此基础上,后续颁布的还有《赫尔辛基宣言》和《贝尔蒙特报告》等。这些重大倡议提供了更具伦理统一性的研究基础,并附上了严格的规则和违规后果。这些法规和道德规范都指向相同的目的:保护人类研究对象的福利和权利。

神经技术的研究属于人的生物医学研究范畴,相应伦理行为基本标准在国际上得到广泛接受,并从国家和地方法律、法规和指南中获得权威和效力。2016年颁布的《涉及人的生物医学研究伦理审查办法》中明确规定,在涉及人的生物医学研究中"应当设立伦理委员会,并采取有效措施,保障伦理委员会独立开展伦理审查工作""全国卫生计生委负责组织全国涉及人的生物医学研究伦理审查工作的检查、督导"。尤其是神经技术的研究往往与临床相结合,涉及更多个人的敏感信息。在整个研究过程中要进行严格的医疗伦理,尤其是精神疾病治疗的伦理审查。

法律方面,在神经医疗信息审查中还存在一些欠缺。应该建立由多项法律构成的保护个人健康信息的法律框架,医生以及其他卫生专业人士负有保密责任。保密和隐私也可以在法律的基础上符合个人的合理期望,考虑到相关信息的性质和泄露的情况。对于神经技术中的个人隐私应该像对待其他敏感信息一样给予其最大程度的保护,进行独立的道德监督。法律应该对同意程序进行严格限制,制售相关医疗器械的法律监管也要具有前瞻性和有效性。

目前多数神经技术仍处于初级阶段,通过预期治理(anticipatory governance)来规避伦理风险尤为必要。预期治理是大卫·H.加斯顿(David H.Guston)以实时技术评估(real-time technology assessment)为方法论基础提出的技术治理模式,旨在通过广泛培养预见、参与及整合能力来鼓励并支持科学家、工程师、政策制定者与其他公众反思他们在新兴技术发展中的角色。科学家的学术参与确保数据收集反馈分析处理的质量,并由第三方监督机构确保收集到的数据有用且符合用户知情同意。工程师合理使用改进相关技术,符合伦理地开展工程设计。政策制定者在促进创新下积极监管,协调不同参与主体的利益诉求。"社会-技术整合研究"(STIR)将人文社科学者纳入情感脑机接口的实验室研究,促进人文社会科学与自然科学的对话,以增强对技术的反思。针对神经技术的特殊性,除了对身体的影响之外,还需要更多地关注心理健康,促成更广泛的福祉。整个技术搭建与使用必须始终响应个体患者和参与者的不同需要和个人实践。相比于严格的监管措施,审查与监督机构在事前提供专业指导更加重要。目前,伦理审查的重点在于教育研究人员有关法规背后的伦理原则,以及监督与审查当前和潜在的研究项目。

伦理审查监督机制对于科学研究规范、良性发展有着至关重要的作用。令人欢欣鼓舞的是，学界整体对伦理问题的认识更加深入。人类社会面临最紧迫的问题，或许不是是否需要建立伦理审查和监督机制，而是相应的规则和委员会是否有能力解决科技创新活动中层出不穷的问题。总之，正如人类实验的历史所表明的那样，制度和审查委员会并不是完美的防火线。人类必须始终保持警惕，一个不容置喙的事实是，在人类实验中，对知识的渴望绝不可以成为不人道、不道德或不体谅他人的理由。

神经技术是近年来受到大量关注、快速发展的前沿科技领域，通过观察、研究、干预人的神经系统，进而对人的认知和行为产生影响。由于其作用对象是人类意识和感觉器官——大脑，所以其面临的伦理问题更加具有特殊性和挑战性。首先，神经技术的使用除了会带来健康风险，也有可能影响人类意识的独立性和自主性；其次，由于神经技术发展不平衡，可能会引发社会分配不公的伦理问题，在应用中，也应考量精神疾病治疗给使用者带来的社会歧视；最后，神经数据的采集和使用应注重隐私的保护。

目前，各国政府、科技公司和研究机构都投入了大量资源在新兴神经技术设备和软件的研发中，各种功能和类型的神经技术设备已经开始在临床投入使用，神经技术可以治疗神经系统疾病，或在一定程度上弥补我们损伤的肢体、感官甚至语言。但其到底会多大程度上改变人类本身，影响人类未来尚未可知。但是目前来看，这种技术改变是积极的，因为神经技术为遭受身心疾病折磨的患者带来了福音。当然，很多学者担心尚未成熟的神经技术会给人类带来隐患，这种担忧对于发展中的新兴技术是必要的。正因为神经技术在医学上有其不可替代的优势，未来的哲学研究需要关注它对身体、认知和自我产生的影响，并深入讨论这种影响可能带来的伦理后果。

思 考 题

1. 神经技术有哪些主要领域？
2. 神经技术可能会给大脑带来哪些影响？
3. 神经技术采集的大脑数据与其他个人数据有什么异同？
4. 脑机接口对大脑信号的翻译有什么意义？
5. 脑损伤患者如何更好地实现知情同意？

进一步阅读

Neil Levy 的《Neuroethics: Challenges for the 21st Century》是经典神经伦理学入门书籍，可读性很高，内容几乎包括所有的社会、政治和道德决定，适合对神经科学的哲学和伦理方面感兴趣的读者阅读。Martha J. Farah 的《Neuroethics: An Introduction with Readings》是本科和研究生课程的教材,很好地抓住了神经伦理学中有趣和有争议的问题,介绍了神经科学和神经伦理学领域相关的概念和实践问题。Eric Racine 的《Pragmatic Neuroethics: Improving Treatment and Understanding of the Mind-brain》是一项对新兴神经伦理学领域的调查,从实际治疗和应用出发,提出了一种实用的神经伦理学,它结合了多元方法、自下而上的研究观点和实际问题。Monique Frize 的《Neuroethics: Defining the Issues in Theory, Practice, and Policy》涵盖了与神经科学领域的研究和实践以及伦理影响相关的广泛主题,目标受众是相关领域的研究者和从业者,专业性较强。Alter Glannon 的《Brain, Body, and Mind: Neuroethics with a Human Face》讨论了神经伦理学的两个分支(伦理的神经学和神经的伦理学)中前沿和富有争议的问题,借鉴了当时精神病学、神经病学和神经外科方面的工作,发展了一种受现象学启发的神经科学理论来解释脑-心关系。L. S. M. Johnson, K. S. Rommelfanger 等的《The Routledge Handbook of Neuroethics》介绍了最新神经伦理学研究成果,关注了前沿的伦理争论和未来的发展方向,表达清晰准确,是一本很好的介绍性书籍。如果想了解最新的神经伦理学相关研究,可以阅读期刊《Neuroethics》。

参 考 文 献

[1] Chatterjee A. The Aesthetic Brain: How We Evolved to Desire Beauty and Enjoy Art[M]. Oxford: Ox-ford University Press, 2014.

[2] Farah M J. Neuroethics: An Introduction with Readings[M]. Cambridge: The MIT Press, 2010.

[3] Glannon A. Brain, Body, and Mind: Neuroethics with a Human Face[M]. Oxford: Oxford University Press, 2013.

[4] Illes J. Neuroethics: Defining the Issues in Theory, Practice, and Policy[M]. Oxford: Oxford University Press, 2005.

[5] Johnson L S M, Rommelfanger K S. The Routledge Handbook of Neuroethics[M]. New York: Routledge, 2018.

[6] Laurie G, Baldwin T, Cole J, et al. Novel Neurotechnologies: Intervening in the Brain[R]. Nuffield Council on Bioethics London, 2013.

[7] Levy N. Neuroethics: Challenges for the 21st Century[M]. Cambridge: Cambridge University Press, 2007.

[8] Racine E. Pragmatic Neuroethics: Improving Treatment and Understanding of the Mind-brain[M]. Cambridge: The MIT Press, 2010.

[9] 贝内特,哈克.神经科学的哲学基础[M].张立,高源厚,于爽,等译.杭州:浙江大学出版社,2008.

[10] 韦斯克鲁夫,亚当斯.心理学哲学导论:当心理学和神经科学遇见科学哲学[M].张建新,译.北京:北京师范大学出版社,2018.

[11] 刘星.脑成像技术的伦理问题研究[M].长沙:湖南大学出版社,2017.

[12] 加布里尔.我非我脑:21世纪的精神哲学[M].王培,译.重庆:重庆出版社,2022.
[13] 马兰.神经伦理研究[M].武汉:华中科技大学出版社,2018.
[14] 帕尔多,帕特森.心智、大脑与法律:法律神经科学的概念基础[M].杨彤丹,译.杭州:浙江大学出版社,2019.
[15] 丘奇兰德.信任脑:来自神经科学的道德认识[M].袁鋆,安晖,译.杭州:浙江大学出版社,2018.
[16] 亓奎言.神经伦理学:实证与挑战[M].上海:上海交通大学出版社,2017.
[17] 格林.道德部落:情感、理智和冲突背后的心理学[M].论璐璐,译.北京:中信出版社,2016.
[18] 哈里斯.道德景观:科学如何决定人性价值[M].于嘉云,译.北京:中信出版社,2017.
[19] 塞尔.自由与神经生物学[M].刘敏,译.北京:中国人民大学出版社,2005.

第15章
合成生物学伦理

▶ 15.1 合成生物学概述

合成生物学是多学科交叉发展到一定阶段高度汇聚融合的结果,不同学科组织领域的科学家因为学科的研究领域不同,对其本质内涵的解读也各有侧重。综合来说,合成生物学研究的基本思路是"自下而上"(bottom-up),它利用标准模块,通过工程化方法,将复杂的生命系统拆分为各个功能元件,按照由简单到复杂的顺序重新构建具有期望功能的新的生物系统。合成生物学在改进基因工程的过程中,特别强调"设计—构建—测试"(DBT):设计原型的迭代过程、建立物理实力、测试涉及功能从缺陷中学习,以及反馈信息来创造新的改进的设计。目前,为推动合成生物学发展而设计的概念、方法和工具正在被广泛整合到生命科学工具中,并应用于许多生物学研究和生物技术活动中。合成生物学打破了现有的生物学体系的常规工作路径,不但在方法上具有颠覆性,也在结果上注入了更大的不确定性。因此,合成生物学的发展必然会引发越来越多的伦理问题。

15.1.1 国外研究进展

合成生物学伦理的研究多融入其学科专题研究之中,如生物医药、环境科学生态学、生物能源等相关领域。哈依布·弗兰德(Huib de Vriend)是较早对合成生物学的发展进行反思的学者,他专门在其文章《建构生命:对新兴合成生物学领域的早期社会反思》中阐述了他对合成生物学所涉及的生命概念、生命构建方式等技术的伦理忧思。这一反思观点也引起了荷兰IDEA联盟暑期学院的关注,该组织在2007年组织专家编写了《合成生物学的伦理学》,进一步从较为系统的角度对当时的合成生物学发展中所涉及的生物安全、公正还有该技术研发中涉及的知识产权归属等疑问进行分析探讨。同年,帕伦森·艾瑞克

(Parens Eric)发表文章《合成生物学的伦理问题:争论概览》,他从身体伤害与非身体伤害两个方面来分析合成生物学的伦理问题,身体伤害维度主要涉及合成生物技术可能存在的潜在健康风险。博斯特朗·尼克(Bostrom Nick)对此研究成果颇丰,他虽然没有直接出版对合成生物学研究的专著,但是发表了大量的相关研究性论文,将合成生物技术作为典型案例从人类提升、生存危机、未来科技影响等很多角度进行剖析。基因编辑技术在合成生物学上的应用逐渐引起广泛的关注,莱德福德·海迪(Ledford Heidi)在《Nature》上从不同的视角对这一技术引发的伦理纷争进行了讨论。古特曼·亚历山大(Gutmann Alexander)从指导原则的维度对合成生物学的伦理规则进行探索,认为这一维度应该是伦理研究委员重点探讨的议题。苏黎世大学的学者迪普拉泽斯·安娜(Deplazes-Zemp Anna)通过对合成生物学引发问题的研究,思考了这一技术背后的研究动机,并将其作为主要研究对象,这就为研究合成生物学发展产生伦理问题的根源提供了新的思路。CRISPR(Clustered Regularly Interspaced Short Palindromic Repeats)技术在20世纪90年代初被人类发现并展开了大量研究,相关领域的科学研究成果颇丰,人类通过对这一来自微生物免疫系统的发现及应用极大地促进了合成生物学的发展。众多学者就马丁·吉内克(Martin Jinek)等多位科学家对Cas9蛋白和识别靶位点的gRNA组成技术的研究成果展开了深刻的伦理学讨论,特别是关于人为操纵物种基因编辑的技术应用。

通过对相关文献的聚类分析,欧美国家学者关于合成生物学伦理问题研究的文献发表数量明显高于其他国家,这就进一步展现出在这一时期内合成生物学伦理问题全球研究的区域领先趋势,尤其是美、英等国研究态势凸显。综合分析国外学者对合成生物学引发的相关伦理问题研究,主要围绕"创造生命""两用困境"以及"知识滥用"3个方面展开。

在"创造生命"的问题研究方面,肖普拉·帕拉斯(Chopra Paras)等认为合成生物学家将具有已知特性的短DNA序列组合起来,创造出具有理想功能的合成生物体,对医学、环境保护等都有积极的作用。2007年,澳大利亚学者谢默斯·米勒(Seumas Miller)和詹姆斯·迈克尔(James Michael)从伦理视角对生物科技中的两用困境进行了哲学审视,指出应该从道德层面对这一技术成果的知识产权维度进行反思,结合合成生物学的学科特性,成立由政府等监管部门牵头的独立的监督机构,把相关学科的科学家,包括人文学科的伦理学家都纳入监督主体机构,这样能从各个方面都加以管控与监督,降低该技术领域的负面效应。关于合成生物学发展中"知识滥用"的问题,2004年,美国国家工程院在《对工程师的未来展望》一书中指出:在多学科背景下深入分析生存伦理启发法可以帮助未来的工程师知道如何以及何时最好地"将社会因素纳入对其工作的全面系统分析中"。2010年,牛津大学学者托德·道格拉斯(Todd Douglas)和朱莉安·萨乌莱斯库(Julian Savulescu)在《合成生物学知识伦理》这篇文章中提出了合成生物学的发展中可能会产生知识滥用的伦理风险,因此他们认为生物伦理学家应该着重对这一潜在伦理风险进行规治,对合成生物学知识的传播方式和内容都要进行反思。

随着合成生物技术的迅猛发展,一些科学家在对合成生物学的应用技术进行阐释时,也开始关注该技术存在的潜在风险,并对这些风险进行哲学层面的反思。彼得·法科尼(Peter J. Facchini)等评述了合成生物系统应用于生产高价值植物的应用技术,认为基因组的研究应用于植物上非常重要,是合成生物技术发展的必然趋势之一,但同时不能忽视这一生物系统技术天然具有的不确定性风险,是人类必须面对的挑战。围绕法科尼的研究,一些合成生物学家们纷纷发表评论,认为首先最终目的是促进和鼓励创新研究,在管理政策的制定过程中,政府既不能夸大未经证实的风险评估,又要认识到风险的减轻应该是重要的考虑因素,因而不能实施特别严格的监管制度,否则将会阻碍技术发展迈向创新,所以对合成生物技术的伦理监管必须适度,相关机制必须逐步合理完善。

15.1.2 国内研究状况

我国学者对合成生物学的研究呈现出厚积薄发的发展态势,2009年以前较少有直接以合成生物学伦理为主题的论文发表,此后相关研究逐步增长。宏观伦理、基因伦理、生命伦理等问题的研究是我国当前对其相关研究的热点。

1979年徐京华发表的《关于合成生命》是国内对于合成生物学的较早研究成果,该文从当时的科技发展水平出发,就人工合成生命技术的研究路径和发展前景进行了设想,但没有进一步提出可能会引发的伦理问题。王德彦在对前沿新兴科技创新成果进行分析时,指出应该重视公众对新兴科技的认知度,由于缺乏现代生命科学知识,因而会产生公众一定时期内的恐慌。朱静生对于公众由于缺乏对基因工程技术知识的了解,从而对这一技术应用可能会产生未知的创新成果而恐慌的情况进行了分析,强调了自然科学发展过程中科学家与公众交流的重要性,指出人文社会环境对于促进自然科学的发展具有重要推动作用。郭金柱提出了人工细胞研究在伦理学方面存在问题的哲学反思。由于时代的局限性,这些研究与思考虽然已经开始从不同角度关注到合成生物学的相关领域引发的不同问题,但还未从一门整体学科的角度来研究合成生物学。2004年,吴家睿研究员对当时合成生物学技术发展取得的进步进行梳理分析,并明确提出应重视这一技术发展创新的同时伴随而来的一系列伦理挑战。林其谁院士直接从科学两面性的角度对合成生物技术发展进行了哲学反思,指出其存在被滥用的安全伦理问题。殷正坤在2009年发文将合成生物学作为一门学科来进行伦理分析,引发了当时国内针对合成生物学伦理问题反思的热潮。何武国在2010年以安全视域为研究的切入点,分析归纳了合成生物学的一些伦理问题,他认为应该从两个维度来反思合成生物学存在的生态安全问题,即环境污染和生态破坏。翟晓梅教授针对"合成生物学的伦理和管治问题"做出分析报告,不仅梳理了合成生物伦理学的研究进展,并且对合成生物学的伦理问题进行总结与分类,她特别强调了合成生物技术发展中要秉持"谨慎"的观点,即认为合成生物学不能盲目发展,必须谨慎对待，防患于未然。程晨从生物演进的维度探讨了人类社会及未来发展如何会被合成生物学所影响，再次拓宽了人类对合成生物学哲学反思的视野，认为合成生物学不仅挑战了传统的生命概念，还颠覆了"自然"内涵，创建了"第二个自然"，这与天然自然界截然不同，必然会产生不同的伦理问题。任丑在讨论生命价值时，从人造生命对科学生命与生命目的两个角度展开，指出生命目的所追求的价值应当是科学生命得以具有价值的存在根据。

15.1.3 应用概览

能源是支撑现代社会经济快速发展的基础，人类社会的飞速发展越发加剧地球资源的枯竭，优质能源的开发和先进能源技术的使用是人类利用合成生物技术需要解决的人类难题之一。人类利用科学技术一直在寻找一种洁净而又可再生的能源，生物质能源目前是为数不多的可替代化石能源，转化成气态、液态和固态燃料以及其他化工原料或者产品的碳资源。例如，生物乙醇的生产应用。目前全球燃料乙醇仍旧以玉米和甘蔗为主要原料。鉴于用粮食生产车用燃料有争议，各国也在积极探索新的原料途径。国内针对玉米燃料乙醇产业的各种争议也随着玉米巨大的去库存压力发生了变化。合成生物学技术在农业生产中具有广泛运用。生物农业这一产业模式是运用基因、细胞等工程学方法和现代生物分子育种等技术手段，培育种植生产安全高效、优质多产的动植物新品种。全球转基因作物产业化持续发展，产品不断拓展，类型趋于多元化。以转基因技术为代表的生物技术革新不断，推出抗虫、抗除草剂、抗旱等优良作物品种，同时带动了农机、化肥、农药等产业发展，也催生了新型产业集群的建立。生物农药发展迅猛。在农业发展中，农药是其不可或缺的重要和特殊的投入品，其发展与粮食安全、生态环境安全和人类健康密切相关，同时它也是合成生物学发展可能引发环境等伦理问题的重要内容，科学合理地生产、经营、使用农药是现代农业的重要内容之一。在生物修复技术领域，随着世界范围内的快速城市化和工业化，由于意外泄漏或者管理不当导致大量有毒化学品释放到环境中，利用合成生物学开发成本效益好的环境监测生物传感器是至关重要的。医药应用方面，主要是应用于传染病、癌症及其他疾病的防治和药物筛选。合成生物学为未来医疗提供了美好前景，可以通过与半导体技术结合设计传感器以检测和治疗疾病，或通过重新设计细胞来对抗癌症和糖尿病等疾病。

15.2 合成生物学的伦理问题

合成生物学是多学科综合交叉的学科,世界各国政府、学界、工业界综合判定它的实践应用是能够改变人类文明进程的颠覆性技术之一,它通过对生物分子系统和细胞功能进行工程化改造,在诸多方面展示出了良好的应用前景,主要包括绿色化工、环境治理、医药、抗逆性改造以及其他方面的应用。在绿色化工应用方面,包括化学品的先进制造、生物能源的绿色制造以及生物医药的绿色制造。然而,合成生物学在这些领域的广泛技术应用也带来了一系列伦理问题。

15.2.1 争议中的伦理范式

合成生物学领域为应用生物技术改善人类福祉以及动物、植物和环境健康提供了巨大的可能性,合成生物学已经创造出生产药物的一些新方法,还被视为生长移植器官、操作微生物菌群,甚至生产化妆品的潜在手段。除了这些以应用为导向的目标之外,合成生物学还鼓励更多的人参与生物实验,进一步推动这一新兴科学技术在社会中的影响与作用。可以预想,合成生物学的潜在益处远远超过人类的创造力与想象力,人造生命技术是人们在合成生物学领域的一次巨大的突破。人造生命的产生,赋予了生命新的解读方式,人的意志在其产生中始终都起到了主导作用,不管是实验过程中的人为控制和干预,还是最开始的设计环节,处处都彰显出了人的主体性,而生命的这一产生过程相比自然状态的演化过程就会简单很多。人造生命体的诞生是合成生物技术应用获得重大突破性进展的里程碑,颠覆了生命必须要顺应自然进化法则的规律,人类对生命的认知达到了史无前例的高度,带来相应风险的复杂性也是前所未有的。人类在善意使用人造生命技术的过程中,往往已经可以预测到许多潜在的社会问题,如家庭伦理问题、人格问题、人的尊严问题等,而如果一旦人造生命技术被人类恶意使用,例如投入战争等,则引发的环境伦理问题将是不可预估的。

自然有其自身的演化规律,如果人为地在自然的"常态"机制中引入"非常态"机制则是极其复杂的,一不小心就可能变为直接的强制引入过程,造成不可调和的冲突。科技发挥作用的过程正是这样,正负双效应也正是基于此过程显现的。

15.2.2　环境伦理问题

人类产生之前,地球便按照自己的规律运转演化,人类利用科学技术这一工具将自然与自身仿佛越分越开,但随着现代科学技术的飞速发展,人们不得不再一次深刻认识到,人类是从自然演化而来的,无论使用什么样的科技工具,都不可能与自然彻底分开,人类赖以生存的地球是一个有机整体,它与人类之间共存共荣。因此,人类文明得以持续的基础在于要倡导一种尊重自然、善待自然的环境伦理态度。极其严重的生态危机使得人对自然的关怀必须从理论上付诸实践,人与自然关系的重要性凸显在人类面前。

人类在利用科学技术这一利器改造自然造福自己的同时也拥有了毁灭这一切的能力,这一危机对人与自然的发展关系提出了警示,人类不得不承认必须基于环境伦理视角去反思科技的发展问题,并遵守人与自然和谐发展的内在原则。只有遵守这一发展原则,将人类回归到自然的道德血缘关系中,才能兼顾人与自然长期依存发展的双重需要,这不仅是对自然的尊重,更是实现人的自由发展的必然需要,而全球发展的价值认同也只有遵循这一原则才能获得。因此,合成生物学的多领域应用与生态安全之间的关系正是科学技术对于人类社会发展产生"双刃剑效应"的实践印证。科学技术的发展与社会的关系绝不可能是单向的,而是双向的互动关系,不得不承认,科技发展带来的负面响应主要是来自人类的非理性利用。在新时代高速发展的科技氛围下,我们必须看到人类生存与发展的深层次辩证关系,看到新兴科技发展与自然环境之间的对立统一关系,必须维护人类赖以生存的自然和社会环境,引导合成生物学的新兴技术朝着正面方向发展。

合成生物学的相关技术被应用于许多领域,构建的是开放的复杂巨系统,比如生命系统、生态系统。其系统内部子系统种类繁多,层次结构复杂,相互作用密切。关于合成生物学发展中引发的生态安全问题,人们普遍担心经过合成改造后的生物系统放到自然环境中,会在自然选择的压力下发生突变,这即意味着改造后的生物发生突变后极有可能与环境中的其他生物之间产生不可预测的相互作用,或者这些技术被人恶意使用,都会引发不可控制的生态灾难。通过对合成生物学应用能力与关注度的评估分析可以看到,人们对合成生物技术应用的担忧,目前需要给予最高关注度的能力包括重构已知致病病毒,通过原位合成制造生物化学物质,以及利用合成生物学技术使现有技术更加危险。随着科学技术的发展,合成生物学的这些应用能力所需的技术和知识对于广泛的行为者来说越来越容易获得,这也意味着合成生物学技术潜在的不可预测性,增加了生态自然环境的未知挑战。

15.2.3 生物伦理问题

合成生物学时代不仅会带来新技术,还会带来工程范式在生物学背景下的新应用。从积极的方面来看,预计这些技术将使更广泛的治疗方法、生物检测和诊断方法、发现异常生物学现象成为可能,但是这些进展也可能提升资源较少的恶意行为者操纵这一技术的能力,进一步引发生态环境等一系列伦理安全问题,因此需要辩证地应用合成生物学技术。

新功能新基因的呈现,在亿万年的生命进化历程中,是生命体环境适应性进化的基本保障。生物之所以具有应对变化莫测的地球环境的本领,正是由于生物进化过程中的全新功能基因,也因为有这一本领,生物才可以在地球上生存下来并进一步对地球环境进行改造。生命的进化遵循着从简单到复杂的进化历程,基因数量由少到多的变化趋势也向人类展示了这一进化轨迹。一般来说,新基因自然进化与起源都是以百万年为单位的,其发生速度非常缓慢,如果按照这一自然速度就无法满足日益增长的工业生产的需求。按照生物进化规律,在自然选择的条件下,生物的进化都是被动发生的,生物逐渐地向着更加适应的方向进化,在漫长的进化过程中,经历着优胜劣汰的考验。"人为干预生命的创造"是合成生物学研究的终极目标之一,这一目标主要是通过对生物元件进行设计、合成与组装实现的,自然的生命进化用了几十万年的时间,而合成生物学的创新技术则把生命进化的时间大大缩短了。

生物风险随着现代生物科学的日益深入发展与日俱增。基因工程等最新生物科技的多重不确定性是现代新兴科技交叉发展所不得不面临的尖锐问题。任何专家都不可能对合成生物学技术高度的复杂性与不确定性给出精准及时的环境伦理风险预警,也很难进行合理有效的预期治理。

▶ 15.3 合成生物学的社会治理

合成生物学以创造新型生物为目标,加速了人类构建美好生活的步伐,为人类带来了巨大的福祉,同时也势必会引发诸多伦理问题。它具有科技的必然属性——"正负双效应",只有对它给人类生存和国家安全带来的潜在威胁展开防控,才能有效构建健康美好的生活。由于合成生物系统的复杂性与特殊性,系统性进化对于合成生物系统的性能优化十分重要,大多数生物合成的焦点都集中应用于活细胞中,但是细胞具有生命系统的复杂性,合成生物学面临难以逾越的四大挑战:难以标准化、不可预见性、不相容性和高复杂度。合成生物学面临的这些挑战,也是科技发展面临的潜在伦理风险。

15.3.1 政策法律监管

合成生物技术不但使人造生命体从想象变为现实,而且进一步成为人工自然增长的推动力,两者之间有着非常紧密的关系。首例完全由人造基因控制的单细胞细菌"辛西娅"的诞生,拉开了合成生物学对生命重新解读的序幕。新的生命体完全可以在实验室中被"创造"出来,这项具有里程碑意义的实验成果引发了"轩然大波"。"人造生命"概念迅速带来广泛争议与讨论,不少反对者认为这一生命的创造方式"亵渎"了上帝,也是对自然的藐视。生命的神圣感的本质被合成生物学彻底打破,也打破了自然与非自然的界限,人们的传统观念被极大刷新。这种违背自然发展规律而制造出自然界中不存在的生命的科研活动,将合成生物学推进"逆"自然以及哲学、宗教等意识形态上的激烈争论旋涡。

随着全球合成生物学的蓬勃发展,与之相关的安全与伦理问题的监管政策和防御措施随之而来,并不断更新和完善。近年来,美国政府相继从法律、政策等层面加大了对合成生物学的管理力度,制定了相关操作规范等,建立了合成生物学的管理构架。

在法律层面,《高致病性病体的管理办法》对合成生物学有这样的规定:合成与天花病毒基因组相似性85%的基因序列,属于故意合成、制造天花病毒(GPO2012-9-2)的违法行为。在政策层面,2010年10月美国卫生部(HHIS)公布了一份指导DNA产品合成的商家筛选指南,预防管制病原体的不当开发(NSABB2013-1-1)。2012年3月至2013年5月,美国共出台了3项对合成生物学的监管政策,其中对从事相关研究、生产与资助的部门、机构及个人的行为进行了规范(OsTP2013-5-26)。经过以上措施,美国实现了从病原体管理、DNA筛查、研究人员管理、研究机构管理、研究活动管理等方面对合成生物学可能存在的风险的监管。

2018年,科学技术部牵头制定了《中华人民共和国人类遗传资源管理条例》,强调必须要加强人类遗传资源管理工作中的伦理审查,符合伦理原则是采集、保藏、利用、对外提供我国人类遗传资源的必要条件。2018年,科学技术部起草并制定了《生物技术研究开发安全管理条例》,并于2019年3月面向社会公开征求意见,已列入《国务院2019年立法工作计划》。这一条例坚持发展与安全并重,坚持立足我国实践需求和借鉴国际经验相结合并做好与相关法律法规的衔接。2021年4月15日我国颁布了《中华人民共和国生物安全法》,这是我国国家安全治理体系和治理能力现代化进程中的一件大事。这一法案明确指出,合成生物学等现代技术不断融合发展,生物技术误用、谬用而导致出现的灾难性后果已成为可能。国家必须加强管理生物技术的研究、开发与应用活动,并强化过程管理,严格按照风险等级实行具体分类管理,同时要开展伦理审查、跟踪评估,严防滥用与谬用。这一法规的实施,也进一步凸显了我们国家对生物技术依法加强伦理、过程管理和风险管控的决心与力度。

15.3.2　加强风险评估

成立国家级的合成生物学研究和应用的风险评估中心,以合成生物学家为主,联合生态、社会、伦理等领域的专家共同组成评估专家团队,建立完整的风险评估体系,对每个合成生物学研究和产品项目可能造成的风险和危害进行全面评估,当其研究或产品结果不乐观或者不确定时,必须暂停该研究项目,预防风险的发生。同时,加强合成生物学从业人员的风险意识培训,在本科生、研究生中开展此类课程,增强合成生物学研究者的安全意识。

在合成生物学环境伦理法规执行过程中,应该形成政府主导、部门协调、公众参与的格局。各级政府环境保护行政主管部门会同行政监察部门、司法部门并协调其他拥有环境保护职责的部门依法进行环境行政执法,其重点是检查企业、科研机构等的生产、科研行为对环境造成的影响,同时也对各级政府在环境保护方面的作为情况进行监督检查。在合成生物技术飞速发展的过程中,由于法律法规不够明确,存在许多空白地带,在法律实施和行为指引过程中,仍然存在诸多问题,只有构建完善的现代法律监管体系,才能提升工作的稳定性和科学性。通过有效的法律规制与指引,实现环保工作目标,提高法律规制水准,将法律作为工作开展的底线,保障合成生物学发展中各项工作的顺利开展与运营,实现法律工作目标,构建现代工作格局体系,从而提升实践性、科学性。因此,在合成生物学的发展过程中,以相关政策和法律法规为保障机制,制定相应的标准和执行方针,密切关注生物恐怖主义与生物武器威胁,切实加强防范恶意使用和病原微生物实验室的生物安全,依法加强过程管理和风险管控的有效执行,不能使伦理规范流于表面、形同虚设。

15.3.3　生物安全意识与伦理教育

联合媒体宣传,对合成生物学的研究进行全面、公正、客观的报道,正确引导公众的认识和观点。通过这种方法消除合成生物学的神秘感和恐惧感,使公众正确看待合成生物学的安全风险及伦理问题。了解合成生物学的完整监管体系,从而减少公众对合成生物学的不正确的舆论阻力。另一方面,加强普及教育,充分发挥公众的监督作用,从而促进合成生物学监管体系的完善,促进合成生物学的良性发展。合成生物学的特有属性,要求我们在设计之初就必须以负责任的方式使用这一技术工具,在合成生物技术创新发展中融入伦理思想,从责任源头抓治理促创新,做到对本国与全人类负责、对科技与可持续发展负责、对当代与未来的协同发展负责。合成生物学是生物研究与产业的最前沿,已经在医学、制药、农业、材料、环境和能源等领域得以广泛应用。将相关环境伦理知识融入合成生物学的学科教育中去,从科技人才新生力量的源头抓起,鼓励科技创新的同时,防止技术被人为谬用、滥用。

思 考 题

1. 合成生物学主要应用领域有哪些?
2. 目前合成生物学的研究热点有哪些?
3. 为什么要进行合成生物学的伦理研究?
4. 我国目前合成生物学伦理的状况如何?
5. 你认为我国合成生物学应该如何发展?

进一步阅读

李春的《合成生物学》是入门级的科学读物,对合成生物学的原理、理论方法和工程应用都进行了概述。鲍尔的《如何制造一个人》研究了合成生物学的发展史。中国科协学会学术部编的《合成生物学的伦理问题与生物安全》是一份全面的研究报告。殷正坤的《为制造生命辩护》和翟晓梅的《合成生物学的伦理和管治问题》是两篇很好的论文。英文文献中,Alexander的《The Ethics of Synthetic Biology》、Bedau等的《The Ethics of Protocells》是很好的研究成果,Vriend的《Constructing Life, Early Social Reflections on the Emerging Field of Synthetic Biology》是对该领域的历史考察。

参 考 文 献

[1] Alexander G. The Ethics of Synthetic Biology: Guiding Principles for Emerging Technologies[J]. Hastings Center Report, 2011, 41(4): 17-22.

[2] Anna D. The Conception of Life in Synthetic Biology[J]. Science and Engineering Ethics, 2012, 18(4): 757-774.

[3] Bedau M A, Parke E C. The Ethics of Protocells: Moral and Social Implications of Creating Life in the Laboratory[M]. Cambridge: The MIT Press, 2009.

[4] Church G M, Regenesis E. How Synthetic Biology Will Reinvent Nature and Ourselves[M]. New York: Basic Books, 2012.

[5] Douglas T, Savulescu J. Synthetic Biology and the Ethics of Knowledge[J]. Journal of Medical Ethics, 2010: 36(11): 687-693.

[6] Erik P. Ethical Issues in Synthetic Biology: An Overview of the Debates[R]. The Woodrow Wilson

International Center for Scholars,2009.
[7] Negrotti M. The Reality of the Artificial:Nature,Technology and Naturoids[M]. Heidelberg:Springer,2012.
[8] Paras C,Kamma A. Engineering Life Through Synthetic Biology[J]. Silico Biology,2006,6(5):401-410.
[9] Schmidt M,Kelle A,Ganguli-Mitra A,et al. Synthetic Biology:The Technoscience and Its Societal Consequences[M]. Cham:Springer,2009.
[10] Vriend H. Constructing Life,Early Social Reflections on the Emerging Field of Synthetic Biology[R]. Rathenau Institute,2006.
[11] 翟晓梅.合成生物学的伦理和管治问题[A].冯长根.合成生物学的伦理问题与生物安全.北京:中国科学技术出版社,2011:87-92.
[12] 鲍尔.如何制造一个人:改造生命的科学和被科学塑造的文化[M].李可,王雅婷,译.北京:中信出版社,2021.
[13] 李春.合成生物学[M].北京:化学工业出版社,2019.
[14] 殷正坤.为制造生命辩护:有关合成生物学的伦理争论[J].中国医学伦理学,2009,22(1):3-6.
[15] 中国科协学会学术部.合成生物学的伦理问题与生物安全[M].北京:中国科学技术出版社,2011.

第16章

基因与遗传伦理

基因革命正在改变医学的本质。遗传学和基因组学的进步为通过个性化或精准医学提高药物的有效性和可负担性开辟了可能,但也引发了人们对这些干预措施未来使用的担忧。基因医学正在改变我们对行为和个人责任、孩子的天赋以及人类的身份和本性的看法。遗传学和基因组学的发展为医学提供了令人兴奋的新模式,但同时它们也提出了许多伦理、法律和社会方面的问题,包括基因诊断和遗传咨询、生殖遗传学、DIY基因检测、基因专利、生物银行及其在个性化或精准医疗中的应用,以及对隐私、数据安全还有基因歧视的担忧。此外,基因干预中不断发展的技术创新,例如CRISPR的发展,进一步证明了道德考虑和社会讨论对这些技术的适当限制的重要性,特别是在人类生殖细胞干预领域。

▶ 16.1 历史与新兴领域

16.1.1 分子遗传学

分子技术和其概念不可避免地对其他领域产生了变革性的影响。分子遗传学是一门以有限数量的有关遗传的分子为研究中心的学科,在分子遗传学的发展时期,人们研究了大量与DNA复制、基因调控和蛋白质合成有关的机制。虽然DNA在其自身复制中充当模板,但它不是自我复制或自催化的。在这个过程中需要许多酶和其他分子,例如DNA聚合酶和DNA连接酶。此外,人们还发现了几种对细菌或病毒具有特异性的酶,例如逆转录酶,它使病毒能够将RNA翻译成DNA,以及限制酶,它作为细菌防御系统的一部分切割DNA。除了解释重要的细胞过程之外,这些酶还可以作为在体外、细菌系统以及最终在真核细胞中操作DNA的工具包。科学家还证明了通过使用这些酶作为工具,从源自不同生物体的片段中构建DNA分子的可能性。这些分子工具不仅促成了重组DNA技术和基因工程，而且还通过在细菌中分离和扩增基因促进进一步的分子表征。

此外，通过研究遗传密码的体外系统操作的补充，反过来又发现了涉及基因转录和翻译的新细胞机制。例如，在基于病毒的模型系统中人们观察到，通过移除部分初始转录基因，可以分离编码区。分裂基因和RNA剪接机制导致了人们对基因的重新认识。由此引发在各种生物体中进一步发现RNA加工机制的研究。例如，可以通过将来自相同或相邻基因座甚至不同染色体的多个转录基因拼接在一起生成新的mRNA。此外，可以通过改变几个或单个核苷酸来编辑RNA，这可能对从mRNA翻译的蛋白质产生很大影响。

另一个重要的发展与基因调控有关。通过研究细菌适应不同食物来源的能力，科学家开发了操纵子模型，根据该模型，细菌能产生一种称为"阻遏物"的蛋白质，它与DNA结合从而抑制相应酶和其他蛋白质的产生。如果发现乳糖，它便会与阻遏物相互作用，从而激活基因，使乳糖被细菌消化。该模型引入了关于基因的重要研究，那些编码乳糖渗透酶或其他构成细胞功能的蛋白质的基因被称为"结构基因"。产生阻遏物和其他控制基因表达的蛋白质的基因被称为"调节基因"。这种机制被解释为不同基因在动物发育过程中不同时间和不同组织中如何被激活提供了答案，于是后来出现了特定发育基因的概念。发育生物学家确定了一些数量有限的基因，这些基因对建立早期胚胎组织至关重要，并通过控制各种其他基因的表达而发挥作用。分子克隆导致了发育基因的分子特征及其进化保守性的发现。

16.1.2　基因组学和后基因组学

随着DNA测序方法及其自动化的实现，对人类和其他生物的全基因组测序成为可能，人类基因组计划（HGP）于1990年开始工作。2005年左右出现的新的平行测序方法使测序更快、更便宜。因此，测序的物种和人类样本的数量不断增加。从早期蛋白质测序开始，序列数据就存储在数字数据库中，GenBank是最重要的序列存储库之一。基因组学，即分析和比较基因组的科学，与生物信息学密切相关。序列比较再次改变了进化遗传学并开发了新的比较方法，现在DNA序列本身可用于重建系统发育树，并且可以更详细地跟踪重复事件的模式。尤其群落基因组学方法不仅揭示了微生物生命的多样性，还揭示了包括真核生物在内的生物体之间的横向基因转移量，使得微生物系统学和生态学发生了显著变化。人类基因组大数据集的可用性也激发了人们对人类多样性和历史的新兴趣，增强了医学遗传学和遗传数据在各个领域的使用，并导致了直接面向消费者的基因检测的出现。除了DNA，基因组学还研究转录组、蛋白质组、相互作用组和其他水平的细胞过程。DNA和蛋白质微阵列，包括生物芯片，在这方面发挥了重要作用，下一代RNA测序进一步加强了对RNA转录的研究。这种新技术产生了大量不同类型的数据。因此，生物本体、数据库基础设施和管理正成为分子生物学研究的核心领域。

HGP的一个出人意料的结果是，人类基因组包含约23000个蛋白质编码基因，这些基因基于开放阅读框（ORF）的概念定义，即一段带有启动和终止翻译的终止密码子的DNA。这一事实再次表明剪接和其他机制的重要性，这些机制增加了给定基因组的蛋白质、基因组中的调控元件和非编码RNA的数量。DNA元素百科全书（ENCODE）项目于2003年启动，旨在识别人类基因组中的所有功能元素，包括转录为非蛋白质编码RNA的元素，以及蛋白质结合或表观遗传修饰位点。研究结果还证实，大部分基因组都被转录，并强调了功能性非编码RNA转录物的重要性和普遍性。这些发展属于通常所说的"后基因组学"。

新方法进一步推动了对细胞表观遗传学的研究，涉及包括DNA甲基化、染色质结构变化和非编码RNA相关调控在内的分子机制。这些机制可以导致差异基因表达模式在有丝细胞分裂过程中保持稳定，从而有助于解释发育。其数据集的可用性还促成了新的、技术驱动的生物学研究风格。系统生物学作为一个高度跨学科的领域开始出现，其特点是对基因和基因产物的相互作用网络的拓扑与动力学进行数学分析。CRISPR-Cas9系统最初被阐明为一种细菌免疫防御机制，现已发展成为一种用于基因组编辑的新工具，由于其精确性，它还增强了多细胞生物中的基因工程方法。

16.1.3　遗传学和优生学

遗传学自诞生之初就与充满争议的优生学存在复杂的联系，尽管现在优生学这一概念已经被抛弃了，但是其影响和争议一直持续至今。达尔文的表弟弗朗西斯·高尔顿在1883年创造了"优生学"一词，意思是"好的出生"。在自然界中，达尔文的自然选择进化论表明，种群中适应能力强的成员会比不适应的成员繁殖得更多。然而，高尔顿和其他优生学家担心，这种自然过程并没有在人类群体中发挥作用——在人类中，不适应的人比适应的人更容易繁衍后代。优生学家指出，各种社会、经济和政治力量倾向于使具有不良特征的人生育更多的孩子，而具有良好特征的人则被鼓励少生孩子。

当遗传学于1900年出现在科学舞台上时，许多优生学家接受了新的遗传理论，认为它为他们的优生社会提供了科学基础。优生学家认为，犯罪和智力等人类特征的遗传规则与孟德尔和摩根所研究的特征相同，其中单个基因与单个特征相关联。因此，优生的任务是减少不良基因向下一代的传递，并增加所需基因的传递。优生学家提倡各种社会干预措施，以产生更健康的人类，历史上曾经出现的各种充满争议的优生策略包括对不健康的人进行绝育，针对特定国家的移民限制法案，限制种族混合通婚，以及宣扬优生学的各种理由，还有对考虑生育的夫妇的优生指导等。

到20世纪四五十年代，出现了一些抵制优生学议程的社会趋势。第二次世界大战时期纳粹针对某些民族进行的根除暴行显然是受到某些优生思想的影响。社会评论人士指出，适应人群和不适应人群不是科学术语，它们是种族主义、性别歧视和本土主义的概念，旨在赋予部分人以特权，并贬低社会上处于不利地位的少数群体。在科学方面，人类学和社会学等社会科学越来越关注在人群中导致犯罪、贫困和精神疾病的社会与经济影响。智力和反社会行为等复杂的人类特征不是任何单一基因的结果。它们是许多遗传和环境因素在人类发展过程中以复杂且通常不可预测的方式起作用的结果。

到20世纪中叶，"优生学"这个概念逐渐被抛弃。许多优生研究项目更名为医学遗传学项目，优生学期刊和组织弃用了这个词，被社会生物学和人类遗传学等短语代替。然而，仅是术语的改变无法掩盖许多科学家和非科学家对利用遗传学的见解来解释人类遗传的持续兴趣。

▶ 16.2 伦 理 争 论

16.2.1 遗传咨询问题

20世纪中叶，为了减少质疑，转向医学遗传学和遗传咨询计划的学者试图通过将生殖决策的控制权从机构转移到家庭。像羊膜穿刺术这样的技术可以让女性决定是要继续怀可能患有唐氏综合征的胎儿还是终止妊娠。囊性纤维化携带者筛查让准父母知道他们怀上患有这种疾病的孩子的可能性有多大。此外，对于患有亨廷顿病的家庭，体外受精后的植入前基因诊断为向胚胎植入不携带亨廷顿病等位基因打开了大门。遗传咨询师认为他们的作用是以不偏不倚的方式促进这些人的生殖决策。医学遗传学家称赞这些基因技术，声称它们会赋予家庭更大的自主控制权。

然而，相关研究的批评者认为，医学遗传学与优生学的分离并不那么干净利落。当医院为孕妇提供筛查唐氏综合征和囊性纤维化等特征的机会，而不是关于性别或眼睛颜色等其他特征时，它向准父母发出了一个信息，即比起某些如性别和眼睛颜色等特征，唐氏综合征和囊性纤维化的特征更应该考虑在内。遗传咨询师渴望以非指导性的方式提供遗传信息，但批评者认为，与未来父母分享的关于可能疾病的信息往往会误导父母。医学遗传学强化了特定特征应该避免而不是去适应的想法，被许多批评者视为优生观念的现代版本，即认为有些生命体不值得拥有。更重要的是，医疗保健系统对这些基因技术进行推广实际上给准父母施加了很多新的压力，这意味着生殖决策并不像基因捍卫者所宣称的那样自主。

医学遗传学也面临其他批评。遗传技术的标准使用促进了受孕、妊娠和分娩的医学化,这都会改变准父母和胎儿之间的关系,因为在筛查完成之前,怀孕只能被认为是暂时的,并且它还影响了准父母准备怀孕和沟通怀孕的方式。种族健康差异学者还批评了对医学遗传学的研究投资,因为它将资源从已知的产生更大健康差异问题的环境原因中抽离出来。在某些情况下,对医疗化的担忧和对种族健康差异的担忧趋于一致。

16.2.2　遗传学与增强

医学界的一个常见争论是区别"治疗"和"增强",一般的看法是,旨在恢复或维持健康的生物医学干预算作治疗,而那些超出恢复或维持健康的干预算作增强。关于医学遗传学的许多哲学辩论也围绕增强展开。

在某种程度上,筛选与某些特征相关的基因的能力意味着某种形式的遗传增强是可能的,即使它看起来很不切实际。CRISPR-Cas9等相对快速且廉价的基因编辑技术的出现使得有关基因增强的辩论变得更加紧迫。基因增强的道德风险并没有真正改变,但讨论已经从纯粹假设转变为潜在现实。

增强的哲学批评者对这种做法提出了许多警告。迈克尔·桑德尔(Michael Sandel)将增强的愿望与狂妄联系起来。父母试图对孩子进行基因增强的尝试也受到批评,因为他们侵犯了孩子的自主权,父母寻求对孩子未来的过多控制。哲学家们还警告说,那些从增强中受益的人和没有增强的人将会形成一个不公正的未来。

增强的捍卫者很快指出,许多反对增强的论点并不仅仅适用于基因技术。当父母把孩子送到太空营而不是足球营时,他们也就控制着孩子的未来;同样,富裕的父母可以利用各种教育资源来提高他们孩子的水平,而这些资源是贫穷的父母无法提供的,这些肯定会造成差距。而且父母有很大的自由来决定他们的孩子将参加什么夏令营以及他们将为孩子的教育发展投资多少。有人甚至认为父母有义务利用基因技术,来增加孩子过上更好生活的机会。当然,所谓更好的生活是一种内在的价值判断,批评者指出,这种描述与一个世纪前优生学家提倡的愿景惊人相似。

16.2.3　种族与基因争论

优生学家将种族理解为具有可按优劣排序的身体和行为特征的生物学意义上不同的人群。他们认为,混血父母所生的孩子的特征会介于两者之间。优生学家提倡的反通婚法律明确防止种族之间通婚。优生学家还谈到了"爱尔兰种族""意大利种族"和"斯拉夫种族"。这些种族分类对于优生学家来说就像黑人和白人的分类一样真实存在,并且颁布反移民法以阻止不受欢迎的种族。优生学家所持有的关于种族的简单化观念经不起审查。20世纪人类进化、人类学和社会学等领域的发展证明,种族并没有那么清晰可辨——没有可以像质子数那样将黄金和汞巧妙区分开来的种族原子序数。尽管如此,对种族和遗传学的兴趣仍然持续存在。人类进化研究揭示了最早的人类是如何在大约7万年前通过一系列迁徙离开非洲的,有些人向东穿越亚洲大陆,有些人向北移动到现在的欧洲,有些人最终越过白令海峡并进入美洲。随着这些人口的流动,他们遇到了非常不同的环境,面临着独特的选择压力。北欧峡湾中的人需要适应的东西看起来与需要在北非沙漠中适应的东西完全不同,因此随着时间的推移,人类人口适应了不同的环境——一些人的皮肤变黑了,而另一些人的皮肤变浅了,一些人产生了霍乱抵抗力,而其他人则对疟疾免疫。

修订后的种族和遗传学概念重新解释了这个进化故事,认为种族类别代表与不同历史选择相关的有着独特遗传特征的人类群体。有人认为,黑人来自非洲血统,而白人来自欧洲血统。反过来,在黑色素生成方面,黑人可能具有与白人不同的遗传特征,而黑人更有可能是镰状细胞性贫血基因的携带者,而白人更有可能是囊性纤维化的基因携带者。这些关于种族和遗传学的观点的支持者还说他们不关心种族差别,他们只是在追踪不同的种族历史和他们的现代表型结果。

然而,即使是对种族和遗传学的修正理解上也面临挑战。人类进化的分组并没有很好地映射到传统的民间种族概念上。批评者还指出,种族的民间概念随着时间的推移而演变,主要是为了应对政治和经济压力,而非生物学见解。一些批评者鼓励将"种族"与"祖先"区分开来,将遗传学的讨论限制在该区分的祖先方面,并将其排除在种族讨论之外。

▶ 16.3 基因遗传学与社会治理

16.3.1 基因监管

"基因调控"一词通常指的是基因调控蛋白质、细胞和整个生物体的结构与功能甚至行为生物学的过程。例如,通过基因表达调节细胞的正常或病理表现的典型表述是,癌基因是所谓导致癌症的突变起源的关键。但这种"基因语言"本身就是科学研究的结构和功能的表达,是一种遗传学表述,虽然事实并非完全如此,但是这些思路正通过人类基因组计划而被巩固。换句话说,在描述诸如基因等生物对象的方式与产生它们的实验性基础设施和语言之间存在还原关系。在这种情况下,技术监管是关于技术发展的风险管理,是对潜在无序风险的有序处理。遗传调控的生物和社会框架之间的还原关系意味着调控是混合的,这反映在科学研究自身中,这些术语刻意地指向这种混合,例如一些科学家所提倡的"生物合法性",这种还原性在许多不同监管领域都有运作,涉及个人、集体、经济和政治等领域。从这些领域中体现的共同点是,基因调控不是一个简化的过程,而是涉及更多的生物身份的扩散,因此需要成为监管的场所,不同的领域侧重于遗传身份的不同框架,在法律、医学数据库和生物银行的发展中体现得最为明显。

这一论点假定遗传学的调控有一些非常独特的东西,这反映了它的生物学特性,呈现了有关个人和更广泛的家庭的信息以及对它做出反应的社会需求。然而,许多人对"遗传例外论"提出了批评,此类批评通常具有规范性,并强调需要重新关注更广泛的问题,如获取卫生资源、避免一切形式的歧视性做法等。其他人则指出非遗传疾病也可能会给患有这种疾病的个体带来类似的问题。社会对这些论点的认可有时会导致政策明确地寻求先发制人的形式。尽管有这种对例外论的批评,但遗传学调控越来越多地通过临床、公共卫生、科学研究、商业与社会实践和组织实例化。虽然在原则上遗传学可能并不例外,但它肯定是高度可见的,并且需要各种形式的监管来确保。

16.3.2 社会监督

与上述观察相呼应,我们可以考虑通过诊断测试、基因筛查和治疗的快速增长来调节临床体系。此处的监管显然是混合的,旨在识别并在可能的情况下进行干预以关注特定疾病的遗传易感性,同时部署特定的社会干预,以使这些技术的社会应用合法化并能够从公共卫生或市场进行干预。这些研究基于完全不同的优先级,因此基因、测试和结果之间的话语关系以及如何对其进行调节有很大差异。此外,遗传学必须达到的效用阈值在公共领域比在更多以市场为基础的系统中更高。在这些制度中,监管遗传学的实践也可能有所不同。在公共卫生遗传学服务中,测试、风险计算和本地知识之间的关系在国家内部和国家之间的差异很大。

对集体的监管不是关于对个体遗传谱和倾向的测试,而是更多关于创建人群的遗传谱以获取有关流行病学或社会行为模式的信息。组织存储库、数据库和生物库旨在创建大规模数据集,这些数据集包括捐献血液或其他组织样本的与生物和健康相关的信息。这代表了从遗传到基因组研究的过渡,而这取决于生物信息学和高效测序技术。下一阶段的研究可能涉及对整个人群的正常基因组和复杂的基因环境相互作用的研究,可以通过广泛的科学网络在全球范围内进行。种群遗传数据库在几十年内正被大量不同的研究人员访问和使用,这些研究人员可能位于全球任何地方,包括公共部门、慈善部门或商业部门,他们可能正从事未知和完全不可预见的研究。

过去十几年来,在样本采购和数据匿名化、质量保证、第三方访问和利益共享方面,对此类存储库的监管一直是政策制定的主要领域。全球化正围绕着一套核心运营原则稳定监管制度,但同时也出现了竞争标准不一致等方面的弊端。

集体基因调控的作用超越了有关健康的问题,这是个人和集体领域相互交叉的地方。例如,基因检测可能会被用于有争议的移民申请中,或者基因筛查可能会作为公共优生学的一种形式出现。法医数据库也可能被用作监管现有和潜在犯罪分子的信息来源。虽然这样的基因数据库可以监视犯罪嫌疑人,但这可能会更加剧社会中的不公平现象。

遗传学监管还与经济有关。现在,遗传学正为工业投资、风险管理以及所有权和身份证明提供信息,例如亲子鉴定中的财产和责任问题。与其他领域一样,遗传学是一个竞争激烈的领域,有关潜在经济价值的监管应该围绕个人财产、隐私权与知识产权或风险管理开展。国家需要在这些民事和企业利益之间权衡,可能导致问题陷入监管困境,例如暂停用于人身保险的基因研究。与此同时,因为遗传学的相对风险以及成本和价值越来越因"细分市场"而变得不同,基于不同遗传学解读的商业产品变得更加多样化。

16.3.3　政府治理

最后是政府治理,例如在国家和国际机构中应用的遗传学,相关机构在全球范围内影响政策制定和多样性,这体现在立法行为、关于遗传信息的专利性和遗传歧视的国际法规等方面。然而,尽管呼吁统一,但各国之间的监管话语和实践各不相同。鉴于遗传学领域之复杂,并且通常由相互竞争的临床、集体和经济利益组成,这也许就不足为奇了。此外,在较贫穷的国家,引入和维持包容性而非边缘化的遗传学政策所需的制度和经济基础设施可能难以建立。这引发了有关监管能力的全球性问题,这些问题需要在未来全面解决。

政府可以通过多种方式来规范遗传学研究及其应用的发展。如首先政府可以通过制定道德准则,确保以负责任和尊重的方式进行遗传学研究。这些准则可以涵盖知情同意、隐私和遗传信息的使用等问题。政府还可以规范遗传技术的使用,例如通过许可或批准程序。这有助于确保这些技术的使用安全且合乎道德。其次是加快公众教育,政府也可以在教育公众遗传学和遗传技术的潜在影响方面发挥作用。这有助于确保公众了解这些技术的潜在风险和好处,并有助于建立对遗传学研究的信任和支持。政府还可以监测和评估遗传学研究及其应用的影响,以确保它们具有预期的好处,并明确任何潜在的负面影响。这可能涉及与研究人员、医疗保健提供者和其他利益相关者合作,以便收集和分析有关这些技术影响的数据。例如政府可以成立委员会或工作组来审查遗传学研究及其应用的影响,并为未来的研究或监管行动提出建议。政府可以与研究人员和其他利益相关者合作,收集有关遗传学研究影响的数据,包括正面和负面影响。这些数据可用于识别趋势和模式并为决策提供信息。政府还可以与利益相关者互动,包括研究人员、医疗保健提供者、患者权益团体和公众,以收集关于遗传学研究影响的意见和观点。最后是审查和更新法规:根据这些通过努力收集的数据,政府可以根据需要审查和更新法规,以确保遗传技术的开发和使用符合道德和社会价值观。当然,监测和评估遗传学研究及其应用的影响是政府确保这些技术产生预期效益并明确任何潜在负面影响的重要方式。这有助于确保最大限度地发挥遗传学研究的优势,并最大限度地降低任何潜在风险或负面影响。

思 考 题

1. 优生学会在哪些特定的背景下被夸大?
2. 基因研究是否会影响社会公平?
3. 遗传治疗和增强有什么界限?
4. 种族是不是需要通过基因进行界定?
5. 对遗传学的社会监管应如何进行?

进一步阅读

20多年来,关于基因伦理和遗传伦理的英文文献非常多,可见该领域作为生命伦理学中的一个核心话题极具争议性。Atkinson等的《The Handbook of Genetics and Society》、Burley等的《A Companion to Genethics》是两本很好的参考书,内容丰富,只是已经过去十几年,很多内容需要根据技术的进步加以更新。Harper的《A Short History of Medical Genetics》是关于遗传学历史的一个简要文献。Soniewicka的《The Ethics of Reproductive Genetics》是对人类复制遗传学伦理的一个很好的分析。另外Keller的《The Century of the Gene》、Habermas的《The Future of Human Nature》是关于该话题的两本经典哲学文献。Parens等的《Human Flourishing in an Age of Gene Editing》、Sorgner的《We Have Always Been Cyborgs》、Willmott的《Biological Determinism, Free Will and Moral Respon-sibility》是该主题的最新的有代表性的研究。

该主题的中文著作也非常多,从科技哲学、法学、伦理学和管理学等方面对相关的伦理问题进行了关注,张春美对该主题进行了持续研究,相关成果包括《基因技术之伦理研究》《基因伦理学》《谁主基因:基因伦理》;范冬萍等的《基因与伦理:来自人类自身的挑战》也是一部较早的学术著作;其他的著作包括邱格屏的《人类基因的权利研究》、张新庆的《基因治疗之伦理审视》、程国斌的《人类基因干预技术伦理研究》和张迪的《优生学的伦理反思:人类遗传学的历史教训》等。

参 考 文 献

[1] Atkinson P, Glasner P E, Lock M M. The Handbook of Genetics and Society: Mapping the New Genomic Era[M]. New York: Routledge, 2009.

[2] Burley J, Harris J. A Companion to Genethics[M]. Malden：Blackwell，2002.

[3] DeGrazia D. Creation Ethics：Reproduction, Genetics, and Quality of Life[M].Oxford：Oxford University Press, 2014.

[4] Habermas J. The Future of Human Nature[M]. Cambridge：Polity, 2003.

[5] Harper P S. A Short History of Medical Genetics[M]. Oxford：Oxford University Press, 2008.

[6] Keller E F. The Century of the Gene[M]. Cambridge：Harvard University Press, 2002.

[7] Parens E, Johnston J. Human Flourishing in an Age of Gene Editing[M]. Oxford：Oxford University Press, 2019.

[8] Reardon J. The Postgenomic Condition：Ethics, Justice and Knowledge after the Genome[M]. Chicago：The University of Chicago Press, 2017.

[9] Soniewicka M. The Ethics of Reproductive Genetics：Between Utility, Principles, and Virtues[M]. Cham：Springer, 2018.

[10] Sorgner S L. We Have Always Been Cyborgs：Digital Data, Gene Technologies, and an Ethics of Transhumanism[M]. Bristol：Bristol University Press, 2021.

[11] Willmott C. Biological Determinism, Free Will and Moral Responsibility：Insights from Genetics and Neuroscience[M]. Switzerland：Springer Nature, 2016.

[12] 程国斌.人类基因干预技术伦理研究[M].北京:中国社会科学出版社,2012.

[13] 杜珍媛.人类基因权利研究:科技发展动态之维考察[M].北京:光明日报出版社,2021.

[14] 范冬萍,张华夏.基因与伦理:来自人类自身的挑战[M].广州:羊城晚报出版社,2003.

[15] 贝利斯.改变遗传:CRISPR与人类基因组编辑的伦理[M].陈如,译.上海:上海科技教育出版社,2021.

[16] 胡庆澧,陈仁彪,张春美.基因伦理学[M].上海:上海科学技术出版社,2009.

[17] 拜尔茨.基因伦理学:人的繁殖技术化带来的问题[M].马怀琪,译.北京:华夏出版社,2000.

[18] 雷瑞鹏,翟晓梅,朱伟,等.人类基因组编辑:科学、伦理学与治理[M].北京:中国协和医科大学出版社,2019.

[19] 美国国家科学院,美国国家医学院.人类基因组编辑:科学、伦理和监管[M].马慧,王海英,郝荣章,等译.北京:科学出版社,2019.

[20] 美国"人类基因编辑:科学、医学和伦理决策"委员会,美国科学院研究理事会.人类基因组编辑:科学·伦理·管理[M].裴端卿,王飞,王波,等译.北京:科学出版社,2019.

[21] 张春美.基因技术之伦理研究[M].北京:人民出版社,2013.

[22] 张春美.谁主基因:基因伦理[M].上海:上海科技教育出版社,2011.

[23] 张迪.优生学的伦理反思:人类遗传学的历史教训[M].北京:中国社会科学出版社,2018.

[24] 张新庆.基因治疗之伦理审视[M].北京:中国社会科学出版社,2014.

第17章

人类增强伦理

人类增强似乎不存在什么哲学和伦理问题。例行健身、戴眼镜和上音乐课等经常被视为是旨在提高人类能力的活动。但是随着各种人类增强技术的不断发展,在技术实践中出现了很多争论,这个争论的领域被称为人类增强伦理。人类增强伦理的争论包括临床医生对合法医疗保健限制的担忧、父母对生育和抚养义务的担忧、体育等竞争性机构对打击作弊的努力,以及关于分配正义、科学政策和医疗技术的公共监管。本章将首先介绍增强技术的背景和伦理争论的焦点,最后关注人类增强的社会治理。

▶ 17.1 问题来源和背景

17.1.1 人类增强概观

"人类增强"一词的日常使用涵盖了广泛的实践,其中大部分在增强伦理文献中没有被探讨。为了使问题清晰,首先需要澄清"人类"和"增强"的概念。例如作为智人物种的一员,是否可能有什么特别之处会受到增强的威胁?或者那些批评增强是"非人化"的人,真的考虑到了我们赋予人类的其他道德地位标志的丧失吗?我们需要清楚地了解关于人类增强辩论的核心伦理问题,是否是监管智人物种的生物学界限。

关于增强,当前文献中讨论的主要是用于改善人类形态或功能、超出恢复或维持健康所必需的生物医学干预措施。这个广泛的定义源自该领域的基础文献,但它也有一些被遗忘的含义。首先,这意味着旨在将"增强技术"与其他生物医学干预措施分开以进行特殊预防性监管是无效的,并没有一种"增强技术",给定的生物医学干预措施是否算作增强取决于它的使用方式。当脚踝强化手术用于提高自行车手的竞争优势时,它可能会引起人们对增强的担忧。这意味着即使是最极端的增强干预措施的开发者也几乎总是能够诉诸一些相关的治疗用途来证明他们的研究、测试和投放市场的合理性。另一方面，仅仅指出生物医学技术可以同时具有治疗和增强用途，并不能破坏这些用途之间的逻辑区别，也不能推翻哪些可区分的用途可能需要不同的伦理反应的说法。其次，"增强"的定义是否应该限制为生物医学干预，尽管其他提高正常人类能力的方法也会引发伦理问题，使我们能够远距离倾听、观察的电子工具，旨在最大限度地发挥特定才能的生活方式，以及促进新形式人际关系的社会实践，都伴随着各自的权衡和道德问题。但是，人类增强伦理文献的重点大多数是关于使用药物、外科手术或遗传技术对人体和大脑进行生物学改变的干预措施。最常见的案例包括：整容手术和使用生物合成生长激素来增加身高，服用兴奋剂和类固醇来提高运动耐力，使用心理药物方法来提升情绪、提高认知能力或增加记忆力以及使用潜在的遗传和神经操作来延长人类寿命，获得新的感觉运动能力，通过道德提升以更加和平、慷慨和公正的方式生活等。

当然，生物医学和其他增强之间的界限通常是模糊的。咖啡因是一种可以提高警觉的药物，但喝咖啡是生物医学领域之外的一种社会实践。科幻小说中的"机器人"将人体与电子和机械工具融合在一起，将思想上传到计算机以创造无身体的人类生活的场景有时被称为"彻底增强"。从伦理和概念的角度来看，这些混合案例既重要又有趣。首先是当它们有助于促进我们对新兴生物医学技术的增强使用所引发的核心问题的理解，我们对生物医学增强的讨论揭示了反映这些实践的伦理维度。我们的定义意味着增强干预试图提高特定人的能力和特征，而不是整个人类。与诸如精神分析或积极思考等策略不同，生物医学的改进是实现特定个人完美的方法，因此，大多数生物医学增强都需要权衡取舍。

17.1.2 争论背景的复杂化

思考增强伦理需要关注其产生的历史社会文化根源，一个重要的方向是当前辩论的方式是由早期试图完善人类的历史信念所塑造的。例如，完美主义者和改良主义者的冲动深深植根于西方的哲学和宗教思想，现代科学和医学都继承了这些思想。大多数生物医学增强的倡导者和批评者都认同这些文化承诺，但对理想有不同的看法。其他学者在回顾历史上强加的宗教和政治愿景对公民身份的看法时，对增强现有人类美德表示担心，而对那些鼓励人们通过理性、自主和民主塑造自己理想的能力的愿景表示支持。然而，目前几乎没有人回避用于治疗目的的新医疗工具的开发和使用。正因为如此，我们讨论的第一步是需要仔细甄别治疗和增强之间的区别，看看它是否有助于区分不同的改良主义信念分歧。

增强伦理文献的另一个也许更明显的背景是20世纪优生学运动的发展，该运动试图通过社会偏见的生殖控制和诱导来培养更好的人和改善人类基因库。这一背景引发了对科学的文化权威及其可延续的社会价值的质疑，并通过提供一个生动的叙述来支持增强作为实现我们对后代的义务。优生学的背景倾向于在辩论中将举证责任偏向另一种方式，即一种更具预防性的立场，这导致增强的倡导者需要将他们的提议与旧式优生学区分开来，以捍卫他们认可的价值。

此外，增强伦理与美容医学对美的商业化的当代批评、运动中药物性能增强的演变历史以及包括人类基因工程在内的科学事业的发展密切相关。这些研究中的每一个都有支持自己的大量文献，这为更广泛地讨论增强伦理提供了重要的保障。女权主义和残疾研究对人类美貌的医学化提出了批评，重点关注不公正的社会规范，即优先考虑生物医学的增强用途而不是标准的治疗应用，这些规范可以颠覆普通的福利改善论。同时，关于体育运动中兴奋剂的讨论阐明了增强干预如何破坏依赖于平等假设的公共社会实践，将讨论提升到个人选择和交易的层面。类似地，人类基因治疗的曲折发展，需要预测潜在的身体风险，以及它们将使何种代际生殖系增强干预的可预见前景变得令人生畏。当代增强辩论的所有这些背景情况都值得进一步探索，他们激发了当代对增强方案的思考，并提供了重要的警示。同时，这些背景故事将他们自己的假设和偏见带入讨论，从而使当前的增强伦理争论更加复杂化。

▶ 17.2 增强的伦理争论

17.2.1 增强的界限

治疗和增强之间的界限经常被划为特定领域的专业问题，但是随着新兴技术的飞速发展，伦理分析越来越变得必不可少。作为生物医学的边界标志，治疗和增强之间的区别已经体现在专业和政府层面的政策中，并继续为公众讨论新的生物医学进展提供信息。然而，这种区别以几种不同的方式来解释，它们作为生物医学研究和实践的边界标记也具有不同的特点。

定义治疗和增强之间界限的第一种方法涉及卫生专业人员对其相关领域的传统看法。"治疗"是专业护理标准认可的干预措施，而"增强"是专业声明超出其权限的干预措施。对于那些致力于特定医疗保健目标的人来说，这种方法可以为对可疑专业实践的内部批评提供规范性指导。当然，有许多相互竞争的医疗保健理念，但是它们没有一种能在医疗行业中得到普遍认同。事实上，这种方法也很好地引发了那些认为卫生专业没有内在实践领域的人的共鸣，超出了他们可以与患者协商的范围。对于那些受这种职业自主权自由主义观点影响的人来说，专业人士关心他们在特定情况下的义务的规范可能很简单:他们的患者将接受的任何干预措施都可以被视为"治疗",而"增强"只是个人可以接受、卫生专业人员拒绝提供的干预措施。不幸的是,医学历史学家和社会学家指出,卫生专业人员一直善于适应他们所服务的机构和社区的文化信仰与社会价值观。这是通过"医学化"新问题来实现的,因此它们被视为医学管辖范围内的合法部分。鉴于卫生专业人员的多元化和自主权,他们自己的惯例似乎没有提供将新干预措施排除在其领域之外的原则性方法。

第二种是正常功能解释。该解释区分治疗与增强的界限,旨在为界定合法的医疗保健需求提供更坚实的理论基础。在这种方法中,健康就是能够做与自己物种适当匹配的成员可以做的所有事情,例如为类似年龄和性别的人可以做的事情。"健康问题"和"疾病"的特征是某项功能能力水平下降,因此,所有适当的医疗保健服务都应旨在使人们恢复"正常",例如,将个人的功能能力恢复到其参考类别的物种典型范围,并在该范围内恢复到特定的能力水平,即患者的遗传与生俱来的能力。正常功能分析的优势在于它为医疗保健提供了一个统一的目标,可以相对客观地对各种干预措施的负担和收益进行平衡和整合。正常的功能主义者可以使用生理学来确定他们何时达到了物种的典型范围和临床历史,从而确定他们何时使患者达到了他或她个人能力范围的基线。

第三种为基于疾病的分析。对预防问题最常见的回答是区分其应用场景。治疗是解决由可诊断疾病和残疾造成的健康问题的干预措施。另一方面,增强是针对健康系统和特征的干预措施。故使用生物合成生长激素来纠正可诊断的生长激素缺乏症是合法的治疗方法,而为生长激素水平正常的患者开处方将是"积极基因工程"或人类增强的尝试。因此,证明合适的药物干预意味着能够确诊患者的疾病。如果不能诊断出医学上可识别的疾病,那么干预就不是"医学上必要的",因此可以被怀疑是一种增强。这将为针对可预测的肌肉损伤的安全有效的基因"疫苗"扫清道路,但会筛选出改善没有可诊断恶化风险的特征的增强尝试。更重要的实际问题是,无论如何划定界限,大多数生物技术干预措施如果用作增强措施可能会被视为有问题,为了便于开发和批准用于临床,一般无须将其证明为增强措施,因为大多数此类干预措施也将具有合法的治疗应用。事实上,大多数具有增强用途的生物医学工具将首先作为治疗剂出现。例如,一般的认知增强干预可能被批准仅用于患有神经系统疾病的患者。然而,由于遭受正常衰老影响的个体对它们的需求量很大,因此未经批准或"标签外"使用的风险将很高。

17.2.2　增强与公平性

近年来受到广泛哲学关注的人类增强方法之一是使用生物医学干预措施来提高运动员在体育运动中的身体表现。运动表现的提升引起如此多关注的一个原因在于当代运动中"兴奋剂"丑闻的流行。然而,另一个原因是,它似乎可以作为梳理问题重要方面的范式

第17章
人类增强伦理

案例：在医疗保健之外并由明确的参与规则定义的社会环境中生物能力的可测量改进。乍一看，提高运动成绩的伦理问题似乎只是一个作弊问题。如果体育规则禁止使用性能增强，那么它们的非法使用会给使用者带来相对于其他运动员的优势。反过来，这种优势可以为更多运动员以同样的方式作弊造成压力，破坏了比赛的基础，并拉开了经济上能够负担得起的人和不能负担得起的人之间的差距。批评者将体育推广到整个社会，认为社会接受其他领域的增强干预也会为那些获得这些干预的人创造不公平的优势，引发了基本正义和人权问题。许多关于"兴奋剂"的言论都假设了需要通过论证来确立的主张：体育规则应该禁止使用生物医学增强剂。在体育运动中，随着运动技术和专业知识的发展，通常会引入新形式的体能增强设备和训练。如果出现影响运动员公平参赛的问题，可以通过以下方式进行处理。如果增强干预可以公平分配，或者它们造成的不公平可以写入相关游戏规则，作为更幸运者的给定优势的一部分，那么将不再面临公平问题。根据这种观点，如果生物医学捷径允许特定成就与它们旨在反映的实践脱节，那么这些成就的社会价值就会受到损害。如果一个人的好成绩是通过药物推动的"填鸭式"而不是由学习获得的，那么它们作为学习案例的价值就会降低。

体育所推崇的美德本身就是社会上令人钦佩的习惯和特质，而它们的推广正是赋予体育作为一种实践的社会价值的原因。然而，在实践中，美德对于完善运动员的天赋起到了重要作用。尽管在体育组织的言辞中经常忽略等级排名在体育运动中的关键作用，但体育哲学家承认，对等级排名的执着，竞争、竞赛、记分、破纪录、夺冠、胜利和失败是普遍存在于日常运动实践中的，并且比较和排名两个或多个竞争对手定义了运动特有的社会结构。体育创造了一套价值观、美德和实践体系，旨在根据人们的遗传特征对他们进行等级分级，并将最优秀的标本美化为冠军。这种观点认为，增强的不公平之处在于，增强削弱了那些被动地从他们的祖先那里继承他们的才能的人与那些主动地从他们的医生那里获得这些才能的人之间能力的区分度。这一结果表明了对增强的公平性批判旨在解决的问题，即通过在任意理由上创造社会优势等级造成分配不公的危险。一方面，在人类利用遗传特征创造人际关系等级的众多方式中，体育竞赛是最良性的。当它只是一场游戏时，根据运动中的基因身份进行比较的人际排名是种族主义的受欢迎替代品。但是，当运动成为民族自豪感和经济机会的来源时，运动失败者所面临的风险不仅仅是钦佩和社会地位：就像具有遗传易感性的保险申请人一样，天赋较低的运动员面临失去重要社会福利和潜在人生计划的风险。在这方面，提高成绩对体育构成的挑战是它对公认的社会实践本身的控诉，而不是对破坏它的威胁。破坏竞争的生物医学能力的可用性只是提出了一个问题：是否有方法可以享受、欣赏甚至炫耀我们的身体和能力，而无须其他人因遗传而失去社会地位？

就体育而言，似乎这种公平论点最终会适得其反。它为将增强功能视为使实践更加公平而不是不公平的手段打开了大门。公平论点是否会在关于增强其他社会实践领域

(如育儿或外交)的辩论中产生类似的效果,仍然是一个悬而未决的问题。但是,增强伦理也将作弊的主题转向了另一个方向,关注在增强的帮助下取得的成就的真实性以及获得奖励的增强个体的完整性。

17.2.3 增强与真实性

生物医学的增强不仅可能会在有价值的社会实践中创造不公平的捷径,而且还会剥夺那些使用它们的人原本珍视的东西——耐力、决心、成长、信仰,甚至是运气,用"空洞的胜利"代替真正的成就。反过来,失去真实性会改变用户的性格,使他们与自己和周围的人疏远,并同时影响与非使用者之间的关系。为了确定特定增强是否会损害真实性,重要的是要清楚哪些类型的事物是真实性归因的适当目标。增强是否会破坏一个人的自我、能动性、成就或行为的真实性。真实性被广泛理解为"忠于自己"。在这些辩论中,许多作者没有花时间仔细解释他们对"自我"的假设以及"忠于"自我需要什么。当然,刻画真实的自我是一个挑战。如果有一个自我,那么就存在共时性识别问题和历时性识别问题必须解决。德里克·帕菲特秉承自我同一性理论的传统,阐明了一个有影响力的立场,即一个人就是通过一定的心理连续性跨时间联系起来的个人同一性。鉴于围绕这些关于人的性质和个人身份的辩论的争议,对于增强是否会破坏自我的真实性几乎没有共识也就不足为奇了。

在增强辩论中,重要的是区分支持和反对增强的道德和伦理意义上的各种论点。在这个特定领域,重要的是要注意一个人是否正在研究关于特定增强的道德担忧或争论。在评估这些真实性问题时,注意审查真实性问题的范围是有帮助的。也就是说,重要的是要清楚所表达的真实性问题是否能明确:① 表明所有增强都是不道德的;② 表明大多数增强都是不道德的;③ 表明特定增强是不道德的,或将是不道德的。

声称增强破坏真实性的一种论据来自桑德尔,他指出我们不能对生物医学增强的成就沾沾自喜,因为导致我们能力提高的生物医学干预将取代我们自己来创作成就。这种观点认为,教育、培训和实践是通过那些正在学习新技能的人可以理解的言行进行的,但当使用生物医学增强技术时,它们不仅是被动的,而且根本不扮演任何角色。此外,他最多只能感受到它们的影响,而无须理解它们在人类方面的含义。对这一论点的一个回答是,如果一个人在言行的基础上自由选择使用增强功能,那么这些增强功能是被动的,还是不如提高个人能力的传统方法那样真实。此外,正如我们要求那些能力增强的人对疏忽和伤害承担更高的责任标准,我们对增强成就的期望也可能相应很高。但在这两种情况下,增强的行为者在改善自己的能动性和他们对结果的身份界定似乎都没有问题。

其他生物医学增强的批评者认为,增强的个人确实创造了他们的成就,但他们质疑这些成功是否与真实的未增强成就具有相同的价值。他们坚持认为,当马拉松运动员通过化学而不是通过训练获得耐力时,他就错过了这些成就的意义。在马拉松的情况下,活动的结果不能与活动本身分开,成就的价值在于它们奖励的个人活动以及它们带来的好处。这样的批评仅仅证明了两者的价值不同,增强的成就仍有可能具有自己独特的价值类型。正如历史所表明的那样,我们所钦佩的性格塑造似乎很擅长与我们的工具保持同步。传说凯尔特战士在战斗中避免使用防弹衣,因为他们认为这会削弱真正胜利的荣耀。一些作者曾经坚持认为键盘会破坏写作过程。根据这一历史叙述,生物医学的改进为人类提供了应该接受的自我创造的重要工具。

另一组真实性问题出现在母亲怀孕和父母抚养孩子时进行的增强干预的争论中。在这里,在决定是否被增强时,没有决定权的后代在他们的真实身份和像其他人通常那样创造自己的自主权方面的问题被欺骗了。从字面上看,这个论点遇到了困扰法律中"错误出生"诉讼的身份逻辑问题,并且依赖于过于极端的遗传或生物决定论版本,给定正在讨论的任何可能的增强干预措施的合理因果效力。因此,一种更常见的方法是使用相关声明来引起人们对在道德上似乎存在问题的父母或社会对生育的态度的关注,无论他们的后代是否因被增强而直接受到伤害。还要求人们明确作为父母的道德权利的性质和范围以及对子女的义务。

17.2.4 增强与非人性

在关于医学边界和自我完善伦理争论的背景下,出现了新的哲学问题,即新的生物医学增强干预措施是否会对我们关于人性的共同理解以及我们的未来造成影响。批评者担心增强干预可能会剥夺我们作为人类身份的核心规范特征。另一方面,增强爱好者接受生物医学可能会更好地改变人性的可能性,有些人甚至期待超人类或后人类的出现。在这些辩论中,关键在于是否或在多大程度上赋予传统上被视为既定或不可避免的特征。道德哲学在向人性提出规范诉求方面有着悠久的历史,关于这种诉求是否合法存在着棘手的哲学问题。哲学家们一直对关于人性的主张中人应该做什么持有很强的谨慎态度。然而,美德伦理学传统更愿意采用自然主义的方法,认为人性是构成人类福祉和美德的基础。解释作为人类值得珍惜的东西是理解我们自己,我们与他人的关系以及我们周围的世界的直观起点。弄清我们作为人类所做的事情和应该重视的事情对生物医学增强的伦理学发展具有重要意义。

人性的3个特征是许多关于生物医学增强伦理辩论的中心。第一个特征是人类的脆弱性。根据一个流行的观点,人类是受苦、衰老和死亡的生物,我们为应对这种脆弱性而进行的斗争是使人类生命变得有价值的核心方面。第二个特征是由物种保护主义者和环保主义者讨论的,他们强调我们在自然界中与其他生物一起的天然位置,我们是特定群体中的生物,通过指导进化来模糊或弯曲这些边界的增强功能会导致我们处于危险境地。

第三个特征是我们的社会性。根据这种说法,人类是社会生物,通过人际承诺和等级结构的复杂联系而存在。许多体育理论家将德才兼备视为体育比赛的目标。如果接受这一观点,那么由生物医学改进推动的胜利会颠覆遗传差异所造成的自然人际等级,这实际上会使体育非人化。

还存在将"人类"的生物学意义作为分类术语与该词的规范用法相混淆的风险。在生物学意义上,"人"是指生物物种智人,成为人类就是成为该生物物种的成员。在规范意义上,"人"是指作为具有某种道德权利和某种道德价值基础的存在。显然,仅仅作为生物学上的人来享受人权是不够的,人类组织培养向我们展示了这一点。那么只有成为生物学上的人才能享受我们所谓的人权吗?作为道德权利基础的自然品性有许多候选者,但没有一个取决于生物学意义。定向进化的其他反对者进一步扩展了这一论点,他们承认后人类可能凭借其能力拥有与人类相同的自然权利,但认为创造这样一个物种将挑战人类主张这些权利的观念,就像发现理性的外星人一样。反过来,这可能会剥夺人类的权利,例如婴儿或智障人士,他们无法表现出足够的能力来获得同等的物种中的道德地位。同时,他们争辩说,如果后人类确实拥有扩展的能力,他们可能会声称拥有自然权利,以获得比正常人有权享有的更多的机会和自由。这冒着创建压迫等级社会的风险,并有可能导致旨在最终灭绝人类物种的强制性优生计划的回归。

最后,就像形而上学不可能"保护"我们的物种免于进一步进化一样,我们也无法"从内到外"地控制这个过程,因为我们物种的遗传构成是由超越人类的环境选择力量塑造的。不幸的是,旧式优生主义者的说法与当代超人类主义者的一些提议之间的惊人对应,为验证这一主张提供了一些证据。这些提议假设某些基因型构成"基因组中的宝石",而其他基因型则构成"有毒废物",可以并且应该从基因库中清除。根据超人类主义的批评者的说法,这种思维方式将人们的身份归结为他们的基因型,这破坏了我们对人类道德平等的承诺,尽管他们存在生物多样性。

▶ 17.3 增强技术的社会治理

17.3.1 社会态度的两个极端

在某种程度上,所有技术都被解释为扩展和提高人类特定能力的尝试,增强的冲动是我们这个物种的一个标志。另一方面,正如特定技术在其设计或使用中永远不会"价值中立"一样,生物医学中人类增强的特定应用可能是危险的或不公平的。因此,支持生物医学增强作为人类实践在道德上可接受的一般主张是合理的,同时应认为特定的生物医学增强将是不道德的追求。与其他有效技术一样,在某种程度上,不道德增强的潜在危害也将证明社会努力通过监管、法律和公共政策正式控制其开发和使用是合理的。尽管这个话题很快超越了生物医学领域,进入了政治和社会哲学的范围,但它确实得到了关于生物医学增强的伦理文献的关注,值得在这里进行简短的讨论。一些人认为,应该在公共政策和专业实践间划清界限,以此来反对特定程度的增强,例如"改变物种的干预措施"或"彻底增强"。这里的假设是增强引发的道德问题,随着增强远离人类规范而加剧,可以确定一个阈值,超过该阈值将被禁止。由于在医疗技术的所有增强用途中都划清界限会反对太多有争议的边缘和良性案例,因此这个阈值通常设置在我们物种身份的边界,在人类和后人类之间。正如我们所看到的,这在特定环境中留下了许多有问题的增强,比如运动中的"基因兴奋剂"没有得到解决,而且除了其他伦理考虑之外,目前还不清楚纯粹的分类法会有什么道德特性,尤其是当人们回忆起有害的其他人类分类学过去支持的政策。在实践中,这种方法将面临所有经典的划界问题,以及在多元化和全球化社会中维持治安和执行禁令的经典挑战。然而,最重要的是,如果只是那些真正产生新生物物种的改变值得关注,那么大量潜在的有问题的增强修饰将不再属于这种方法的适用范围。

另一个极端是那些支持自由主义立场的人,他们认为避开任何全面的公共增强监管,将有利于自由市场,这些人包括那些将开发增强干预措施的人和将使用这些干预措施的人。但这种极端立场也存在不受监管的市场的常见缺陷:容忍严重有害的交易、加剧经济不平等以及对具有长期不利后果的交易持宽容态度,从而导致"公地悲剧"和环境破坏。结果,即使是再宽容的作者,在安全、欺诈、公平定价和环境保护方面,也用围绕自由市场中其他消费品的各种监管保护来限定他们的提案,并争辩说,这些政策的政治理由应该支持等效的社会控制来加强干预。通过制定最低限度的法律法规,以确保生物医学增强技术市场是"自由的",自由主义者对这些措施的法律允许性的强调在决定是否使用特定增强技术中至关重要。

17.3.2　政策制定的考量

在禁止的极端立场和开放之间的是温和的立场,这是我们在上述概念和伦理分析中提出的政策分析的基础考量:

首先,政策需要侧重于对技术使用的管理,而不是从一开始就阻止其发展。这是因为增强和治疗之间边界的概念灵活性。几乎所有潜在的增强干预措施都是将开发治疗或预防人类健康问题的干预措施作为首要目标,这个目标很容易忽略其潜在的不道德应用。除此之外,即使已批准的医疗干预措施的增强应用的潜在危害也需要研究,尽管它也有助于为它们的使用铺平道路。这意味着能够用于增强的干预措施将不可避免地作为生物医学进步的副产品被发明和完善,它们的社会控制将不得不集中在管理它们的危险、不公正或恶意使用上。

其次,对有害干预至少有两种可能的反应,政策制定者应该关注这两种方式。一种方式不起作用,另一种方式可能会起作用。一方面,可以尝试对未经授权的技术使用进行监管和惩罚,或者可以专注于保护因这些使用而处于不利地位的人的利益。因此,在体育运动中,社会会惩罚"使用兴奋剂"的运动员,因为他们无视体育精神上的公平。另一方面,在工作场所和高等教育中,人们可能更关心减少竞争压力,因为竞争压力会诱使人们依赖兴奋剂而不是他们的天赋。此外,在家庭和学校中,通常会为那些在某些领域(例如体育或音乐)能力较差的人提供机会,以通过使他们在其他领域的发展来弥补他们在该领域的劣势。平权运动、残疾人法案和其他民权政策也试图以补偿不利的生物学差异的方式来实现"公平竞争",而不是试图自行调节差异。

最后,生物增强并不是适合旨在改善人类福利的改良伦理的做法。出于某些目的向前迈出的一步通常在其他情况下也是后退一步。许多增强的人相应地在某些方面被禁止,因此他们的团队、家庭、社区等也是如此。例如,考虑使我们的反应更快的增强。这种增强可能会增加犯错的风险,这对于单兵作战任务的军事飞行员来说是可以接受的权衡,但对于运送数百名乘客的商业飞行员来说却不是这样。如果我们的政策专注于提醒我们大多数改进都伴随着权衡取舍,那么我们可能会将我们的公共政策从以抽象的"改进"为关键的监管或补偿方法转向具体的社会和制度。特定增强干预措施可能被认为风险太大或不公平,例如,空军在决定是否采用这种干预措施时,是否应该考虑飞行员超反射增强的服役后后果?增强的退伍军人是否应该能够要求社会为其服务引起的过度反应提供补偿?

注重权衡并不意味着不改变就是最好的政策,我们继承的生物学没有什么过于独特之处。对于特定个人而言,一些增强功能可能随之而来会导致缺陷。但是,正如我们的遗传生物学没有为"人性"提供可用于限制增强的明确标准一样,增强也不能让我们未来的生物学走上任何明确改善人类状况的道路。

17.3.3 充满争议的未来

了解增强是具体的而且是有双刃剑作用的,表明更好的选择是需要提高对医疗保健本身的治理。一方面,良好的医疗保健与权力、财富和地位呈正相关,通过满足特定健康需求可以扩大机会的范围。这种相关性有助于支持公平获得医疗保健的理由,但并非所有医疗保健需求在利用其他社会产品时都同样有利可图,基于需求的医疗保健系统的目标并不是解决这种差异。另一方面,正如一个公平的医疗保健系统应该能够提供基于需求的特定治疗干预措施一样,一个公平的生物医学增强分配系统应该满足面临特定生活挑战的人们的需求。事实上,最终,正如这些增强文献所表明的那样,通过对医疗保健边界进行充分的重新思考,可能创建一个新系统。同样,实现创建这样一个系统的任务仍将是艰巨的,但值得讨论的是,这是否需要一个统一的全球道德增强计划。相反,管理我们新兴的生物医学增强能力始于学习与人类差异共存以及满足人类需求的现实任务。

对于在特定环境中被认为是可以接受的增强干预措施,管理医疗技术的增强使用的多元化和零碎的方法是否会满足分配正义的更广泛需求?随着增强者利用他们改进的能力来获得权力、财富和地位,至少对于那些愿意承担相应风险的人来说,正义可能要求更广泛地提供这些增强的机会。一些人认为,分配增强机会的公平系统将需要一个类似于世界贸易组织或国际货币基金组织这样的全球机构,能够裁决所有相关利益。但这些提议背后的假设仍然是,"增强"总是会给人们带来其他人可替代的优势,就像财富一样,这是否属实还有待观察。

思 考 题

1. 人类增强的界限在哪里?
2. 增强如何带来不公平?
3. 真实性为何重要?
4. 人性的界限在哪里?
5. 增强技术的发展将人类带向何处?

进一步阅读

Agar 的《Truly Human Enhancement: A Philosophical Defense of Limits》是一本很不错的入门级读物。Bateman 等的《Inquiring into Human Enhancement: Interdisciplinary and International Perspectives》、Clarke 等的《The Ethics of Human Enhancement: Understanding the Debate》、Savulescu 等的《Enhancing Human Capacities》是3本出色、全面的论文集。Buchanan 的《Beyond Humanity? The Ethics of Biomedical Enhancement》和《Better Than Human: The Promise and Perils of Enhancing Ourselves》、Cabrera 的《Rethinking Human Enhancement: Social Enhancement and Emergent Technologies》反思了人类增强技术的社会文化维度。Hauskeller 的《Better Humans? Understanding the Enhancement Project》、Harris 的《How to Be Good: The Possibility of Moral Enhancement》和 Wiseman 的《The Myth of the Moral Brain: The Limits of Moral Enhancement》研究了近些年比较流行的道德增强现象。

中文方面,近些年有不少相关的著作和论文出现,其中著作主要有计海庆的《增强、人性与"后人类"未来:关于人类增强的哲学探索》;Papagiannis 著、肖然等译的《增强人类:技术如何塑造新的现实》分析了增强技术的社会影响;广为流传的福山的《我们的后人类未来:生物技术革命的后果》,从政治学悲观主义的角度分析了生物技术可能带来的政治后果。

参 考 文 献

[1] Agar N. Truly Human Enhancement: A Philosophical Defense of Limits[M]. Cambridge: The MIT Press, 2013.

[2] Bateman S, Gayon J, Allouche S, et al. Inquiring into Human Enhancement: Interdisciplinary and International Perspectives[M]. Basingsoke: Palgrave Macmillan, 2015.

[3] Buchanan A E. Better Than Human: The Promise and Perils of Enhancing Ourselves[M]. Oxford: Oxford University Press, 2011.

[4] Buchanan A E. Beyond Humanity? The Ethics of Biomedical Enhancement[M]. Oxford: Oxford University Press, 2011.

[5] Cabrera L Y. Rethinking Human Enhancement: Social Enhancement and Emergent Technologies[M]. New York: Palgrave Macmillan, 2015.

[6] Clarke S, Savulescu J, Coady C, et al. The Ethics of Human Enhancement: Understanding the Debate[M]. Oxford: Oxford University Press, 2016.

[7] Harris J. How to Be Good: The Possibility of Moral Enhancement[M]. Oxford: Oxford University Press, 2016.

[8] Hauskeller M. Better Humans? Understanding the Enhancement Project[M]. New York: Routledge, 2013.

[9] Savulescu J. Enhancing Human Capacities[M]. Malden: Wiley-Blackwell, 2011.

[10] Wiseman H. The Myth of the Moral Brain: The Limits of Moral Enhancement[M]. Cambridge: Cambridge University Press, 2016.

[11] 稻见昌彦.超人诞生:人类增强的新技术[M].谢严莉,译.杭州:浙江大学出版社,2018.

[12] 福山.我们的后人类未来:生物技术革命的后果[M].黄立志,译.桂林:广西师范大学出版社,2017.

[13] 计海庆.增强、人性与"后人类"未来:关于人类增强的哲学探索[M].上海:上海社会科学院出版社,2021.

[14] 帕帕扬尼斯.增强人类:技术如何塑造新的现实[M].肖然,王晓雷,译.北京:机械工业出版社,2018.

[15] 贝斯.改造后代:遇见来自生物工程的生命[M].钮跃增,贾姗,译.北京:中国人民大学出版社,2019.

[16] 谭乐.脑机革命[M].周先武,赵梦瑶,倪雪琪,等译.北京:中信出版社,2021.

[17] 赫里克.人类未来进化史:关于人类增强与技术超越的迷思[M].赵罂,陈天皓,译.北京:中国人民大学出版社,2022.

第18章

胚胎干细胞伦理

本章主要关注人类胚胎干细胞（HESC）研究，HESC研究为减轻人类因疾病和伤害造成的痛苦带来了希望。HESC的特征在于它们的自我更新能力和分化成身体所有类型细胞的能力。HESC研究的主要目标是确定控制细胞分化的机制，并将HESC转化为可用于治疗衰弱和危及生命的疾病与损伤的特定细胞类型。尽管HESC研究具有巨大的治疗前景，但该研究遭到了强烈反对，因为HESC研究涉及人类胚胎的破坏。围绕人类胚胎干细胞研究的争议的主要来源在于对人类胚胎生命价值的不同观点，但人类胚胎干细胞研究中的伦理问题非常广泛，是当前生命伦理领域争论的一个焦点。

▶ 18.1 技术与哲学争论

18.1.1 胚胎何时是人

HESC研究的潜在治疗益处为该研究提供了强有力的依据。如果从严格的后果论角度来看，研究的潜在益处超过了所涉及的胚胎的损失以及想要保护胚胎的人因这种损失而遭受的痛苦。然而，大多数反对这类研究的人认为，禁止杀害无辜者以促进社会效用的限制适用于人类胚胎。只要我们接受对杀人的非结果主义限制，那些支持HESC研究的人就必须回应这些限制适用于人类胚胎的说法。HESC研究的反对者认为，该研究在道德上是不允许的，因为它涉及对无辜人的不公正杀害。

反对杀死胚胎的一个重要前提是人类胚胎就是人。然而，人何时开始存在的问题是一个有争议的问题。反对HESC研究的人的标准观点是，人是随着受精合子的出现而开始存在的。但是，同卵双胞胎的个体性跟单细胞受精卵在数量上不同，也就是说，如果受精卵A分裂成两个基因相同的细胞群，从而产生同卵双胞胎B和C，则B和C与A不是同一个体,因为首先它们在数量上是彼此不同的。这表明并非所有人都能正确地断言他们的生命是从受精卵开始的。然而,这并不意味着受精卵不是人,或者它没有人类特性。我们可以考虑成年人经历裂变的情况,通过裂变消失的细胞不会对我们目前作为独特人类的地位构成威胁。同样,有人可能会争辩说,受精卵分裂的事实不会给受精卵是一个独特的人的观点带来问题。

还有一些其他理由拒绝早期人类胚胎是人的说法。根据这些观点,构成早期胚胎的细胞是一束同质的细胞,它们存在于同一个细胞膜中,但不会形成人类有机体,因为这些细胞不能以协调的方式发挥作用来调节和维持单一的生命。虽然每个细胞都是活的,但只有在受精后第16天左右发生大量细胞分化和协调时,它们才会成为人类有机体的一部分。因此,使用5天内胚胎的细胞以产生HESC并不是对人类的伤害。

然而,这种说法在经验上也是有争议的。早期胚胎的发育需要一些细胞成为滋养层的一部分,而另一些细胞成为内细胞团的一部分,这一事实揭示了受精卵中存在一些细胞间协调。如果细胞之间没有一些协调,就没有什么可以阻止所有细胞向同一方向分化。然而,问题仍然存在,这种程度的细胞相互作用是否足以使早期人类胚胎成为人? 一组细胞必须存在多少细胞间协调才能构成一个人类有机体? 这些问题目前无法通过关于胚胎的科学事实来解决,而是一个开放的复杂问题。

18.1.2 胚胎的道德地位

有些人虽然承认人类胚胎是人,但认为人类胚胎不具备生命所等同的道德地位,他们认为物种成员资格不是决定一个人道德地位的条件。例如我们会认为老鼠、猪、昆虫、外星人等,在那些可能的世界中具有人的道德地位,在这些世界中,它们表现出与成熟人类相关的心理和认知特征。这表明,生命权的基础是某种更高层次的心智能力。虽然对于生命权所必需的能力没有达成共识,但目前公认的能力包括推理、自我意识和能动性。

对于那些呼吁将这种心智能力作为生命权标准的人来说,主要困难在于早期人类婴儿也缺乏这些能力,这对那些认为杀死人类的限制应该适用于早期人类婴儿的人提出了挑战。一些人拒绝这些限制用于婴儿,并允许存在为了更大的利益而牺牲婴儿的情况。其他人则认为,虽然婴儿不具备作为生命权基础的内在属性,但我们仍应将他们视为拥有生命权,以促进对他们的关心,因为这些态度能帮助他们成为道德的人。

我们可以调和将生命权归于所有人的观点,即通过区分两种心智能力奠定不同生命权的基础:立即可行使的能力和基本的自然能力。根据这种观点,一个人可立即发挥的高级心理能力是生命萌芽阶段存在的自然心理能力的实现。人类胚胎具有理性本性,但只有在个体能够行使推理能力之前,这种本性才能完全实现。这些类型的能力之间的差异被称为连续体发展程度之间的差异。胚胎、胎儿、婴儿、儿童和成人的心智能力之间仅存在数量上的差异。这种差异不能证明能够道德地对待其中一些，而否认其他人的道德地位。鉴于人类胚胎根本无法推理，它具有理性本性的说法让一些人感到震惊，这无异于断言它有可能成为一个可以进行推理的个体。但是，一个实体具有这种潜力在逻辑上并不意味着它与已经实现其潜力的事物具有相同的地位。如果保护胚胎的基础是它们具有成为推理生物的潜力，那么我们有理由将崇高的道德地位赋予数以万亿计具有这种潜力的细胞，并帮助与我们一样多的这些细胞。这应该是几乎每个人都会拒绝的立场，所以尚不清楚HESC研究的反对者能否有效地将他们的立场置于人类胚胎所具有的潜在心理能力中。

对这一论点的一个回应是声称胚胎具有体细胞和HESC所缺乏的一种潜力，即具有发育成成熟的人的潜力。胚胎可以在不干扰其发育的情况下自行成熟。另一方面，体细胞不具备成长为成熟的人的内在倾向。然而，一些人质疑这种区分是否可行，尤其是在HESC研究背景下。虽然体细胞确实只有在外部干预的帮助下才能发挥其潜力，但胚胎的发育也需要满足其外部的许多条件。对于自然受孕的胚胎，它们必须吸收营养，并避免在子宫内接触危险物质。对于通过体外受精产生的备用胚胎，胚胎必须解冻并转移到女性的子宫中。鉴于外部因素在胚胎实现其潜力中所起的作用，人们可能会质疑胚胎和体细胞的潜力之间是否存在道德上的区别，从而对作为生命权基础的潜力提出质疑。

18.1.3 胚胎本身的价值

即使那些承认人类胚胎缺乏生命权所必需的属性的人，也会认为它们具有内在价值，需要一定程度的尊重，并至少对其使用施加一些道德约束。然而，对于尊重胚胎的程度以及它们的使用有哪些限制，存在不同的看法。一些HESC研究的反对者认为，将人类胚胎仅仅作为研究工具对待总是无法表现出对它们的适当尊重。其他一些人认为胚胎虽然不如更成熟的人有价值，但HESC研究过于投机，这些好处应该通过使用无争议的来源来实现干细胞研究。

反对者指出，使用人类胚胎会表现出对人类生命缺乏适当的尊重。但研究的支持者认为，人类胚胎的价值不足以限制对可能产生显著治疗益处的研究的追求。该研究的支持者还经常质疑该研究的大多数反对者是否一致认为人类胚胎具有很高的价值，因为反对者通常很少关注用于生育治疗的胚胎被丢弃的事实。当在生育治疗后还存在备用胚胎时，工作人员通常可以选择将它们储存起来以供将来使用、将它们捐赠给其他不育夫妇、将它们捐赠给研究所或丢弃它们。有人认为，只有在决定丢弃胚胎之后才应该允许捐赠这些胚胎用于研究，这样即使我们假设它们具有人的道德地位，在HESC研究中使用它们也是允许的。理由有两种：一是在道德上允许杀死即将被其他人杀死的人，且杀死这个人将帮助其他人；二是研究人员从预定销毁的胚胎中提取HESC并没有导致其死亡，只有丢弃胚胎的决定导致了它们的死亡,研究只是利用其价值的一种方式。

　　这些论点都假定,当决定丢弃备用胚胎的时候可以将备用胚胎捐赠用于研究,同时当研究人员收到捐赠的胚胎时注定会对其进行破坏。有两个论据可以反对这一假设。第一,想要捐赠胚胎进行研究的人可能选择丢弃它们,因为这样做是捐赠它们的先决条件,但是在某些情况下,如果研究捐赠选项不可用,选择丢弃选项的人可能会将胚胎捐赠给其他夫妇。因此,在决定捐赠胚胎之前做出丢弃胚胎的决定这一事实并不能确定胚胎在决定捐赠用于研究之前就注定会被破坏。第二,接受胚胎的研究人员可以选择拯救它们,无论是继续储存它们还是将它们捐赠给不育夫妇。研究人员有权阻止他或她收到的胚胎被破坏这一事实,给声称丢弃胚胎的决定导致它们被破坏的说法带来了问题。

▶ 18.2　主要伦理问题

18.2.1　研究本身的问题

　　干细胞研究的伦理主要包括以下问题:使用干细胞的研究人员是否参与了胚胎破坏,为研究目的创造胚胎与为生殖目的创造胚胎之间是否存在道德区别,通过克隆获得干细胞是否能被允许,以及创造人与非人嵌合体的伦理。

　　使用 HESC 的研究人员显然与胚胎的破坏有关,他们自己获得细胞或招募其他人获得细胞。然而,大多数使用 HESC 进行研究的人员从现有的细胞系库中获得它们,并且在它们的产生中没有起任何作用。一种观点是,我们不能将因果或道德责任归咎于研究人员破坏他们使用的 HESC 胚胎,因为他们的研究计划对最初的不道德衍生是否发生没有影响。在某些情况下,HESC 的衍生是为了让 HESC 研究人员广泛使用它们。在这种情况下,可能没有个别研究人员计划推动细胞的衍生。尽管如此,有人可能会争辩说,使用这些细胞的研究人员是破坏胚胎的同谋,因为他们是研究企业的参与者,从而产生了对 HESC 的需求。为了让这些研究人员避免被指控是破坏胚胎的同谋,获得 HESC 的研究人员必须在没有外部需求的情况下进行细胞衍生。

　　进一步的担忧是,对现有 HESC 的研究将导致未来大量胚胎被破坏,因为如果这项研究导致可能的治疗,私人投资将大大增加,并且对数千种不同细胞系的需求将大大增加。这一意见面临两个困难。第一,它似乎过于笼统,对成体干细胞和非人类动物干细胞的研究,以及遗传学、胚胎学和细胞生物学的一般研究都可能受到牵连,因为所有这些研究都可能促进我们对 HESC 的研究并导致对它们需求的增加。第二,关于 HESC 未来需求的说法是推测性的,事实上,当前的 HESC 研究可能会通过提供细胞生物学的新见解,最终减少或消除对细胞的需求,从而能够使用可替代的细胞来源。

反对的观点认为,研究者会参与在道德上不负责任的行为,例如与不法行为的关联象征着对不法行为的默许。因此出现了以下问题,假设破坏人类胚胎在道德上是错误的,那么不对胚胎破坏负责的HESC研究人员是否是错误行为的同谋。

一种回应是,从胚胎破坏中受益的研究人员无须对这些错误行为负责,就像使用谋杀或交通事故受害者器官进行移植的医生无须像杀人行为一样接受制裁。但这种类比本身也是有问题的,因为移植案例和HESC研究之间存在重要区别,与后者相关的道德错误不仅系统地贬低了特定人群的价值,而且促成了这些错误被社会接受和法律允许。当道德错误在社会和法律上被接受时,就更需要抗议这些错误,在这些情况下试图从道德错误中获益就是错上加错。

18.2.2 胚胎来源的伦理

大多数HESC来源于为不孕症治疗而创建的胚胎,其数量超过了不孕症个体最终实现妊娠所需的数量。从这些剩余胚胎中提取的HESC为研究人员提供了一个强大的工具来了解控制细胞分化的机制。然而,有科学和治疗方面的理由不完全依赖剩余的胚胎。从研究的角度看,通过克隆技术与已知具有特定基因突变的细胞创造胚胎将使研究人员能够在体外研究遗传疾病。从治疗的角度看,从剩余的胚胎中获得的HESC的遗传多样性不足以解决干细胞移植中的免疫排斥问题,诱导多功能干细胞可能最终证明足以满足这些研究和治疗目的。目前,解决治疗问题的最好的方法是建立一个公共干细胞库,具有遗传多样性的干细胞库。

在研究性克隆的情况下,一些人提出了担忧,例如,用于研究目的的克隆技术的完善将使生殖性克隆的追求成为可能,而获得生产克隆胚胎所需的卵子将导致剥削提供卵子的妇女。关于干细胞库,实际上不可能创建一个能够为所有受体提供密切免疫匹配的干细胞库。此外,为研究和治疗而创造胚胎面临着更普遍的挑战。另一些人认为,为非生殖而创造胚胎在道德上存在问题,无论它们是通过克隆还是体外受精创造的,需要在道德上区分为生殖而创造胚胎与为研究和治疗而创造胚胎。第一,每个为生育而创造的胚胎最初都被视为潜在的孩子,因为每个胚胎都是发育成成熟的人的候选者。相比之下,为研究和治疗而创造的胚胎从一开始就被视为工具。第二,为研究和治疗而创造的胚胎是为了破坏它们而产生的,虽然为繁殖而创造的胚胎被破坏也是有可能的,但伦理后果是不同的。

对第一个论点的一个回应是,我们可以在某些条件下,将所有研究胚胎视为相关意义上的潜在的人。如果所有胚胎都为了生殖而制造,尽管其中一些被捐赠给个体用于生殖目的,那么所有胚胎都有机会发育成成熟的人。至于第二个论点,故意伤害和仅仅预见伤害之间的区别是许多人关注的道德问题。即使有人认为这在道德上存在大的区别,也不清楚是否能将备用胚胎的破坏描述为为生育治疗创造胚胎的一种意外但可预见的副作用。例如,生育诊所不仅预见到一些胚胎将被破坏,他们还为患者提供丢弃胚胎的选择,并在患者提出要求后进行胚胎处置。选择丢弃胚胎的患者也会预见到胚胎的破坏,他们选择该选项表明他们打算破坏胚胎。因此,有理由怀疑为研究创造的胚胎和为生殖目的创造的胚胎之间存在道德上的区别。

18.2.3 胚胎复制伦理

最近的科学进展表明,从人类多功能干细胞中获得配子是可能的。研究人员已经从小鼠中提取精子和卵子,并使用这些干细胞衍生的配子来产生小鼠后代。虽然研究人员可能需要几年时间才能成功地从人类干细胞中提取配子,但这项研究对基础科学和临床应用都有广阔的前景。提高从人类干细胞中提取配子的能力可以减少或消除对卵子捐赠者的需求,从而有助于克服对捐赠者剥削和取卵风险的担忧。尽管如此,这项研究还是引发了一些与胚胎、遗传学和辅助生殖技术相关的问题。一个问题源于这样一个事实,即对干细胞衍生配子的一些研究需要创造胚胎。在这种情况下,该研究将涉及关于研究胚胎的创造和破坏的所有道德问题。原则上,人们可以无限期地储存它们,而不是销毁。这仍然会产生一个反对意见,即生命是为工具目的而被创造的。

随着能够从干细胞中产生大量卵子的前景出现,这也会引发进一步的伦理问题。随着通过前遗传学诊断(PGD)识别疾病和非疾病相关等位基因的能力的扩大,创造大量胚胎的能力将大大增加找到或选择特征胚胎的机会,例如这将有利于预防患有遗传疾病的儿童的出生。但是,如果进一步可以选择非疾病特征,例如性取向、身高、超强的智力、记忆力和音乐能力,这就会引起大量的道德和社会争议。反对者认为它可能会贬低那些没有表现出所选特征的人的生命,同时使用PGD来选择非疾病特征将无法承认生命的天赋。遗传学的进步可能会加剧不平等,尤其是当其中某些特征会赋予社会和经济优势后,只有富人才有资源使用该技术。当然,人们可能会质疑,选择非疾病特征是否真的会导致贬低其他特征,是否会改变父母之爱的本质,或者它是否与目前允许的获得社会和经济优势的方法有足够的区别。尽管如此,产生人类干细胞衍生配子的能力将使这些问题更加紧迫。

其他的研究表明,干细胞在某些体外培养条件下,自组织成类似于人体器官某些功能的结构,这些"类器官"已经与人类干细胞一起用于器官治疗,包括肾脏、肝脏、肠道、胰腺、视网膜和大脑等。除了类器官外,干细胞还可以在体外自我组织成胚胎样结构。虽然这些科学进步为更好地了解人类发展和疾病提供了有希望的途径,但它们也产生了一些具有挑战性的伦理问题。就类器官而言,大脑类器官引发了最令人关注的伦理问题。研究人员已经生产出发育程度与几个月大的胚胎相似的大脑类器官,并且已经使用它们来研究某些脑部疾病。目前,有一些证据表明大脑类器官可能会接收简单感觉的刺激。然而,它们目前缺乏认知发展所必需的那种成熟的神经网络和感觉输入输出。如果通过生物工程,人类大脑类器官将发展其认知能力,这将为赋予它们更高的道德地位提供依据,并且会引发我们对它们的道德义务问题。在短期内,大脑类器官更有可能发展出某种程度的意识,一个科学挑战是确定测量意识存在的方法,因为大脑类器官无法传达其内部状态。但即使我们可以验证类器官是有意识的,仍然存在意识的道德意义问题,即意识是否具有内在价值等。

18.3 社会治理

18.3.1 社会监管体系

人类胚胎干细胞实验需要受到严格的审查,并受到管理其使用的严格规则的约束。随着人们对它治疗疾病的可能性以及揭示更多关于人类健康和发展的信息的了解越来越多,应该如何资助和监管正引起激烈的争论。支持者认为应该放宽对人类胚胎实验的限制。他们坚持认为,政府应该资助胚胎研究,以进行能够挽救生命的治疗。科学界的许多人认为这是寻找前沿疗法的关键一步,可以挽救数百万患有心脏病、癌症和其他疾病的人的生命。反对者认为政府不应资助有道德问题的研究,宗教人士和其他反对者尖锐批评取消对胚胎研究的限制。道德问题在全球范围内引发了有争议的辩论。

合理的社会治理能为我们应对干细胞伦理问题提供了一条新路径。干细胞技术的研究与应用涉及不同利益相关者之间的相互协作,比如科学家和临床医生、科学家和投资者、临床医生和患者、临床医生和伦理审查委员会等之间的相互协作。这样的协作要解决的不仅仅是科学中的问题,比如细胞培养、动物实验、临床研究等,还有更高层面的科学和社会之间的互动关系问题,例如让公众理解干细胞技术的前景和潜在的风险、和政府沟通、让国家和地方在干细胞研究领域提供经济和政策上的支持、处理好知识产权和医患关系等。这些问题并非相互独立的,而是相互影响的。还要不断提高干细胞技术工作者的伦理素质,技术工作者很容易产生盲目的自信,还经常会卷入利益冲突之中。因此,有必要成立专业的指导委员会,帮助技术工作者充分意识到干细胞研究与应用过程的不确定性,提醒他们注意临床受试者的安全,监督他们远离利益冲突。国际干细胞研究协会强调,合理的安全性、有效性和临床前研究的重要性,在干细胞疗法用到患者身上前必须极其谨慎。可以通过召开专题会议等形式强化细胞技术工作者的伦理意识。

18.3.2　社会协作体系

尽管政府、企业和学院之间的文化差异很大,但多方合作还是很有价值的,合作可以使双方有益地相互学习。学术机构可以得到企业的资助开展药品研发项目,将基于研究的证据结合到临床研究实践中,从而满足公共健康需要。同时和学院的合作改善了企业的商业模式和创新系统。一方面需要加强各利益相关方之间的协商合作。例如加强科学家和临床医生间的合作,使基础研究能够快速转化为临床应用,而临床应用中遇到的新问题也能够及时反馈给实验室再做进一步研究,从而实现双向发展和相互补充提高。另一方面需要加强企业、研发单位与政府之间的合作,只有通过这种多方的合作,不确定性才有可能得到有效控制。还要加强社会监督与对话,干细胞技术的发展已经引起公众的高度关注,而公众的态度和意见会直接影响干细胞研究的开展和结果。因此,公众的参与是干细胞技术治理的重要一环。允许公众参与、进行社会监督意味着干细胞技术的研究与应用应该在开放、透明的环境中进行。这样,公众就可以在伦理难题与实用价值之间自主地进行权衡与选择。对胚胎生命的扼杀与个体生命的拯救比起来哪个更为重要?在死亡的威胁与被物化地操纵之间应该怎样做出选择?这些都是需要协商才能解决的问题。

另一方面是完善国家法律法规,尽快出台干细胞研究与应用的管理办法。例如制定严格控制或禁止生殖性克隆以及人类-动物混合胚胎研究的法律法规。在治理的模式下,国家和政府仍然是重要的力量。国家的法律法规具有普遍的约束力,政府具有公共权力,这决定了它们有着举足轻重的作用。不过,新的管理办法除了要考虑社会秩序与经济效益等传统因素外,还必须坚持人类基本伦理原则,必须充分考虑社会文化的因素。

此外还要加强宣传,帮助公众理解干细胞技术。干细胞技术的目标不仅在于将科学研究成果转化为临床应用,更重要的是要被患者和公众所接受。这是因为,一方面干细胞研究需要患者和公众参与到临床试验中,另一方面公众对该研究的参与和理解程度也会影响到政府和国家的经费投入。因此,如何向公众准确地表述干细胞治疗,帮助公众理解干细胞科学,从而在科学家、医生、患者和公众间建立起信任关系,这对干细胞技术的健康发展至关重要。

思　考　题

1. 如何界定胚胎已经是一个人?
2. 胚胎有怎样的道德地位呢?
3. 为治疗而制造胚胎是否应该被认可?
4. 通过干细胞复制人类有什么道德问题?
5. 通过干细胞制造医疗所需的人类器官是否可行?

进一步阅读

最合适的入门材料为斯坦福哲学百科中的"Ethics of Stem Cell Research"词条,本章初稿的部分内容基于本词条。关乎干细胞的技术细节,可参考阿塔拉的《干细胞生物学基础》,相关的科普和科学史读物包括摩根的《从显微镜到干细胞研究:探索再生医学》、帕克的《干细胞的希望:干细胞如何改变我们的生活》。

涉及该主题的中文著作主要有吴德沛等的《脐带血造血干细胞移植与伦理原则》、向静的《人类干细胞研究的法律规制与医学实践》、肇旭的《人类胚胎干细胞研究的法律规则》、李才华的《人胚胎伦理问题与监管政策》、丘祥兴的《小小鼠和多利羊的神话:干细胞和克隆伦理》、陈海丹的《干细胞治理》等。

英文著作方面,P. Singer 等的《Embryo Experimentation:Ethical, Legal, and Social Issues》是该领域的经典著作,Devolder 的《The Ethics of Embryonic Stem Cell Research》是一本很实用的教材,Holland 等的《The Human Embryonic Stem Cell Debate:Science, Ethics, and Public Policy》是一本早期可参考的论文集。另外在新出版的生命伦理学参考书中,大多会有关于人类干细胞的伦理话题。

参 考 文 献

[1] Devolder K. The Ethics of Embryonic Stem Cell Research[M]. Oxford:Oxford University Press,2015.

[2] Dworkin R. Life's Dominion[M]. New York:Vintage, 1992.

[3] Holland S, Lebacqz K, Zoloth L. The Human Embryonic Stem Cell Debate:Science, Ethics, and Public Policy[M]. Cambridge:The MIT Press, 2001.

[4] Humber J M, Almeder R F. Stem Cell Research[M]. Totowa:Humana Press, 2004.

[5] Lewis M B. Infanticide and Abortion in Early Modern Germany[M]. New York:Routledge, 2016.

[6] May L. Sharing Responsibility[M]. Chicago:University of Chicago Press, 1992.

[7] McMahan J. The Ethics of Killing:Problems at the Margins of Life[M]. Oxford:Oxford University Press, 2002.

[8] Singer P, Kuhse H, Buckle S, et al. Embryo Experimentation:Ethical, Legal, and Social Issues[M]. Cambridge:Cam-bridge University Press, 1992.

[9] Szumski B, Karson J. Is Human Embryo Experimentation Ethical? [M]. New York:Reference Point Press, 2012.

[10] Thompson C. Good Science:The Ethical Choreography of Stem Cell Research[M]. Cambridge:The MIT Press, 2014.

[11] Tooley M. Abortion and Infanticide[M]. Oxford:Oxford University Press, 1983.

[12] 帕克.干细胞的希望:干细胞如何改变我们的生活[M].杨利民,杨学文,译.上海:上海教育出版社,2017.
[13] 兰萨,阿塔拉.干细胞生物学基础[M].张毅,叶棋浓,译.北京:化学工业出版社,2020.
[14] 李才华.人胚胎伦理问题与监管政策[M].合肥:合肥工业大学出版社,2019.
[15] 丘祥兴.小小鼠和多利羊的神话:干细胞和克隆伦理[M].上海:上海科技教育出版社,2012.
[16] 摩根.从显微镜到干细胞研究:探索再生医学[M].宋涛,译.上海:上海科学技术文献出版社,2012.
[17] 吴德沛,马强,章毅.脐带血造血干细胞移植与伦理原则[M].上海:复旦大学出版社,2019.
[18] 向静.人类干细胞研究的法律规制与医学实践[M].北京:群众出版社,2016.
[19] 肇旭.人类胚胎干细胞研究的法律规则[M].上海:上海人民出版社,2011.
[20] 陈海丹.干细胞治理:临床转化面临的挑战[M].杭州:浙江大学出版社,2023.

第 19 章

人类克隆伦理

克隆羊多莉是第一个从体细胞克隆出来的哺乳动物,这只羔羊天真无邪地来到这个世界。然而,它出生不久后便引起了恐慌和争议。对于大多数人来说,多莉是"披着羊皮的狼"。它代表了在人类中应用生殖性克隆的第一步,这是不受欢迎且危险的一步,许多人认为不应该这样做。只有一小部分人认为应该允许人类生殖性克隆的进一步研究,甚至觉得这是人类的义务。许多国家已在法律上禁止克隆人,有的国家将人类的生殖性克隆认定为一种刑事犯罪。早在2005年,联合国教科文组织通过的《人类克隆宣言》呼吁普遍禁止人类克隆。然而,很可能在未来的某个时候,人类终将被克隆,即使不久的将来无法进行生殖性克隆,用于研究和治疗目的的克隆也很可能成为现实。因此,关于人类克隆伦理问题的研究一直都在推进,本章将描述关于克隆伦理的最主要争论,并且重点关注人类克隆,因为人类克隆一直是克隆辩论的焦点所在。

▶ 19.1 什么是克隆

19.1.1 何为克隆

严格来说,克隆是创建DNA序列或生物体整个基因组的遗传拷贝。在后一种意义上,克隆自然地发生在同卵双胞胎和其他多胞胎的形成过程中。但克隆也可以通过在实验室中人工完成胚胎孪生或分裂:早期胚胎在体外分裂,再将两个部分转移到子宫后,都可以发育成基因上彼此相同的有机体。然而,在有关克隆的辩论中,克隆一词通常指的是一种被称为体细胞核移植(SCNT)的技术。SCNT将体细胞的细胞核转移到卵母细胞中,从该卵母细胞中去除细胞核,此过程去除了卵母细胞大部分的DNA。然后用电流处理卵母细胞以刺激细胞分裂,从而形成胚胎。胚胎在基因上与体细胞的供体相同,因此是体细胞供体的克隆。

多莉是第一个使用SCNT来到世界的哺乳动物。苏格兰罗斯林研究所的维尔穆特（Ian Wilmut）和他的团队在1997年的《自然》上发表了题为《从胚胎和成年哺乳动物细胞繁衍的后代》的论文，宣告了克隆羊的诞生。他们将取自一只苏格兰母羊的卵母细胞的细胞核替换为来自芬兰多塞特羊乳腺的细胞核。他们将产生的胚胎移植到代孕母羊的子宫中，大约5个月后，多莉出生了。多莉在基因上与体细胞供体芬兰多塞特母羊相同。

然而，多莉与体细胞供体动物的基因并非100%相同，因为遗传物质有两个来源：细胞核和线粒体，而线粒体是充当细胞能量来源的细胞器，它们也包含短的DNA片段。在多莉的案例中，它的核DNA与体细胞供体动物相同。它的其他遗传物质来自去核卵母细胞细胞质中的线粒体。为了使克隆动物成为供体的精确遗传副本，卵母细胞也必须来自体细胞供体动物。

多莉的出生是一个真正的突破，因为它证明了一些在生物学上被认为是不可能的事情也可以做到。在多莉之前，科学家们认为细胞分化是不可逆的，他们认为，一旦细胞分化成特殊的身体细胞，例如皮肤或肝细胞，这个过程就无法逆转。多莉所证明的是，获取一个分化的细胞，让其生物钟倒转，并使细胞表现得就好像它是一个刚受精的卵子一样也是有可能的。而且除了出生后的有机体之外，也可以移植来自胚胎的供体细胞的细胞核，在实验中使用胚胎细胞克隆哺乳动物一直很成功。

19.1.2 争议的来源

多莉是生殖克隆的一个例子，其目的是创造后代。生殖性克隆不同于用于治疗和研究的克隆，后者也称为"治疗性克隆"。用于治疗和研究的克隆和生殖性克隆都涉及SCNT，但其目标以及它提出的大多数伦理问题是不同于生殖性克隆的。令许多人都不安的是克隆人类或已死亡的人的想法。这就是为什么SCNT在人类中的潜在应用引发了一场争议风暴。另一种从现有人身上产生基因复制品的方法是将体外产生的两个基因相同的胚胎中的一个冷冻保存几年或几十年，然后再用它来怀孕。理论上，人类的生殖克隆也可以通过将诱导性多功能干细胞技术与四倍体互补相结合来实现。几个研究小组已经成功地通过这种方式克隆了小鼠。该技术将小鼠诱导性多功能干细胞注射到四倍体胚胎中，四倍体的染色体数量是正常数量两倍的胚胎，它自身不能产生活的后代。由此产生的小鼠幼崽仅来自诱导性多功能干细胞，这意味着四倍体胚胎仅充当替代滋养外胚层，形成胎盘和其他滋养膜，但对胚胎本身没有贡献。

克隆引起社会争议的原因有很多。一个原因是它引起了伦理和道德上的担忧，尤其是人类克隆。许多人认为通过克隆创造人是错误的，因为这可能导致对克隆人的剥削，或者导致克隆人低人一等。此外，一些人担心克隆过程的安全性，因为它仍是一项实验技术,所以存在风险。克隆有争议的另一个原因是它引发了对人格和身份本质的质疑。如果一个人被克隆,那么克隆人真的和原来的人是同一个人,还是一个有自己身份的独立个体?还有人担心克隆技术可能会用于邪恶目的,例如创建一支克隆军队或克隆名人。最后,克隆还挑战了我们对人类意义的理解。如果我们能够克隆人,是否意味着我们的自我意识和身份认同感不是独一无二的,而是可以复制到其他人身上的。这些都是社会仍在努力解决的复杂且困难的问题。

除了伦理和社会争论外,还有许多其他方面的问题与克隆潜在的应用有关。一是宗教争论,一些宗教信仰认为人类生命是神圣的,克隆违反了自然秩序。这些反对意见可能基于这样一种信念,即只有上帝才有权创造生命。二是法律问题,围绕克隆存在许多法律问题,包括有关克隆个体的权利和责任的问题,以及虐待或剥削的可能性问题。三是社会不平等问题,人们担心克隆可能导致一个只有富人才能获得克隆技术的社会,从而导致进一步的社会和经济不平等。四是个性丧失,一些人担心克隆会导致个性丧失,因为人们可能被视为可以互换,并且仅因其基因构成而受到重视。此外还有对人际关系的负面影响,有人担心克隆可能对人际关系产生负面影响,因为如果人们相信自己可以简单地克隆他们所爱的人,他们就不太可能与他人建立密切的联系。

19.2 克隆的主要伦理问题

19.2.1 制造的伦理

用于研究和治疗的克隆通过SCNT创建胚胎,但不是将克隆的胚胎转移到子宫中产生妊娠,而是获得多功能干细胞,因此并不建议将其技术用于生殖目的。胚胎干细胞的一个潜在问题是它们通常与患者的基因不同,所以在治疗时,它们可能会被患者的免疫系统排斥。当患者的身体不承认移植的细胞、组织或器官是自己的,并且防御机制试图破坏时,就会发生免疫排斥,这是移植手术面临的最严重的问题之一。用于研究和治疗的克隆可能会为这个问题提供解决方案。SCNT通过使用患者的体细胞作为供体细胞而产生的胚胎在基因上几乎与患者相同。因此,从该胚胎中获得的干细胞在基因上也与患者相同,它们的衍生物也是如此,并且在移植后不太可能被排斥。

来自克隆胚胎的胚胎干细胞在生物医学研究、药物发现和毒性测试方面也具有显著优势。与患者基因相同的胚胎干细胞可以提供有价值的体外模型来研究疾病,特别是在没有动物模型的情况下,因为侵入性太强而无法在患者自己身上进行研究,或者患者太少无法进行研究。例如,研究人员可以制造大量与患者基因相同的胚胎干细胞,然后对这些细胞进行实验，以了解该患者疾病的特定特征。胚胎干细胞及其衍生物也可用于测试潜在的治疗方法。例如，它们可用于测试药物疗法以预测其可能的毒性，这将避免患者接触危险的实验性的药物。

然而，用于研究和治疗的克隆仍处于起步阶段。尽管取得了进展，但用于研究和治疗的克隆不太可能在短期内取得成果。除了未解决的技术难题外，还需要在胚胎干细胞研究方面进行更多的基础研究。正是这个原因，治疗性克隆广受批评。虽然用于研究和治疗的克隆对于未来的研究和治疗应用具有巨大潜力，但它也带来了各种伦理问题。

关于克隆用于研究和治疗的伦理问题的大部分争论都与我们该如何对待早期人类胚胎有关。正如目前所做的那样，胚胎干细胞的分离需要在胚泡阶段破坏胚胎。用于研究和治疗的克隆不仅涉及胚胎的破坏，还涉及仅为干细胞衍生目的而创造胚胎。关于是否以及何时允许仅仅为了获得干细胞而创造胚胎的观点存在很大差异。有人认为，胚胎从受孕的那一刻起，就具有与普通成年人相同的道德地位。根据这种观点，为干细胞创造和杀死胚胎是严重的道德错误。即使它可以挽救许多生命，也不该被允许。其他人则认为，早期胚胎只是一团细胞或人体组织，没有任何道德地位。不过这些立场持有者的一个共同观点是，胚胎干细胞和克隆研究拥有巨大潜力，但它的道德问题也不能忽视。

19.2.2 捐赠的伦理

用于研究和治疗的克隆需要大量高质量的供体卵母细胞，因此关于如何获得这些卵母细胞的伦理问题就出现了。卵母细胞捐赠涉及各种风险，参与此类捐赠引发的最紧迫的伦理问题之一是应采用何种知情同意模式。与考虑体外受精的女性不同，非医学卵母细胞捐赠者不是临床患者。她们自己不会从捐赠中获得任何医疗利益。有人指出，捐赠妇女不应被归类为研究对象，因为这与其他研究不同，捐赠者面临的风险不在于研究本身，而在于研究所需的材料。他们建议建立一个名为研究捐赠者的新知情同意类别，用于那些仅为他人的利益而将自己置于一定风险的人，并且风险不是在实际研究中而是在研究材料的选取上。并建议将其与活体捐赠者向陌生人捐赠器官的知情同意作为同一种模式，因为在这两种情况下，受益者都是陌生人而不是捐赠者。然而，许多人认为这两种捐赠方式之间存在巨大的差异。在为克隆研究捐赠卵母细胞的情况下，违反了关于利他捐赠的法规中的一般道德规则，即患者必须有很高的机会获得良好的结果。

鉴于捐赠者面临的风险、捐赠者没有直接的医疗利益以及克隆研究的不确定性，用于此类研究的卵母细胞捐赠数量非常少也就不足为奇了。可能需要财政激励措施来增加用于克隆研究的卵母细胞供应。因此，目前在一些国家，买卖卵母细胞是合法的。一些人反对这种做法，因为他们认为卵母细胞是身体不可分割的一部分，认为应该将它们排除在市场之外，因为人体及其部位的价值不应以金钱或其他可替代商品的形式表达。而且，通过卵母细胞的商业化,女性自身可能会因此成为工具。然而,许多人认为,对商品化的担忧并不能证明完全禁止向卵母细胞捐赠者付款的正当性,我们应该要求对捐赠者所承受的不便、负担和医疗风险进行经济补偿,这也是其他研究对象的对应标准。一个相关论问题是经济或其他补偿对卵母细胞捐赠自愿性的影响,尤其是来自发展中国家经济上处于不利地位的妇女,可能会被不当诱使甚至被迫出售她们的卵母细胞。许多人强调同时避免过度诱导和剥削是非常困难的,因为价格太低会导致剥削,而避免剥削的价格会带来不正当诱因的风险。此外,还会出现其他伦理问题,例如2004年,韩国干细胞科学家黄禹锡声称自己是第一个使用SCNT克隆人类胚胎并从这些胚胎中提取干细胞的人。后来发现黄禹锡不仅捏造了许多研究成果,还曾向他实验室的成员施压,要求其为他的克隆实验捐赠卵母细胞。

19.2.3 克隆疗法的问题

个性化克隆疗法可能是劳动密集型和昂贵的,这引起了社会正义方面的担忧,也许克隆疗法只会成为非常富有的人的选择。另一些人则指出克隆疗法可能会变得更便宜、劳动强度更低,并且随着时间的推移会更容易获得。此外,克隆不仅仅是治疗,还可以治愈绝症。但是,不管经济成本如何,克隆过程确实很耗时,因此不适合某些需要紧急干预的临床应用。若是可以使用克隆进行治疗,那么其应用可能仅限于慢性病。克隆治疗还可以使效益最大化,例如患有心脏病的老年人可以用不匹配基因的干细胞治疗,通过服用药物抑制免疫系统,并与副作用一起存活;而年轻人可能会从完全匹配的克隆胚胎的干细胞中受益。学者普遍反对用于自我移植的克隆,但并不反对用于开发人类疾病的克隆。因为他们认为后者将使治愈人类绝症成为可能,并可能为各种常见疾病提供负担得起的疗法和治愈方法,例如困扰着全世界人的癌症和心脏病等。

另一些人对克隆用于研究和治疗的好处持怀疑态度。他们强调,对于克隆胚胎干细胞可能提供治疗的许多疾病,目前也有替代治疗或预防措施在开发,包括基因治疗、药物基因组学解决方案和基于纳米技术的治疗等。而且,其他类型的干细胞,例如成人干细胞和脐带血干细胞,可能使我们能够实现与克隆疗法相同的目标。尤其是诱导多功能干细胞(iPSC)引发了人们对克隆成为多余研究的担忧。诱导多功能干细胞是通过对体细胞进行基因操作而产生的。它类似于胚胎干细胞,特别是来自克隆的胚胎干细胞。诱导多功能干细胞研究可以提供组织和患者特异性细胞,而无须依赖人类卵母细胞或胚胎的产生和破坏。因此,诱导多功能干细胞研究可以避免克隆引发的伦理问题。然而,科学家宣称克隆研究可能会教给我们iPSC研究无法获得的许多东西。

此外,滑坡论证也表达出了一种社会担忧,即允许某种做法可能会使我们陷入更危险的或其他不可接受的境地,接受或允许克隆研究是将我们置于人类生殖性克隆滑坡上的第一步。其他人则认为有效的立法可以防止我们滑坡。如果生殖性克隆是不可接受的，那么应该禁止这种特定技术而不是禁止其非生殖性的应用。例如，英国和比利时就允许进行人类生殖性克隆研究，但禁止将克隆的胚胎移植到子宫。目前关于人类的生殖性克隆，伦理学和社会界存在着严重的分歧。

▶ 19.3 克隆的社会问题

19.3.1 社会治理的原则

支持生殖性克隆的论点是生殖性克隆能扩大生殖机会，然而，许多人对人类生殖性克隆充满担忧，这些担忧足以拒绝人类克隆。对于大多数人来说，应权衡这些担忧与支持。为了使克隆技术造福于人类及其生存环境，伦理道德制约应该成为现代技术不可或缺的内在纬度，技术过程与伦理价值具有内在的关联性。另外，各国也要积极完善有关法律制度，加大执法力度，确保克隆技术沿着服务人类社会的轨道前行。

一是完善克隆技术伦理评估机制。各国应该尽快构建技术伦理评估机制，通过国家级的生命伦理咨询委员会，对克隆技术等研究进程加强伦理审查和伦理评估，对那些可能滑向克隆人技术研究或严重违背社会伦理的科研项目应该予以禁止，对那些未经伦理评估机构审核通过的技术项目不进行资助。人类应该确保克隆技术的应用造福于人类，而不是相反。要实现此目标，就要确定人类发展克隆技术的伦理底线并建构克隆技术的伦理原则及行为范式。各国应加强科技伦理方面的探讨，尽快在克隆技术研究领域达成更多共识，协调彼此之间的差异，确保克隆技术朝着正确的轨道发展和运用。

二是加强科学家职业道德自律。科学共同体和科学协会应加强科学家职业道德自律，明确规定科学家们应该做什么研究，不应该做什么研究，许多国家明确指出克隆人的做法是不道德的，并呼吁在全球范围内禁止克隆人，但是应该允许为治疗疾病对人体组织进行克隆，如再生皮肤或骨骼等器官，是应该提倡的。各国应鼓励发展治疗性克隆技术，使它为增进人类利益和促进生命价值服务，开发克隆技术在保护人体健康、保护环境和增强生物多样性方面的价值。科学家有责任为治疗性克隆技术的健康发展而努力，有责任使治疗性克隆技术为公众谋健康。科学研究也是一项神圣的事业，科学家应加强职业道德自律，科学共同体应增强职业道德责任和职业道德修养。

三是进一步完善有关法律制度，加大执法力度。为了防范克隆技术带来的风险，各国政府及国际社会都出台了关于限制克隆技术的有关法律或规定。早在2002年3月，联合国大会特别委员会通过《禁止生育性克隆人的国际公约》，在全球范围内禁止克隆人的试验。我国也已经制定了一套生物伦理规范《中国人类胚胎干细胞研究伦理指导大纲》,该指导大纲明确表示支持科学家开展干细胞技术研究,但必须遵循基本伦理原则。其他国家也需要完善有关法律制度,以加强对克隆技术的规范和管理。为了引导克隆技术朝着符合人类伦理道德的方向发展,也为了更有效地规范克隆人技术的研究,除了进一步完善有关法律制度之外,还需要加大执法力度,杜绝科学家私下从事非法克隆技术研究,尤其是从事克隆人技术的研究。

19.3.2 社会身份问题

这是对自主性的威胁。一些人担心克隆会威胁到克隆人的身份和个性,从而降低克隆人的自主权。它可能会降低克隆人的幸福感,也可能会严重限制对克隆人开放的一系列社会计划,从而侵犯克隆人具有开放未来的权利。当前,大多数人会认为基因独特是独立和个性的象征,这种担忧已成为强烈反对克隆的基础。

克隆威胁的身份担忧时常被批评为依赖于错误的信念,即我们成为谁和成为什么完全由我们的基因决定。这种遗传决定论显然是错误的。尽管基因会影响我们的个人发展,但我们生活中复杂且不可复制的环境也会影响我们的发展。因此,许多人认为拥有一个基因复制品不会威胁一个人的个性或一个人的独特身份。此外,通过克隆创造的个体可能与其来源个体年龄不同。他们之间甚至可能隔着几代人。因此,克隆本质上是延迟的双胞胎。这将使克隆人更容易把自己与其来源个体区别开来。

另一个问题是克隆会被视为一种手段。克隆引发了人们对克隆人的想象,也激发了人们对通过克隆来生孩子的想象。持有这种想法通常被认为有特定的动机,比如他们想要一个像某某的孩子,导致人们将孩子视为商品。他们想要一个有吸引力的孩子或有网球天赋的孩子可能纯粹是为了炫耀,或者人们会出于虚荣心克隆自己。父母将克隆他们现有的孩子,以便克隆体可以作为孩子的器官库,或者克隆他们已故的孩子以替代失去的孩子。这些克隆都是错误的,因为克隆在这些地方被用作达到他人目的的手段。对于其他形式的辅助生殖也存在类似的问题。通过克隆创造的个体可能会被视为商品,因为他们的总基因被复制了,是有目的的出生。这一论点的批评者指出,父母生孩子本来就有各种工具性原因,例如对夫妻关系的好处、姓氏的延续,以及孩子在父母年老时所提供的经济和心理上的帮助等。只要孩子本身也受到重视,这通常不会被认为是有问题的。亲子关系中最重要的是其中固有的爱和关怀。他们强调这样一个事实,即我们应该关注人们对孩子的态度,而不是他们生孩子的动机。

还有个问题是对克隆人的偏见和尊重。即克隆人可能会成为不正当歧视的受害者,并且不会作为人受到尊重。这种对克隆人的负面态度可以称为"克隆主义",这是一种新形式的歧视,即对一群有所不同的人的歧视。但对克隆主义的恐惧是否构成拒绝克隆的充分理由值得思考。根据批评者的说法,这是解决种族主义问题的一种方式,我们不应限制人们的生育自由,而应与现有的偏见和歧视作斗争。同样,有人认为,我们不应出于对克隆主义的焦虑而禁止克隆。

另一个问题是复杂的家庭关系。一些人担心克隆会威胁到传统的家庭结构,类似同性恋收养儿童、体外受精和其他辅助生殖技术中出现的问题。在克隆时情况会更加复杂,因为它可能会模糊代际界限,并且克隆人可能会对自己的亲属关系感到困惑。例如,一个通过克隆怀孕的女人实际上是她孩子的双胞胎,而这个女人的母亲从基因上来说是孩子的母亲,而不是祖母。一些人反对这些担忧,说克隆孩子不一定比其他孩子更困惑于她的家庭关系。许多人因为父母离婚、再婚而有多个养父母,或者从不认识他们的遗传父母。虽然这些复杂的家庭关系可能会给一些孩子带来困扰,但它们都是可以克服的。

19.3.3 其他问题

与克隆有关的其他问题集中在克隆对其他人的潜在危害上。例如,对家庭关系混乱的担忧不仅关系到克隆人,也关系到整个社会。其他的社会问题体现在遗传链问题、遗传多样性问题和优生学问题上。

遗传链问题。生殖性克隆应该被允许的最强有力的理由是,它将允许不育的人生下一个与其遗传相关的孩子。这一立场基于这样一种观点,即拥有与遗传相关的孩子在道德上具有重要意义和价值。这本身是一个有争议的观点,例如有人会否认父母与子女之间遗传联系的重要性,此外强调这种联系的重要性会导致不良后果,例如收养率的降低,以及用于改善儿童生活资源的减少。如果我们允许人类克隆,这些不良后果会被放大,我们有充分的理由禁止它。此外,如果禁止克隆,不育夫妇可能会首选利用供体胚胎或配子进行生育而不是去收养。克隆只是没有提供正确的遗传关系,而使利用该技术的人成为孩子的父母。因此,为了证明生殖克隆的合理性,必须强调其意图的重要性。父母将克隆的孩子带到这个世界上,不是为了保持与孩子的遗传关系。

遗传多样性问题。另一个担忧是,由于克隆是一种无性繁殖方式,它会减少后代之间的遗传变异,从长远来看,可能对人类构成威胁,例如基因库可能会缩小到足以威胁人类对疾病的抵抗力。实际上,如果克隆成为可能,选择它作为繁殖方式的人数很可能非常少,不会对遗传多样性构成威胁。它不太可能高于自然双胞胎的比率,不会对遗传多样性产生严重影响。此外,即使数以百万计的人通过克隆创造了孩子,相同的基因组也不会被一遍又一遍地克隆,每个人都会拥有他或她的基因组的拷贝,这意味着仍然会维持基因组的高度多样性。

优生学问题。一些人认为增加对我们孩子的基因组的控制是一种积极的进步,然而,一个主要的担忧是,这种从机会到选择的转变将导致有问题的优生实践。这种担忧认为,克隆从一开始就构成了优生学的一种有问题的形式。然而,批评者认为这是不可信的,对不道德的优生学案例的最佳解释是,它们涉及胁迫,并且受到令人反感的道德信仰或虚假的非道德信仰的驱使。如果现在实施克隆,情况与过去强制的优生学不同,新的自由优生捍卫自主、生殖自由、仁慈、同理心和避免伤害等价值观。自由优生的爱好者有兴趣通过赋予一些人某些基因来帮助他们预防或减少痛苦并增加他们孩子的福祉。优生学问题的另一个版本是滑坡风险,即克隆将在未来会导致令人反感的新优生学形式,例如强制优生学。毕竟,不道德的优生学的历史案例通常是从早期善意和问题较少的实践发展而来的。这些问题都是支持或反对克隆技术的人需要认真对待的社会难题。

思 考 题

1. 克隆技术主要应用在哪些领域?
2. 克隆人有哪些伦理争论?
3. 克隆母子之间是什么样的关系?
4. 克隆对现在的社会正义有何影响?
5. 克隆如何影响人类的尊严?

进一步阅读

关于克隆技术的历史,Wilmut 等的《The Second Creation: The Age of Biological Control》是一本很好的作品,它已有中文翻译版——《第二次创造》。Ferreira 的《I Am the Other》基于克隆科幻史的分析,从女权主义和精神分析的角度审视了克隆技术,认为克隆可能是帮助女性获得更加平等地位的重要工具。Macintosh 的《Human Cloning: Four Fallacies and Their Legal Consequences》分析了克隆相关的法律争论。作为辅助生殖技术的人类克隆,涉及伦理、宗教、社会、科学和医学问题,NRC 的《Scientific and Medical Aspects of Human Reproductive Cloning》考虑了这个问题的诸多方面,以及与人类受试者研究有关的伦理问题。Caplan 等的《The Ethical Challenges of Emerging Medical Technologies》是关于新兴医学技术的一部重要论文集。

拉塞尔的《分子克隆实验指南》和王廷华的《基因克隆理论与技术》是技术方面的参考著作。高兆明等的《自由与善:克隆人伦理研究》进行了较全面的研究。孟凡壮的《克隆人技术立法的宪法界限》关注法律方面的问题。郭雯的《克隆人科幻小说的文学伦理学批评研究》探讨了克隆科幻方面的话题。

参 考 文 献

[1] Agar N. Liberal Eugenics: In Defense of Human Enhancement[M]. Oxford: Blackwell Publishing, 2004.

[2] Caplan L, Parent B. The Ethical Challenges of Emerging Medical Technologies[M]. New York: Routledge, 2017.

[3] Ferreira M A S. I Am the Other: Literary Negotiations of Human Cloning[M]. Westport: Praeger, 2005.

[4] Haran J. Human Cloning in the Media[M]. London: Routledge, 2007.

[5] Levick S E. Clone Being: Exploring the Psychological and Social Dimensions[M]. Lanham: Rowman & Littlefield Publishers, 2004.

[6] Macintosh K L. Illegal Beings. Human Clones and the Law[M]. Cambridge: Cambridge University Press, 2005.

[7] Macintosh K L. Human Cloning: Four Fallacies and Their Legal Consequences[M]. Cambridge: Cambridge University Press, 2013.

[8] National Research Council. Scientific and Medical Aspects of Human Reproductive Cloning[M]. Washington, D.C.: National Academy of Sciences, 2002.

[9] Roetz H. Cross-Cultural Issues in Bioethics: The Example of Human Cloning[M]. New York: Rodopi, 2006.

[10] Wilmut I, Campbell K, Tudge C. The Second Creation: The Age of Biological Control[M]. Cambridge: Harvard University Press, 2001.

[11] 董鸣,等.克隆植物生态学[M].北京:科学出版社,2011.

[12] 萨姆布鲁克,拉塞尔.分子克隆实验指南[M].黄培堂,王嘉玺,朱厚础,等译.北京:科学出版社,2017.

[13] 鲍尔.如何制造一个人:改造生命的科学和被科学塑造的文化[M].李可,王雅婷,译.北京:中信出版社,2021.

[14] 高兆明,孙慕义.自由与善:克隆人伦理研究[M].南京:南京师范大学出版社,2004.

[15] 郭雯.克隆人科幻小说的文学伦理学批评研究[M].南京:南京大学出版社,2019.

[16] 刘科.后克隆时代的技术价值分析[M].北京:中国社会科学出版社,2004.

[17] 罗振.生命科学的复印机:克隆技术[M].长春:吉林人民出版社,2014.

[18] 孟凡壮.克隆人技术立法的宪法界限[M].上海:上海人民出版社,2018.

[19] 丘祥兴.小小鼠和多利羊的神话:干细胞和克隆伦理[M].上海:上海科技教育出版社,2012.

[20] 王廷华,董坚,齐建国.基因克隆理论与技术[M].北京:科学出版社,2013.

[21] 威尔马特,坎贝尔,塔居.第二次创造:多莉与生物控制的时代[M].张尚宏,王金发,傅杰青,等译.长沙:湖南教育出版社,2000.

后　　记

　　本书是中国科学技术大学众多师生集体智慧的结晶。中国科学技术大学一直致力于培养前沿科技领域的优秀人才,近年来正努力建设成为世界一流大学。我们结合学校实际,在充分调研、多次研讨基础上,确定了编写框架,着手编写本书。参与编写的人员采用专题式写作方式,一边进行课堂交流学习,一边完善讲义并编写教材,教学相长。

　　张贵红负责整体规划、人员分工协调、教材框架确定与审核定稿,并负责多个章节的编写,以及文字汇总和格式调整。每一章具体编写人员如下:第1,2,3,6,10,13,16,17,18,19章由张贵红编写;第4章由邓克涛编写;第5章由刘泽衡编写;第7章由曾伟民编写;第8章由吴一迪编写;第9章由左晓洁编写;第11章由左晓洁、张贵红编写;第12章由刘腾旭、张贵红编写;第14章由金晨编写;第15章由张婉编写。

　　本书的初稿内容,还在中国科学技术大学的多门研究生专业课上进行了讨论和交流,感谢班上各位同学的热情讨论和参与,在后期书稿修改过程中,左晓洁、刘腾旭、邓克涛和曾伟民参与了多个章节的文字修改和校对等大量细致而烦琐的工作。复旦大学哲学学院的王国豫教授为本书的章节设置提出了完善意见,中国科学技术大学的徐飞、刘立、史玉民、陈小平、刘仲林、吕凌峰、王高峰、李文忠等学者也都为本书的完成提供了帮助,另国内哲学界的多位同行也给予了各方面支持,在此一并致谢。此外,感谢卡尔·米切姆教授在中国科学技术大学开设暑期研究生课程期间对本书的关心和建议。

　　囿于时间仓促,加之编者水平有限,书中难免有不妥之处,恳请专家批评并提出宝贵意见!本书的出版得到了中国科学技术大学青年创新基金项目"人工智能的伦理治理问题研究"(WK2110000013)、研究生课程思政项目"新兴科技治理"、人才启动基金项目"新兴技术的伦理学基础问题研究"和中央高校基本科研业务费的资助。最后尤其要感谢中国科学技术大学研究生教育创新计划教材出版项目"科技伦理"(2021ycjc25),以及中国科学技术大学出版社的大力支持!

编 者

2023年7月